功能性畜禽产品生产技术

◎ 齐志国　李志衍　刘　钧　吴迪梅　等　编著

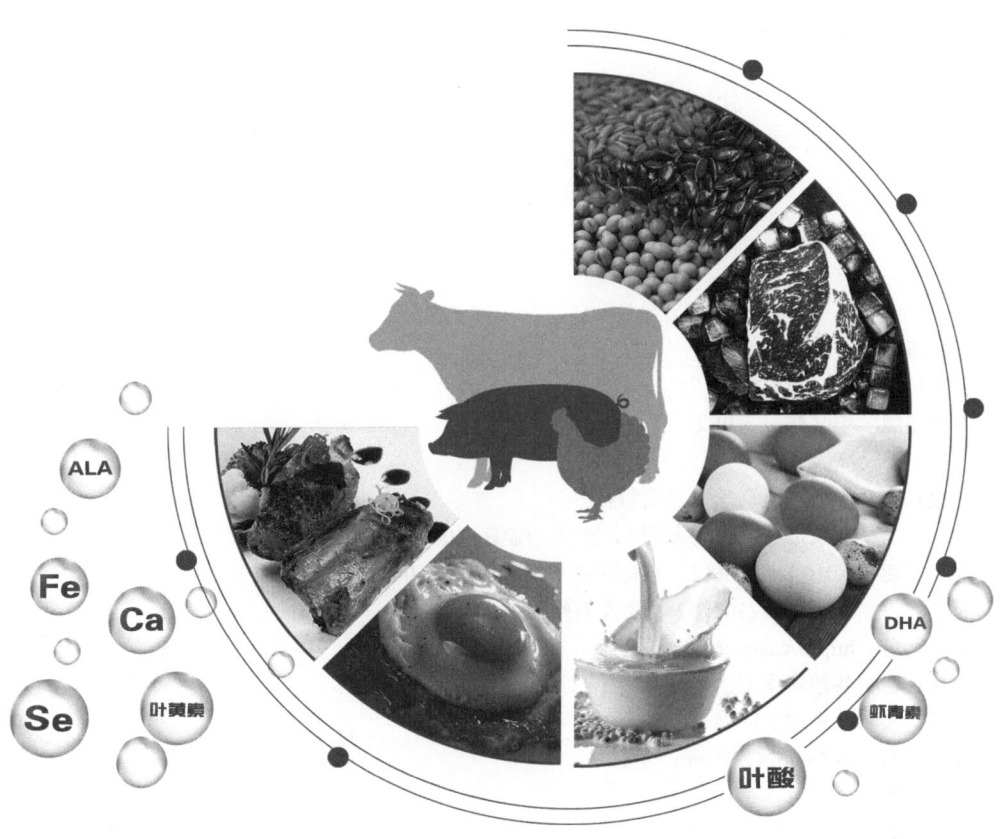

中国农业科学技术出版社

图书在版编目（CIP）数据

功能性畜禽产品生产技术 / 齐志国等编著. -- 北京：中国农业科学技术出版社，2025.2
ISBN 978-7-5116-6088-6

Ⅰ.①功… Ⅱ.①齐… Ⅲ.①动物性食品—生产技术 Ⅳ.①TS251

中国版本图书馆CIP数据核字（2022）第239861号

责任编辑　金　迪
责任校对　李向荣
责任印制　姜义伟　王思文

出 版 者　中国农业科学技术出版社
　　　　　北京市中关村南大街12号　邮编：100081
电　　话　（010）82106625（编辑室）（010）82106624（发行部）
　　　　　（010）82109709（读者服务部）
网　　址　https://castp.caas.cn
经 销 者　各地新华书店
印 刷 者　北京建宏印刷有限公司
开　　本　185 mm×260 mm　1/16
印　　张　14.75
字　　数　350千字
版　　次　2025年2月第1版　2025年2月第1次印刷
定　　价　86.00元

◀ 版权所有·侵权必究 ▶

《功能性畜禽产品生产技术》
编著人员

主 编 著 　齐志国　李志衍　刘　钧　吴迪梅
副主编著 　金银姬　付　瑶　王　俊　杨卫芳
　　　　　　　王　梁　郭江鹏

编著人员（以姓氏笔画为序）：

　　　　　王　俊　王　梁　王　瑜　王彩虹
　　　　　付　瑶　白若冰　吕学泽　刘　钧
　　　　　刘沧泉　齐志国　杨卫芳　李志衍
　　　　　李复煌　吴迪梅　张宏雨　张建伟
　　　　　金银姬　孟克杰　郭江鹏　麻宏蕊
　　　　　梁静泊　程柏丛　潘兴亮　魏荣贵

前言

我国自古以来就有"药食同源""寓医于食"的观念。《黄帝内经太素》中写道"空腹食之为食物，患者食之为药物"，这说明食物不仅可以填饱肚子，而且在改善患者身体健康方面也至关重要。当前，随着社会的发展和生活水平的提高，市场上的肉、蛋、奶，蔬菜和水果等食物琳琅满目，人们已基本解决了食物问题。但是，食物丰盈也面临着幸福的"负担"。一方面人类高血脂、高血压、高血糖等慢性疾病发病率持续增加，另一方面存在微量元素和维生素缺乏等"隐性饥饿"问题，部分地区和特定人群存在营养过剩和营养不足的双重问题，这与食物密切相关。为此，人们对于食物的需求也正从"吃饱"向"吃好"和"吃得健康"转变。市场上随之出现了富硒鸡蛋、DHA 鸡蛋、"妈妈蛋""宝宝蛋"、CLA 牛奶和 A2 型 β - 酪蛋白牛奶等新型畜禽产品，我们称为功能性畜禽产品。与普通产品不同，它们在特定营养素含量或者组成上存在明显差异。

功能性畜禽产品面向人民生命健康，服务农业高质量发展，对于农业供给侧改革和社会消费升级都具有十分重要的意义。当前，这类产品在全球发达国家消费量持续上升，我国的市场消费也呈现快速增长趋势。但与功能性畜禽产品生产、研发和消费持续增加相对的是，其定义、概念和理论尚无系统权威的阐述。同时，功能性畜禽产品相关的专业著作、科普材料以及其他参考资料也十分匮乏，影响了产业发展和市场消费。北京市畜牧总站自 2014 年以来，持续在功能性饲料以及功能性畜禽产品领域开展工作，提出了一系列观点，开展了一系列研究，取得了部分技术成果，并在全市示范应用，取得了较好成效。鉴于此，我们系统梳理了相关数据和资料，编撰完成了本部著作，以期为科研人员、养殖从业者和广大消费者提供参考。

本书对功能性畜禽产品及其生产技术进行了总结阐述，主要分为三个部分。第一部分是功能性畜禽产品总论（第一章至第三章），包括功能性畜禽产品的定义、国内外发展现状，功能性畜禽产品发挥作用的营养有效成分，功能性饲料与主要功能性原料，旨在阐述功能性畜禽产品"是什么"；第二部分是功能性畜禽产品生产技术各论（第四章至第七章），系统阐述了富含不饱和脂肪酸、矿物元素以及叶酸和类胡萝卜素等功能性畜禽产品的生产技术，并在第七章论述了饲料配制、畜禽环境卫生、健康养殖、畜禽产品加工储存、畜禽产品活性成分检测和畜禽产品品质评价 6 项配套技术，旨在阐述功能性畜禽产品生产知识和理论；第三部分是功能性畜禽产品的有关政策与市场分析，旨在让读者了解有关政策和未来发展趋势。

由于作者水平有限，书中难免有错误和不足之处，还请广大读者见谅并指正。本书且当抛砖引玉，为优质畜禽产品生产以及营养导向型农业的发展贡献微薄力量。

编著者
2024 年 10 月

目 录

第一章	绪论	1
第一节	什么是功能性畜禽产品	1
第二节	功能性畜禽产品发展现状	3
第三节	功能性畜禽产品发展趋势	7
参考文献		10

第二章	功能性营养有效成分	13
第一节	功能性碳水化合物	13
第二节	氨基酸、肽和蛋白质	20
第三节	功能性脂类	28
第四节	维生素	31
第五节	矿物元素	37
第六节	自由基清除剂	47
第七节	其他活性成分	49
参考文献		57

第三章	功能性饲料与主要功能性原料	58
第一节	功能性饲料	58
第二节	主要功能性饲料原料	60
参考文献		73

第四章	富含不饱和脂肪酸畜禽产品生产技术	75
第一节	脂肪与主要不饱和脂肪酸	75
第二节	脂肪的消化吸收与代谢	79
第三节	不饱和脂肪酸与畜禽健康	84
第四节	主要畜禽产品及其生产技术	86
第五节	富不饱和脂肪酸畜禽产品与人体健康	91
参考文献		95

第五章　富含矿物元素畜禽产品生产技术 …… 97
第一节　主要矿物元素 …… 97
第二节　主要矿物元素代谢 …… 98
第三节　矿物元素与畜禽健康 …… 100
第四节　主要畜禽产品及生产技术 …… 106
第五节　矿物元素与人体健康 …… 112
参考文献 …… 122

第六章　其他功能性畜禽产品 …… 126
第一节　富叶酸畜禽产品 …… 126
第二节　富叶黄素畜禽产品 …… 130
第三节　富番茄红素和虾青素畜禽产品 …… 132
参考文献 …… 139

第七章　功能性畜禽产品生产配套技术 …… 141
第一节　畜禽饲料配制与加工技术 …… 141
第二节　畜禽环境卫生与生物安全防控技术 …… 159
第三节　畜禽健康养殖技术 …… 171
第四节　畜禽产品屠宰加工和储存包装技术 …… 175
第五节　功能性畜禽产品和活性成分检测技术发展 …… 184
第六节　功能性畜禽产品品质评价技术 …… 191
参考文献 …… 198

第八章　功能性畜禽产品市场分析与未来展望 …… 202
第一节　功能性畜禽产品的国内外市场分析 …… 202
第二节　功能性畜禽产品消费人群与消费分析 …… 204
第三节　功能性畜禽产品市场存在的问题与发展趋势 …… 206

附录1　主要饲料原料营养成分价值表 …… 208

附录2　中国居民膳食主要营养素参考摄入量 …… 220

附录3　主要畜禽产品营养成分表 …… 224

第一章 绪 论

随着科学技术和全球经济的不断发展,人们的生活水平日益得到改善,人们对食物的需求正从"吃饱"逐渐向"吃好""吃得营养""吃得健康"转变,这对食物在饱腹性之外的安全性、营养性和功能性提出了更高要求。

以肉蛋奶为主的畜禽产品是人类重要的食材和食物。我国畜牧业经过几十年快速发展,人们的"肉案子""蛋筐子""奶瓶子"日益丰盈。在此基础上,口味和功能逐渐成了人们关注的重点。顺应需求的发展,市场上出现了越来越多的富含硒、DHA(docosahexaenoic acid,二十二碳六烯酸)、叶黄素的肉蛋奶等特色畜禽产品。相比于传统产品,人们生产此类畜禽产品时首要关注的并不是产量,而是肉、蛋、奶中特定营养素或特定物质的含量,消费者同样关注畜禽产品中的特定营养素含量,而对数量和价格的敏感性会有所降低。这类产品旨在为人体补充容易缺乏的营养素,改善人们的健康,与我国自古就有的"药食同源"理念和食疗体系高度契合。当前,类似的产品在世界各国中快速发展,消费量在畜禽产品中的占比也呈上升趋势。不过,相比于发达国家,我国在功能性畜禽产品生产技术方面的研究与应用还处于相对落后、摸索前行的阶段,相关定义和概念还不明确,生产体系各自为营,监管措施不能及时跟进,这些都严重影响着我国功能性畜禽产品产业的健康发展。

本章从功能性畜禽产品的概念入手,并简要分析国内外功能性畜禽产品的发展现状和发展趋势,以便协助读者了解相关概念,加深对功能性畜禽产品的认识和了解。

第一节 什么是功能性畜禽产品

一、功能性畜禽产品的定义

畜禽产品是人们食材的主要种类,是食物的重要组成部分。食物是指能被食用并经消化吸收后构成机体供给生命活动所需营养成分或调节生理机能的所有无毒、无害物质的统称。传统上讲,食物就是可以吃的东西,通常由碳水化合物、脂肪、蛋白质、水等构成，农业生产是人类获取食物的最基本方式。近年来，食物的一些更深层次的生理学功能被认知和证实，人们逐渐认识到，包括畜禽产品在内的各种食物能够改善人体某方面的机能、提高健康水平，这与某种营养素或者物质组分密切相关，从而对一些慢性疾病具有重要的预防和改善效果。因此，越来越多的食物开始被注明并声称其功能性，消费者也对食物的功能性越发关注。在畜牧生产中，畜牧从业者开始针对特定的营养素或者物质组分进行强化，区别于传统畜禽产品的肉蛋奶的"功能性"畜禽产品应运而生。

要谈功能性畜禽产品，首先应该清楚什么是功能性食品。实际上，对于功能性食品尚无统一定义，相关专家对功能性食品的定义通常会参考保健食品。2015年5月实施的《食品安全国家标准 保健食品》（GB 16740—2014）中规定，保健食品是声称并具有特定保健功能或者以补充维生素、矿物质为目的的食品，即适用于特定人群食用，具有调节机体功能，不以治疗疾病为目的，并且对人体不产生任何急性、亚急性或慢性危害的食品。《中华人民共和国食品安全法释义》同样对保健食品作了如此规定。显然，功能性畜禽产品属于功能性食品的范畴，目前亦无统一定义。不过，与传统畜禽产品相比，功能性畜禽产品在营养素或者物质组分上须有显著差异，进而对人体机体功能具有更好的改善作用。因此，功能性食品和功能性畜禽产品都是一个相对的概念，因为食品和畜禽产品本身也具有营养功能和改善机体的功能，只不过这种功能通过科学技术得到了进一步提升、强化和定制而已。

因此，我们认为，功能性畜禽产品是指在传统食物营养功能基础上，通过定向调控单位畜禽产品中特定组分的含量、种类、活性或比例等，达到长期食用或阶段性食用能够增强人体免疫功能、预防慢性缺乏性疾病、增强体质以及调节机体功能等作用的一类特定的畜禽产品。与通常的畜禽产品相比，功能性畜禽产品中发挥独特作用或起核心作用的物质我们称之为功能因子。

从更大视角看，功能性畜禽产品是功能性食用农产品和功能性食品的一类。功能性畜禽产品通常使用饲料以及水作为功能性投入品生产。在此基础上，功能性食用农产品不仅包括畜禽产品，还包括种植生产的产品，功能性投入品还包括肥料、水、土壤以及各种基质等。功能性食品的投入品更加多样，除了动植物生产的农产品外，还可以通过人工添加、配合等方式获得丰富多样的食品。赵其国院士在《功能农业》一书中将农业发展划分为3个阶段，分别是高产农业、绿色农业和功能农业。无论是功能性畜禽产品，还是功能性食用农产品，或是功能性食品，它们都是人们生活水平和农业生产发展到一定程度的必然产物，对应功能农业或者叫营养导向型农业。它们之间的关系可归纳为图1.1。

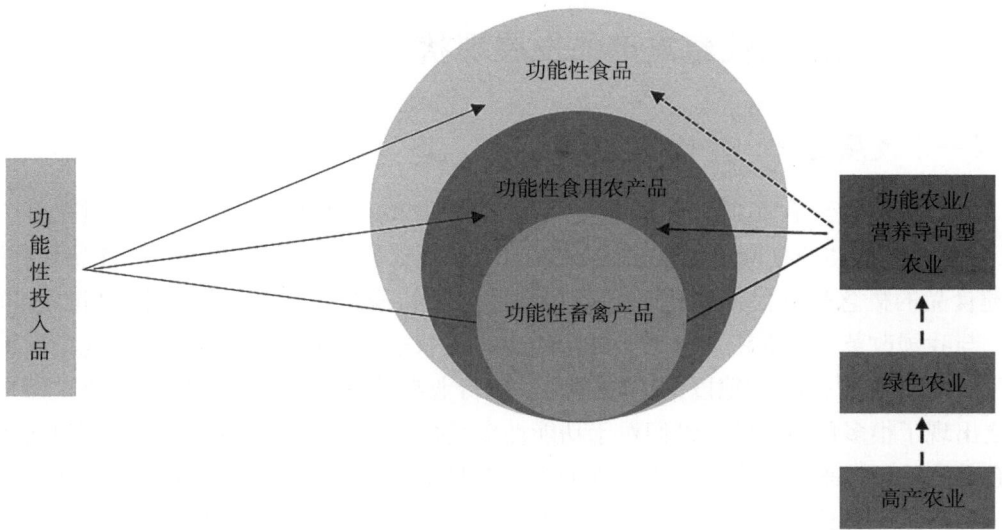

图 1.1 功能性畜禽产品、功能性食用农产品、功能性食品关系图

二、功能性畜禽产品的特点

功能性畜禽产品的功能性是对于特定的人群而言的，这类产品通过补充人体缺乏的营养素，或者减少食物中人体不宜过多摄入的物质，进而改善特定人群身体机能和健康水平。因而，功能性畜禽产品具有以下几方面的特点：

（1）食品属性。安全无毒、无害，合理摄入不会带来任何毒副作用。

（2）成分属性。该产品较之传统该类产品，特定营养素、活性成分、物质组分等功能因子含量须有显著差异，且功能因子应具体而明确。

（3）功能属性。功能因子的功能经过科学验证，对于特定人群的效果是明确且正向的。

（4）非药品属性。该类产品不是药品，不以治疗为目的，不能取代药物对患者的治疗作用。

（5）专一属性。该类产品其中的某一类型只专一地针对某一类人群，而不是所有人群都适合，必须按照科学的方法、剂量加以食用。

第二节 功能性畜禽产品发展现状

本节对现阶段国内外功能性畜禽产品的市场、技术、可持续发展性以及产品种类的发展状况进行分析，并对有关功能性畜禽产品的研究成果进行了梳理总结。

一、国内功能性畜禽产品发展现状

（一）发展过程

在我国，谈到食品的"功能性"可以追溯到 2000 多年前，历史上我国就有"食养""食补"和"药食同源"的理论和观念，并且以此开发了大量的补益食品和药膳。保健食品的概念是近代以来比较贴近功能性食品的概念，它大体开始于 20 世纪 80 年代，与我国改革开放有密切联系，并随后进入了快速发展期。20 世纪 90 年代中后期经历了一个低谷期。21 世纪以来，功能性食品行业在前期又呈现快速发展态势，但是也随之出现了很多负面事件，人们对于功能性食品行业产生了严重的不信任，国家对于保健食品的管理越来越严格，产业急剧萎缩。近些年来，随着科学技术的不断进步，行业管理和市场监管日趋规范，人们生活水平日益提高，功能性食品行业逐渐回暖。功能性畜禽产品作为功能性食品中一类特殊的农产品，总体发展更晚一些。

不过，功能性畜禽产品与保健食品、功能性食品一样，都是在人们猜疑和审慎接受过程中经过了起步、成长和发展的三阶段（图 1.2）。起步阶段的功能性畜禽产品，我们称之为初级的功能性畜禽产品。这类产品出现在 20 世纪 90 年代前后，当时市场上就有了打着富含铁、锌、硒等的各类营养强化畜禽产品，它们仅突出表述产品中的某一营养成分且有夸大功能的嫌疑，功能性畜禽产品中的活性因子有的不明确，有的更是缺乏相关标准，有的对某一活性因子的功能没有经过严格的试验证明或科学论证。成长阶段的功能性畜禽产品中的活性因子经过动物和人体试验证明，是具有某种生理调节功能的食品，强调了科学性和真实性，然后在畜禽产品中进行营养强化，功能性畜禽产品中的活性因子更加明确。发展阶段的功能性畜禽产品，明确了产品中的功能因子，以及准确解析了功能因子的结构、含量、组成与功能的关系。功能性畜禽产品的出现不仅与人们生活水平提高有关，更与科学技术的进步密切相关，尤其是与人们对活性成分或功能因子的研究深入、认识加深有密不可分的关系。

图 1.2　功能性畜禽产品发展阶段示意图

（二）主要产品

近些年，随着人们对畜禽产品品质和质量的要求，市场上的功能性畜禽产品逐渐增多，且多为品牌产品，价格高于一般同类产品。总体而言，功能性产品的类型主要集中在富含硒、不饱和脂肪酸、维生素和类胡萝卜素等肉、蛋、奶方面。除了富集特定营养素，相比于一般的产品，功能性畜禽产品还可能是降低了部分不宜过多食用的营养物质含量，或者是调控了部分营养素的组成比例，例如 ω-6 多不饱和脂肪酸（ω-6 Polyunsaturated Fatty Acid，ω-6 PUFAs）和 ω-3 多不饱和脂肪酸（ω-3 Polyunsaturated Fatty Acid，ω-3 PUFAs）的比例等。目前，市面上主要的功能性畜禽产品种类见表 1.1。

表 1.1 市面上主要的功能性畜禽产品

类型	富矿物元素类	富不饱和脂肪酸类	其他品类
肉	富硒和富锌鸡肉、鸽肉、猪肉、牛肉等	富含 ω-6 PUFAs 和 ω-3 PUFAs 的猪肉、鸡肉、牛肉、羊肉等	—
蛋	富硒和富锌鸡蛋、鸽蛋、鸭蛋等	富含 ω-6 PUFAs 和 ω-3 PUFAs 的鸡蛋等	低胆固醇蛋类；富叶黄素、维生素、虾青素、番茄红素和牛磺酸的蛋类等
奶	富硒牛奶	富 DHA 和 CLA 的奶类	a2β-酪蛋白奶、富含褪黑素的牛奶等

（三）问题与建议

近年来，随着人们生活水平的提高和对健康的需求不断增长，国内消费者对功能性畜禽产品的关注度越来越高，功能性畜禽产品的研发和相关产品日益增多。但总体上，我国功能性畜禽产品的发展还存在不少问题，与欧美、日本等起步较早的国家和地区相比，也存在一定差距，尤其在技术研究、市场认知、消费者培育以及监督管理等方面。

1. 加大基础研究和技术创新

在功能性畜禽产品的研发和生产过程中，技术创新是关键因素，但是我国功能性畜禽产品研究工作还不够深入，大多停留在特定营养素在畜禽产品中的富集方面。在科学研究和技术研发上的不足主要包括以下几个方面。一是对功能因子的研究十分有限。目前的研究重复性较多，大多通过饲料饲喂实现畜禽产品中特定营养素的富集，但对功能因子的结构和形态、作用机理、构效关系、量效关系等基础研究不够深入；二是功能性畜禽产品生产新技术开发不足。通过饲料饲喂是主要手段，但是更加安全、有效、稳定的饲料添加剂和新型天然资源开发需要进一步加强，也要积极探讨基因编辑技术、生物合成技术以及微生物技术在功能性饲料原料开发中作用；三是对于动物和人体健康的研究不足。功能性畜禽产品在营养素含量上区别于一般的肉蛋奶产品，功能性需要通过试验证明，目前对功能性畜禽产品对于动物健康以及人体健康影响的研究较少。

2. 提高市场认知和消费者信心

在我国，功能性畜禽产品尚未被消费者广泛了解和接受。相对于传统的畜禽产品，功能性畜禽产品在市场上的认知度较低，消费者对其特点、功效和安全性了解有限，衡量其潜在利益和风险的关键点和体系尚未建立和普及，对产品的推广和销售构成了较大的障碍。从消费上来看，功能性畜禽产品基本都是品牌产品，大型超市、网购平台等是主要的销售渠道，产品的销售与人们的消费能力和教育程度有关。为了推进功能性畜禽产品市场良性发展，建议如下：一是用好"宣传"这个工具。即对产品进行真实、客观的宣传，不要夸大甚至虚假宣传，坚持实事求是，尤其不宣称任何保健类功能；二是把握好"标识"这个要点。即要清晰标识产品的产地、营养成分、特定营养素含量等信息，做到产品可追溯，严格按照国家有关规定声称功能，由消费者自主选择；三是做好"科普"这项重要工作。要真诚真心做宣传科普工作，宣传合理均衡健康饮食和平衡膳食理念，编写涵盖饲料、养殖、产品以及营养学的科普读物，利用电视、广播、新媒体等开展科普宣传活动，提升消费者对功能性畜禽产品的认识。

3. 完善相关标准和管理制度

目前，我国尚无专门的功能性食品、功能性畜禽产品的管理制度，相关监管措施需要依据《中华人民共和国食品安全法》《中华人民共和国食品安全法实施条例》等文件。在食品声称方面，保健食品之外的其他食品，不得声称具有保健功能。我国允许对食品按照《食品安全国家标准　预包装食品营养标签通则》（GB 28050）和《食品安全国家标准　预包装特殊食用食品标签》（GB 3432）进行营养成分功能声称，但此声称涉及的营养成分少、功能声称窄，需要进一步完善。此外，我国缺乏功能性畜禽产品标准体系，要进一步完善不同畜禽、营养素等功能性畜禽产品生产技术规程和产品质量标准，给产品质量控制、市场准入和品牌建设提供技术支撑。

4. 应对价格竞争和成本压力

在市场竞争激烈的情况下，功能性畜禽产品往往面临价格竞争的压力。由于生产技术和原材料成本较高，功能性畜禽产品的售价通常较传统产品更高，这降低了一部分消费者的购买意愿，也对企业的盈利造成了挑战。此外，功能性畜禽产品一般是品牌产品，在产品包装、宣传推广等方面支出较大，也提高了产品的成本。作为养殖者，一方面要提高生产效率和产品质量，合理开展饲料配制，降低养殖成本，另一方面也要开拓销售渠道，提高产品销售能力，从而降低相对成本，提高市场竞争力。

综上所述，为推动功能性畜禽产品的发展，需要加强相关知识的科普、信息宣传和教育，提高消费者对产品的认知度和接受度。同时，应加大对功能性畜禽产品技术研发的投入，推动产品质量的提升和成本的降低，并以系统化理论为指导，建立相应完备的标准生产体系和监管机制，为行业的规范化发展保驾护航。

二、国外功能性畜禽产品发展现状

功能性畜禽产品在国外的发展较早，市场消费和政策措施相对较为完备。20世纪七八十年代，日本和欧美等国家对功能性食品的研究就逐渐开展起来，功能性畜禽产品的研究与消费也随之日益增多。当前，类似于富硒鸡蛋、叶黄素鸡蛋、DHA 鸡蛋以及富含不饱和脂肪酸的猪肉等产品，在欧美以及日本占有较大的市场份额。需要特别指出的是，欧美和日本等国家的功能性畜禽产品标签标识方面的管理相对规范，对于夸大功能的声称管理十分严格。与我国相比，欧美、日本等发达国家功能性畜禽产品呈现出以下特点。

一是产品品类丰富。相较于我国，国外发达国家的功能性畜禽产品种类更为丰富和多样化。除了传统的富含硒和 DHA 等营养素的肉蛋奶类，产品还涉及氨基酸、微量矿物元素以及更加广泛的富含番茄红素、虾青素、辅酶 Q、大蒜素等特殊活性成分的肉、蛋、奶，以及鱼类、蜂类产品。国外发达国家的相关产品种类更丰富。

二是政策管理相对规范。国外功能性畜禽产品的发展得到了相关健康认证机构的认可和支持，并进行更加严格和规范的监管。这些国家的管理措施一般会参考保健食品以及功能性食品进行监督，建立了严格的产品标准、认证体系和标识制度，确保产品的安全、营养和功能性能够符合标准。这些认证和标准的存在，增强了消费者对功能性畜禽产品的信任感和购买意愿。比如，欧盟关于功能性食品监管的法规分为通用食品法规、食品营养与健康声称法规、强化食品管理法规、膳食补充剂指令、新食品管理法规、特殊营养用途食品的管理指令和特殊医学用途配方食品法规等。日本的保健功能食品分为特定保健食品、营养功能食品和功能性标示食品三类，实施分类分级管理。2015 年，日本进一步出台了《功能食品标示制度》，明确了"功能标示性食品"的类别，且该类食品不需政府审批，实行备案自行负责制。

三是市场消费量大。国外消费者更多地相信功能性畜禽食物在补充营养素和预防疾病方面具有积极作用，人们更加注重健康食品和个性化饮食，也相信产品的标签分类和营养成分声明，因此更加愿意为具有健康增强功能的产品付费。作者通过各种形式走访了国内外超市，调查发现，从超市中的功能性畜禽产品货架占比来看，欧美以及日本等发达国家的富硒、富 $\omega-3$ 等畜禽产品占比甚至超过 50%，而我国类似产品占比较低。

总体而言，国外功能性畜禽产品市场发展较为成熟，消费者对健康和营养的关注度高，市场需求稳定增长。通过技术创新、研发投入和与认证机构的合作，国外功能性畜禽产品不断提升产品质量、丰富产品种类，满足消费者的需求，并在国际市场上取得了良好的表现，这为国内功能性畜禽产品的发展提供了一定的借鉴和参考。

第三节　功能性畜禽产品发展趋势

功能性畜禽产品的发展与人们生活水平的提高息息相关，并且随着人们对美好生活的需要而得到发展。近些年来，功能性畜禽产品的发展主要得益于人们健康需要和畜牧业发展的要求，这是其发展的动力。面向未来，人们对美好生活的需要，可能不仅仅是吃穿住行，还包括许多其他方面，不仅包括食物本身的质量安全以及口感风味，还会关注到生态环境以及动物健康等。

一、功能性畜禽产品的发展动力

就现阶段而言，功能性畜禽产品的发展与两个因素密切相关。

一是人们健康需要。随着当前人们生活水平的不断提升，饮食越来越丰富，膳食结构也发生了变化，不合理的饮食、不规律的生活作息、生活压力的增大、环境问题的不断凸显致使亚健康人群持续增加。当前，我国在公众营养健康上面临着营养过剩和营养缺乏的双重问题，特别是体重超标与肥胖症、糖尿病、高血压、高血脂等代谢综合征类问题凸显。为此，国家从预防为主和治未病的角度，对于包括功能性畜禽产品在内的功能性食品给予了积极支持。《健康中国（2030）》规划纲要从人类健康与食物角度对营养强化手段的重要性进行了表述，指明了功能性动物产品的重要作用。纲要指出"制定实施国民营养计划，深入开展食物（农产品、食品）营养功能评价研究，全面普及膳食营养知识"，"建立健全居民营养监测制度，对重点区域、重点人群实施营养干预，重点解决微量营养素缺乏、部分人群油脂等高热能食物摄入过多等问题，逐步解决居民营养不足与过剩并存问题。实施临床营养干预"。其他相关文件中，都提到要开展食品健康功效评价，加快改善人们微量元素缺乏的现状，开展降脂、控油、减盐等行动，支持开发养生保健食品、健康食品和功能性动物产品等。

二是产业发展需要。经过几十年的发展，肉蛋奶产量快速增加，整体上看，我国基本解决了肉蛋奶供应问题，畜牧业发展也进入了新阶段。按照我国国民经济发展方向，畜牧业将走高质量发展的路子。一方面要积极提高畜禽产品的质量，从过去更多地注重产量，逐渐向注重产量、质量以及营养、口味和功能转变；另一方面要依靠畜牧业提高农民收入，这就要求增加畜禽产品的附加值，积极发展特色化、差异化的特色畜禽产品。从产业发展需要和农民增收的角度，国家和地方也出台了多部文件大力支持功能农业的发展，《中共中央-国务院关于深入推进农业供给侧结构性改革加快培育农业农村发展新动能的若干意见》将功能农业定位在农业供给侧结构性改革新内容、农业发展的新动能，意见指出"加强现代生物和营养强化技术研究，挖掘开发具有保健功能的食品"。《乡村振兴标准化行动方案》中指出要"围绕增加绿色优质农产品供给，制定优质农产品标准，研制富硒等功能农业标准，推动农产品分等分级和包装标识标准化，制定限制食用农产品过度包装标准"。从全国来看，不少地区积极发展功能特色农业，为推动农民增收和经济发展发挥了重要作用，例如宁夏盐池结合滩羊养殖，发展特色畜牧业和功能畜牧业，陕西安康、湖北恩施等地区大力发展富硒农业，都取得了较好的效果。

二、功能性畜禽产品发展趋势

畜牧业是服务人们生存和发展的产业，功能性畜禽产品随着社会发展水平的提高而出现，那么功能性畜禽产品的发展趋势也必将与人们的需求密切相关，营养与品质、口感与风味、安全与健康是重要的发展方向。

（一）持续提高产品品质

消费者对高品质畜禽产品的需求不断增加，功能性畜禽产品就需要研究和开发更多的营养改进剂，并不断优化饲料配方和挖掘产品品质改良技术，以提高畜禽产品的营养价值、口感和品质。因此，要求研究人员致力于优化功能性畜禽产品的营养组成（优质蛋白质含量、脂肪酸组成等）与功能性成分（益生菌、多种维生素、抗氧化剂）的同时，还要不断研发新型的饲料添加剂，以改善功能性畜禽产品的品质，并重点关注产品的营养与品质、口感与风味，例如，天然色素、香精、抗氧化剂等可以改善产品的外观、口感和保鲜性。

（二）推进健康养殖和产品安全

食品安全是功能性畜禽产品发展的基石，同时消费者对环境友好和福利养殖的关注度也逐渐增加。因此，功能性畜禽产品的发展需要注重协调好环境健康、动物健康以及人类健康，基于福利养殖且对环境友好生产出来的畜禽产品，可能更会受到人们的关注和欢迎。首先，要注重环境友好型养殖。可以大力推崇可持续饲养方式，减少对环境的负面影响，如有机饲料、放养养殖、循环农业等，形成可持续饲养模式。其次，还需要开发和使用低碳排放、可再生的绿色饲料，如微生物发酵饲料、藻类饲料等环境友好型饲料。最后，开发新型饲料的同时，要尽量减少能源消耗，提高资源利用效率，可以采用生物技术处理畜禽粪便和废水，尽可能地做到能源节约和废弃物处理。另外，要探索开展福利养殖。功能性畜禽产品本身就是高品质和高附加值的产品，可以与福利养殖结合，进一步提高产品的品质。近年来，福利养殖受到越来越多人的关注，国内外不少食品企业和餐饮集团、连锁超市等承诺使用福利养殖畜禽产品，这就要求未来功能性畜禽产品也必须走福利养殖的方式，以保证其健康可持续发展。

（三）提高产品生产效率

为了满足不断增长的畜禽产品需求，功能性畜禽产品的生产效率也需要提高。这就要求研发更多的生长促进剂、饲料添加剂和养殖设备，促进畜禽生长、提高饲料转化效率，更加高效地生产出功能性畜禽产品。首先，要提高畜禽生长性能。研究人员应继续开发新型的饲料添加剂，包括酶制剂、氨基酸等，以促进畜禽的生长发育。这些添加剂可以提高饲料利用率，增加畜禽的采食量和生长速度；研究人员还要强化蛋白质、能量和微量元素对畜禽生产的基础研究，通过合理调控饲料组配，促进畜禽的生长发育。其次，要提高养殖管理水平。例如，加强信息技术在养殖生产、产品追溯、质量检测中的应用，进一步提高养殖水平和管理水平，提高养殖生产效率。还可以从环境优化和养殖管理智能化两方面入手，优化饲养环境可以提高畜禽的舒适度和生产效率，减少应激和疾病的发生。同时，也可以利用物联网、大数据和人工智能等技术，促进养殖智能化和精细化，这些技术可以监测和控制畜禽的饲料摄入、水质、饮水情况，以及运动情况等，提高养殖效率。

三、未来展望

正如前文所述，人们对健康的追求和畜牧产业发展的需要，无疑会推动功能性畜禽产品的需求进一步增加，相应的产业会得到进一步发展。但是，功能性畜禽产品在研发、生产和监管方面还存在不少问题，需要强化研究，完善制度，加强监管等。

具体来讲，建议重点从以下几点开展工作：一是确保产品安全和功能因子明确且可量化。这是功能性畜禽产品的第一要素，是进入市场的前提。在此基础上，根据国家法律法规开展安全性检测和有效性评价。二是功能性畜禽产品通常通过饲喂富含某种特定活性成分饲料原料获得，要重视对功能性原料的挖掘和研究。例如，非常规饲料、天然植物成分以及新型饲料添加剂等在功能性畜禽产品生产中的应用潜力很大，但也存在挑战，理论研究和生产应用间尚存诸多问题，需要加强相关领域的基础研究和应用开发，以降低饲料原料的成本和活性成分的富集效率，并保障其对人类健康和环境质量无不良影响。三是重视功能性成分的提取与检测技术的研发。采用高新技术，研究分离保留其活性和稳定性的工艺技术与标准，包括高效提取、去除有毒有害物质等方法。四是注重营养学知识的科普和宣传，增强消费者的购买信心。同时，要加强市场监管，制定功能性畜禽产品技术标准、标识办法和监管措施，也要开展对畜禽健康、动物福利以及环境的影响，推动功能性畜禽产品产业规范、健康、可持续发展。

功能性畜禽产品承载着新时代人们对肉、蛋、奶需求以及保持身体健康的新期待，是优质畜禽产品的发展方向，有着巨大的发展潜力。面向未来，相信在政府、行业、科研工作者、生产经营者以及消费者等各方努力下，在科学技术的不断进步下，功能性畜禽产品产业将会实现规范健康发展，为畜牧业提质增效、农民增收以及人们身体健康做出重要贡献。

参考文献

魏涛，陈文，秦菲，等，2009.欧盟对功能食品的管理［J］.食品工业科技，30（9）：292-295，362.

许秀．2012.功能食品的产生及发展趋势［J］.宁夏农林科技，53（4）：68-69.

赵丹宇，张志强．2004.国内外保健食品管理法规标准比较研究（续完）［J］.中国食品卫生杂志（5）：404-409.

ABD EL-HACK M E, EL-SAADONY M T, SALEM H M, et al., 2022. Alternatives to antibiotics for organic poultry production: types, modes of action and impacts on bird's health and production［J］. Poultry Science, 101(4): 101696.

ABEDIN M M, CHOURASIA R, PHUKON L C, et al., 2023. Lactic acid bacteria in the functional food industry: biotechnological properties and potential applications[J]. Critical Reviews in Food Science and Nutrition, 2023:1-19.

BO GHANIMA M M, ELSADEK M F, TAHA A E, et al., 2020. Effect of housing system and rosemary and cinnamon essential oils on layers performance, egg quality, haematological traits, blood chemistry, immunity, and antioxidant[J]. Animals, 10(2): 245.

AHSAN U, KUTER E, KHAN K, et al., 2023. Effect of phased reduction of dietary digestible lysine density on growth performance, thigh meat, and biomechanical characteristics of tibia in broiler chickens[J]. Tropical Animal Health and Production, 55(4): 248.

ALAGAWANY M, ABD EL-HACK M E, FARAG M R, et al., 2018. The use of probiotics as eco-friendly alternatives for antibiotics in poultry nutrition[J]. Environmental Science and Pollution Research, 25: 10611-10618.

ARAI S. 1996. Studies on functional foods in Japan—state of the art[J]. Bioscience, Biotechnology, and Biochemistry, 60(1): 9-15.

ASHRAF M F, ZUBAIR D, BASHIR M N, et al., 2023. Nutraceutical and health-promoting potential of lactoferrin, an iron-binding protein in human and animal: Current knowledge[J]. Biological Trace Element Research, 2023: 1-17.

BEKOGLU F B, ERGEN A, INCI B. 2016. The impact of attitude, consumer innovativeness and interpersonal influence on functional food consumption[J]. International Business Research, 9(4): 79-87.

CATAPANO A L, REINER Ž, DE BACKER G, et al., 2011. ESC/EAS Guidelines for the management of dyslipidaemias: the Task Force for the management of dyslipidaemias of the European Society of Cardiology (ESC) and the European Atherosclerosis Society (EAS)[J]. Atherosclerosis, 217(1): 3-46.

CHEN J, CAO X, HUANG Z, et al., 2023. Research progress on lycopene in swine and poultry nutrition: An update[J]. Animals, 13(5): 883.

CHEN M F, 2011. The mediating role of subjective health complaints on willingness to use selected functional foods[J]. Food Quality & Preference, 22(1):110-118.

COMUNIAN T A, SILVA M P, SOUZA C J F. 2021. The use of food by-products as a novel for functional foods: Their use as ingredients and for the encapsulation process[J]. Trends in Food Science & Technology, 108: 269-280.

DALEY C A, ABBOTT A, DOYLE P S, et al., 2010. A review of fatty acid profiles and antioxidant content in grass-fed and grain-fed beef[J]. Nutrition Journal, 9(1): 1-12.

EL-SABROUT K, KHALIFAH A, MISHRA B, 2023. Application of botanical products as nutraceutical feed additives for improving poultry health and production[J]. Veterinary World, 16(2): 369.

FALGUERA V, ALIGUER N, FALGUERA M, 2012. An integrated approach to current trends in food consumption: Moving toward functional and organic products[J]. Food Control, 26(2): 274-281.

GRASSO S, BRUNTON N P, LYNG J G, et al., 2016. Quality of deli-style turkey enriched with plant sterols[J]. Food Science and Technology International, 22(8): 743-751.

HENSON S, ANNOU M, CRANFIELD J, et al., 2008. Understanding consumer attitudes toward food technologies in Canada [J]. Risk Analysis: An International Journal, 28(6): 1601-1617.

HWANG J, YOE H, 2010. Study of the ubiquitous hog farm system using wireless sensor networks for environmental monitoring and facilities control [J]. Sensors, 10(12): 10752-10777.

LOZICA L, KABALIN A E, DOLENČIĆ N, et al., 2021. Phylogenetic characterization of avian pathogenic Escherichia coli strains longitudinally isolated from broiler breeder flocks vaccinated with autogenous vaccine [J]. Poultry Science,100(5): 101079.

MARK-HERBERT C, 2004. Innovation of a new product category—functional foods [J]. Technovation, 24(9): 713-719.

MARKOSYAN A, MCCLUSKEY J J, WAHL T I, 2009. Consumer response to information about a functional food product: apples enriched with antioxidants [J]. Canadian Journal of Agricultural Economics/Revue canadienne d'agroeconomie, 57(3): 325-341.

PANDA A K, CHERIAN G, 2017. Tissue tocopherol status, meat lipid stability, and serum lipids in broiler chickens fed Artemisia annua [J]. European Journal of Lipid Science and Technology, 119(2): 1500438.

RIBEIRO A R, ALTINTZOGLOU T, MENDES J, et al., 2019. Farmed fish as a functional food: perception of fish fortification and the influence of origin-insights from Portugal [J]. Aquaculture, 501: 22-31.

ROOSEN J, BRUHN M, MECKING R A, et al., 2008. Consumer demand for personalized nutrition and functional food [J]. International journal for vitamin and nutrition research, 78(6): 269-274.

TOPOLSKA K, BIEŃKO M, FILIPIAK-FLORKIEWICZ A, et al., 2020. The effect of fructan-enriched diet on bone turnover parameters in ovariectomized rats under calcium restriction [J]. Annals of Agricultural and Environmental Medicine, 27(2): 219-224.

TOPOLSKA K, FLORKIEWICZ A, FILIPIAK-FLORKIEWICZ A, 2021. Functional food-Consumer motivations and expectations [J]. International Journal of Environmental Research and Public Health, 18(10): 5327.

TOPOLSKA K, RADZKI R P, FILIPIAK-FLORKIEWICZ A, et al., 2018. Fructan-enriched diet increases bone quality in female growing rats at calcium deficiency [J]. Plant Foods for Human Nutrition, 73: 172-179.

WANG X, FARNELL Y Z, PEEBLES E D, et al., 2016. Effects of prebiotics, probiotics, and their combination on growth performance, small intestine morphology, and resident Lactobacillus of male broilers [J]. Poultry science, 95(6): 1332-1340.

WEST G E, GENDRON C, LARUE B, et al., 2002. Consumers' valuation of functional properties of foods: results from a Canada - wide survey [J]. Canadian Journal of Agricultural Economics/Revue canadienne d'agroeconomie, 50(4): 541-558.

ZDUŃCZYK Z, JANKOWSKI J, 2013. Poultry meat as functional food: Modification of the fatty acid profile-A review/Mięso drobiowe jako żywność funkcjonalna: modyfikacja profilu kwasów tłuszczowych-artykuł przeglądowy [J]. Annals of Animal Science, 13(3): 463-480.

第二章 功能性营养有效成分

功能性营养有效成分是指存在于功能性畜禽产品中的具有特定生理功能和潜在健康效果的生物活性成分，或功能因子。这些有效成分在畜禽体内自然存在或可通过精心设计的饲料配方、特定的饲养工艺和生产管理来获得或增加，通常包含功能性碳水化合物、氨基酸、活性肽、活性蛋白质、功能性脂类、维生素、矿物质、植物活性成分、微生物类活性成分等。功能性畜禽产品中的功能性营养有效成分对人体健康具有重要意义，在相关研究和应用的推动下，功能性畜禽产品必将成为现代饮食中越来越重要的组成部分。

第一节 功能性碳水化合物

功能性碳水化合物是指除了提供能量之外，还具有特定保健功能的碳水化合物，如膳食纤维、抗性淀粉、功能性糖类（如寡糖和多糖）等。这类碳水化合物通常具有调节人体生理功能的作用，如促进消化系统健康、调节血糖水平、提高免疫力等。

一、膳食纤维

（一）膳食纤维的概念和分类

1. 膳食纤维的概念

膳食纤维通常是指那些在小肠内不能被消化酶分解和吸收，直接进入大肠的植物性成分。膳食纤维对于维持消化系统的健康、预防便秘、降低某些慢性疾病的风险等起着重要作用。它们主要来自植物的细胞壁成分，水果、蔬菜、谷物和豆类等中富含膳食纤维。

膳食纤维不同于传统意义上的"粗纤维"的概念，膳食纤维是一个更为广泛和综合的概念，涵盖了对人体健康有益的各种可溶性和不可溶性植物纤维。而粗纤维是畜牧业中用于评估饲料的纤维含量的一个概念，主要指植物细胞壁中的纤维素、半纤维素和木质素等成分,是可以通过特定的化学分析方法测定的。

2. 膳食纤维的分类

膳食纤维是一类复杂的混合物,按其在水中的溶解性可分为可溶性膳食纤维(soluble dietary fiber, SDF)和不可溶性膳食纤维(insoluble dietary fiber, IDF)两大类。在膳食纤维总量中,不可溶性膳食纤维占比较大。

可溶性膳食纤维在水中能够溶解形成黏稠的凝胶状物质,对人体健康具有多重益处,能够减缓消化过程,帮助稳定血糖水平,降低血液中的胆固醇含量,并促进有益肠道菌群的增长,在大肠中可被微生物发酵,产生有益的短链脂肪酸,有助于改善肠道健康。可溶性膳食纤维主要存在于果胶、β-葡聚糖、豆类和某些蔬菜中。

不可溶性膳食纤维是一种在水中不溶解,但可以维持食物体积的植物成分,对预防便秘和维持肠道健康等尤为重要,它通过增加肠道内容物的体积和加速食物在消化道中的通过速率,帮助减少便秘和降低某些肠道疾病的风险,还可以通过增加饱腹感,帮助控制体重。不可溶性膳食纤维主要存在于谷物、蔬菜、豆类和果实的皮中。

(二)膳食纤维的化学组成

1. 纤维素

纤维素是一种 β-1,4-葡萄糖苷键连接的直链多糖,是植物细胞壁的主要成分(图2.1)。纤维素是不可溶性膳食纤维的重要组成部分,能够促进肠道蠕动,帮助预防便秘。

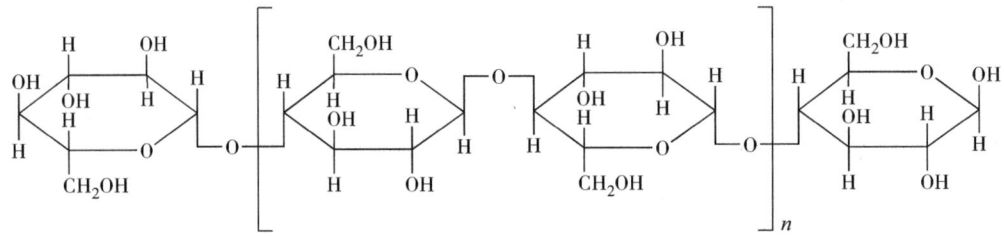

图 2.1 纤维素结构

2. 半纤维素

半纤维素的种类很多,包括木聚糖、阿拉伯糖、甘露糖等,它们的主链和侧链结构比纤维素复杂。半纤维素在植物细胞壁中与纤维素共同存在,部分可溶于水,但绝大部分不溶于水,能够被大肠中的微生物部分分解利用,对维持肠道健康具有重要作用。

3. 果胶

果胶是由半乳糖醛酸和其他糖类组成的多糖,属于可溶性膳食纤维。果胶在水中能形成凝胶,对维持膳食纤维的结构有重要作用。

4. 木质素

木质素是由芥子醇、松柏醇和对羟基肉桂醇3种单体组成的三维网络结构大分子化合物,与碳水化合物紧密结合,很难将之分离出来,木质素对人体及单胃动物一般不具有生理活性。

（三）膳食纤维的生理功能

1. 促进肠道健康

通过改善肠道蠕动，减少致癌物质在肠道内的停留时间，膳食纤维有助于降低某些肠道疾病，如结肠癌的风险。同时，益生元类膳食纤维的摄入能促进有益菌的生长，帮助维护肠道健康，进一步减少炎症性肠病等肠道问题的发生。

2. 调节血糖水平

可溶性膳食纤维在消化道内形成的凝胶物质可以延缓食物的消化和糖分的吸收，减少餐后血糖水平的急剧升高。此外，膳食纤维的摄入还可以改善胰岛素敏感性，有助于长期控制血糖。对于非糖尿病人群，这种效果也有助于减少患糖尿病的风险。

3. 降低血脂

膳食纤维分子表面有很多活性基团，可以螯合胆固醇、胆汁酸，减少外源性胆固醇、胆汁酸的合成与吸收，同时部分阻断胆汁酸与胆固醇的肝肠循环，使胆固醇向胆汁酸转化，从而降低血液中的胆固醇水平。

4. 改善消化吸收

膳食纤维具有较低的能量浓度，能在消化道内吸水膨胀，增加饱腹感，从而降低食物的总摄入量。同时，膳食纤维的摄入还可以调整食物在消化道中的停留时间和营养物质的吸收速度，有助于控制体重。

（四）膳食纤维的推荐摄入量

中国营养学会发布的《中国居民膳食指南（2022）》和《中国居民膳食营养素参考摄入量（2023版）》建议我国成年人每日膳食纤维的适宜摄入量（AI）为25～30 g/d，对于老年人，由于18岁以上人群摄入量的年龄差异尚不充分，因此建议与成年人采用统一的AI标准，建议孕妇和乳母膳食纤维AI在成年人基础上增加4 g/d。

儿童和青少年膳食纤维AI的制定以成年人AI为基础，根据不同年龄段能量摄入量进行推算和适当调整，建议1～3岁、4～6岁儿童膳食纤维AI分别为5～10 g/d和10～15 g/d，7～11岁、12～14岁、15～17岁青少年膳食纤维AI分别为15～20 g/d、20～25 g/d和25～30 g/d。

二、活性多糖

（一）活性多糖的定义

多糖是一类由多个单糖分子失水缩合后，经过特定糖苷键依照一定顺序连接而成的结构复杂的生物大分子聚合物。通常将可以调节人体生理功能的特异性多糖称为活性多糖，这类活性多糖因其独特的生物活性，如抗氧化、抵御辐射伤害、调节免疫系统以及对抗肿瘤等作用，在生物医学和营养科学中受到重视。活性多糖可以自然存在于多种食物、植物、微生物和海洋生物中，也可以通过生物工程技术合成获得。

（二）活性多糖的分类

活性多糖虽然广泛存在于自然界中，但截至目前，并没有一个统一且明确的分类体系来划分所有种类的活性多糖。这是因为活性多糖的种类繁多，来源广泛，且具有不同的化学结构和生物活性。通常，基于它们的来源、化学结构、生物功能等，对活性多糖进行分类。例如根据其来源不同，可以划分为真菌多糖、植物多糖、动物多糖、海洋生物多糖等。

1. 真菌多糖

真菌多糖是一类从各种真菌中提取的具有生物活性的多糖，如香菇多糖、灵芝多糖、银耳多糖、冬虫夏草多糖、黑木耳多糖等。这些多糖因其独特的化学结构和生物功能，在食品、医药和健康产品领域具有广泛的应用和研究价值。真菌活性多糖主要通过其免疫调节、抗肿瘤、抗氧化和降血糖等作用对人体健康产生积极影响。

2. 植物多糖

植物多糖是从各种植物源提取的具有显著生物活性的多糖类化合物，如茶叶多糖、苦瓜多糖、大枣多糖、枸杞多糖、石榴多糖、人参多糖、黄芪多糖等。植物活性多糖广泛存在于蔬菜、水果、草药和其他植物中，是当前功能性食品、营养补充剂和药物研发领域的重要研究对象。

3. 动物多糖

动物多糖是一种在动物体内自然存在的复杂碳水化合物，主要是肝素、硫酸软骨素、透明质酸等。这些多糖在动物的生理过程中扮演着多种关键角色，包括为细胞和组织提供结构性支持、参与细胞信号传递、调节免疫反应以及维持细胞间的相互作用。

4. 海洋生物多糖

海洋生物多糖种类繁多，来源于海藻、海洋微生物、壳类海洋生物等，如螺旋藻多糖、褐藻胶、壳聚糖、海参多糖等。海洋生物多糖具有抗炎、抗氧化、免疫调节和促进细胞再生等多种生物活性。

（三）活性多糖的生理功能

1. 免疫调节

活性多糖能够增强机体的免疫功能，通过激活免疫细胞和促进免疫调节因子的产生，从而提高机体对病原微生物和肿瘤细胞的识别和清除能力。如灵芝多糖、茶多糖、海藻多糖、黑木耳多糖等均可通过多条途径对免疫系统发挥调节作用，这种免疫调节作用有助于提升人体的抗病能力，对抗多种感染和疾病。

2. 抗肿瘤

一些活性多糖通过影响肿瘤细胞的生长、诱导肿瘤细胞凋亡、抑制肿瘤血管生成或增强机体的免疫力，展现出抗肿瘤的潜力，如茯苓多糖、猴头菇多糖、黄芪多糖、香菇多糖、枸杞多糖、马齿苋多糖等在癌症治疗和预防中的应用引起人们的广泛关注。

3. 抗氧化

活性多糖能够有效清除体内的自由基，减少氧化应激，保护细胞不受氧化损伤。如壳聚糖、枸杞多糖、车前子多糖等，均有研究表明具有抗氧化作用，对于预防老化相关疾病、心血管疾病以及某些类型的癌症具有重要的预防作用。

4. 降血糖

活性多糖还能够调节血糖水平，如虫草多糖、灵芝多糖、苦瓜多糖、石榴多糖等，通过影响胰岛素的分泌和作用、改善胰岛素敏感性或降低肠道对糖的吸收等产生功效，对于糖尿病患者的血糖控制具有积极作用。

三、功能性甜味剂

（一）功能性单糖

1. D-型单糖

D-型单糖是自然界中广泛存在的单糖类型，它们是细胞能量代谢的基础。例如，D-果糖，具有甜度大、等甜度下能量值低等特点，D-果糖不是口腔微生物的合适底物，不易造成龋齿，其代谢途径与胰岛素无关，可供糖尿病人食用。

2. L-型单糖

L-型单糖是一类独特的单糖，在自然界很少存在。L-型单糖与D-型单糖口感相似，对某一特定的L-型单糖和D-型单糖，其化学和物理性质，如沸点、熔点、可溶性、黏度、质构、吸湿性、密度、颜色和外观等都一样，仅其立体构型与D-型单糖相反。L-型单糖不被消化吸收，不提供能量，人体无法利用这些糖作为能量来源，因此它们不会影响血糖水平，适合于糖尿病人或其他糖代谢紊乱病人食用。目前有研究和应用的L-型单糖主要有L-古洛糖、L-果糖、L-葡萄糖、L-半乳糖、L-阿洛糖、L-艾杜糖、L-塔罗糖、L-塔格糖、L-阿洛酮糖和L-阿卓糖等。

（二）功能性低聚糖

低聚糖（oligosaccharides），又称寡糖，是由2~10个单糖单位通过糖苷键连接而成的低度聚合糖，根据生物学功能，一般分为功能性低聚糖和普通低聚糖两类，区别在于是否能被人体分泌的内源酶所分解，是否能选择性地促进肠道有益微生物生长。

功能性低聚糖由于其糖分子相互结合的位置不同，人体没有代谢这类低聚糖的酶系统，它们很难或不能被消化吸收而直接进入大肠内被双歧杆菌所利用，是双歧杆菌的有效增殖因子。功能性低聚糖包括低聚半乳糖、低聚果糖、低聚木糖、低聚异麦芽糖、低聚乳果糖、乳酮糖、大豆低聚糖、水苏糖、棉籽糖、帕拉金糖、低聚龙胆糖等。目前所知，除低聚龙胆糖具有苦味外，其余低聚糖均带有不同程度的甜味。

1. 功能性低聚糖的生理功能

（1）促进肠道内有益菌群增殖。功能性低聚糖进入结肠内，绝大部分被肠道内的有益菌群如双歧杆菌等所分解利用，为肠道内的有益菌提供营养源，促进其大量繁殖，双歧杆菌发酵功能性低聚糖，产生短链脂肪酸，调节局部pH值，抑制有害菌的生长繁殖，起到了有益菌增殖因子的作用。

（2）抑制病原菌和腹泻。功能性低聚糖在肠道内被发酵产生的短链脂肪酸（主要为乙酸、丙酸、丁酸和乳酸）及抗生素物质，能抑制外源性致病菌和肠道内固有腐败细菌的生长繁殖，具有抑制腹泻作用。

（3）促进代谢和吸收。有益微生物的大量增殖，将肠道内营养物质不断分解并合成微生物蛋白质，使肠道内尿素氮水平低于肠壁血管内尿素氮水平，促进蛋白质代谢，同时，功能性低聚糖可增强机体对矿物元素的吸收。

（4）增强机体免疫力和抗肿瘤能力。功能性低聚糖可与一定毒素、病毒及其真核细胞的表面结合而作为这些外源抗原的佐剂，能减缓抗原的吸收，增加抗原的效价，加强细胞和体液的免疫力。此外，某些研究还表明，功能性低聚糖通过影响免疫细胞活性，可能具有抗肿瘤特性，帮助机体抵御癌症的发展。

（5）保护肝功能。摄入低聚糖可减少肠道内有害细菌产生的毒素，减少有毒代谢产物进入肝脏的数量，有助于减轻肝脏分解毒素的压力，对于防治肝炎、降低肝硬化的风险以及促进肝脏健康具有一定作用。

（6）不会引起龋齿。功能性低聚糖不会被口腔内的细菌发酵产生酸性物质，因此不会引起龋齿。这使得功能性低聚糖成为制作儿童食品和口腔护理产品的理想甜味来源，可以在不牺牲甜味的同时维护牙齿健康。

2. 常见的功能性低聚糖

（1）低聚异麦芽糖。低聚异麦芽糖又称分支低聚糖，是葡萄糖通过 $\alpha-1,6$ 糖苷键结合形成的一类低聚糖，广泛存在于大麦、小麦和马铃薯等植物中，通常由淀粉经过酶法转化得到。低聚异麦芽糖甜味温和，有良好的保水性，耐酸和耐热性较强，还能促进双歧杆菌增殖。低聚异麦芽糖是目前产量最大、市场销售最多的一种功能性低聚糖。

（2）低聚半乳糖。低聚半乳糖是在乳糖分子上通过 $\beta-1,6$ 糖苷键结合 $1\sim4$ 个半乳糖的杂低聚糖（图2.2）。自然界汇中，动物乳汁中存在微量的低聚半乳糖，人乳中含量相对较多，低聚半乳糖可以通过工业生产中的酶法从乳糖中转化得到。低聚半乳糖甜味纯正，口感清爽，水溶性好，保湿性强，pH值为中性的条件下热稳定性高。

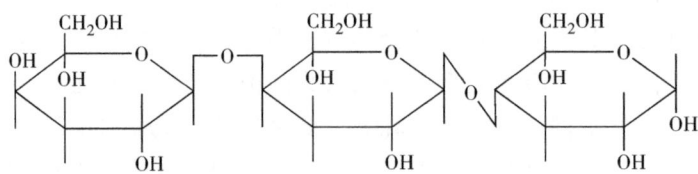

图2.2 低聚半乳糖结构

（3）低聚果糖。低聚果糖，也称为果糖低聚糖或果寡糖，是在蔗糖分子上以 β-1,2 糖苷键与 1～3 个果糖结合而成的一种混合低聚糖。低聚果糖广泛存在于自然界，如洋葱、蒜、香蕉和韭菜等均含有低聚果糖，也可以通过工业加工，如将蔗糖或其他天然糖类通过酶法转化来商业生产。低聚果糖具有适中的甜度，耐高温，可抑制淀粉老化，保水性好。

（4）低聚乳果糖。低聚乳果糖由半乳糖、葡萄糖和麦芽糖组成，是一种非还原性低聚糖。工业上，以乳糖和蔗糖为原料，在节杆菌产生的 β-呋喃果糖苷酶催化作用下，将蔗糖分解产生的果糖基转移到乳糖还原性末端的 C1 位羟基上，生成半乳糖基蔗糖基低聚乳果糖。低聚乳果糖在中性条件下热稳定性较强。低聚乳果糖的双歧杆菌增殖活性高于低聚半乳糖和低聚异麦芽糖。

（5）大豆低聚糖。大豆低聚糖是大豆中所含有的寡糖类物质的总称，主要有效成分有棉籽糖、水苏糖和蔗糖。大豆低聚糖广泛存在于各种植物中，除大豆外，豇豆、扁豆、豌豆、绿豆和花生中也存在。液态大豆低聚糖为淡黄色、透明黏稠状液体，固态大豆低聚糖为淡黄色粉末，极易溶于水。大豆低聚糖的热稳定性较强，有明显的抑制淀粉老化的作用。

（6）低聚异麦芽酮糖。低聚异麦芽酮糖又称低聚帕拉金糖，是葡萄糖与果糖以 α-1,6 糖苷键结合的双糖。低聚异麦芽酮糖甜味纯正，抗酸水解能力强，不能被大多数的细菌和酵母菌发酵利用，其抗微生物特性使得其产品甜味易于保持。

（7）低聚木糖。低聚木糖又称木寡糖，是由 2～7 个木糖分子以 β-1,4 糖苷键结合的杂低聚糖，组成以木二糖和木三糖为主，可从玉米芯、甘蔗渣、棉籽壳等天然食物纤维中采用不同制备技术制取获得。低聚木糖甜味纯正，类似蔗糖，对热和酸稳定性好，不易被酵母利用。低聚木糖与其他低聚糖相比，具有适用范围广、使用方便、添加量小、双歧杆菌增殖效果明显等特点。

（三）多元糖醇

多元糖醇由相应的糖催化加氢制得，主要有木糖醇、赤藓糖醇、麦芽糖醇、山梨醇、甘露醇等。多元糖醇代谢与胰岛素无关，不会引起血糖和胰岛素水平大幅波动，可用于糖尿病人专用食品，其不是口腔微生物适宜的作用底物，不会引起龋齿，部分多元糖醇代谢特性类似膳食纤维，具有改善肠道菌群和预防肠道疾病的生理功能。

1. 木糖醇

木糖醇是由木材、玉米芯等材料中的木糖氢化而形成的一种五碳多元醇，分子式为 $C_5H_{12}O_5$。木糖醇在各种水果、蔬菜如浆果、蘑菇中有少量存在。木糖醇是白色结晶或结晶性粉末，极易溶于水，热稳定性好，甜度稍高于蔗糖。

2. 赤藓糖醇

赤藓糖醇是以淀粉为原料，经糖化后，用特定种的酵母发酵而制得。赤藓糖醇天然存在于甜瓜、桃、葡萄、柠檬等多种水果中。赤藓糖醇为白色结晶的四碳多元醇类化合物，分子式为 $C_4H_{10}O_4$。赤藓糖醇在热、酸、碱条件下稳定，结晶性好，易粉碎制得粉状产品，其吸湿性在糖醇及蔗糖等甜味剂中最低。

3. 山梨醇和甘露醇

山梨醇存在于李子、杏、苹果、梨、樱桃等多种水果中，工业上可由葡萄糖氢化制得。山梨醇易溶于水，化学性质稳定。甘露醇是山梨醇的同分异构体，在工业上通过甘露糖氢化生产获得。天然可存在于洋葱、芦笋、胡萝卜、菠萝、海藻及一些树木中。甘露醇不仅可用作食物增甜剂，还可以作为食物抗黏结剂和增稠剂。要注意的是，过量摄入山梨醇和甘露醇可能会引起腹泻。

第二节 氨基酸、肽和蛋白质

氨基酸、肽和蛋白质（protein）是生物体内重要的生物大分子，它们在细胞的结构和功能中扮演着核心角色。这些分子从基本结构到复杂结构的层次性构建了生物体的多样性和功能性。

本节讨论的一些氨基酸、活性肽和活性蛋白质，除具备营养价值外，还普遍具有独特的生物活性，是一类重要的功能性营养有效成分。

一、氨基酸

氨基酸（amino acid），是组成蛋白质的基本结构单位，对生物体的生长、组织修复、酶和激素的合成以及许多其他生理过程至关重要。它们含有基本的氨基（-NH$_2$）和羧基（-COOH）功能团，因位置和结构的不同而具有不同的性质和功能。

自然界中的氨基酸有300多种，但构成人体蛋白质的氨基酸有21种，根据营养学分类，氨基酸主要分为必需氨基酸、半必需氨基酸（条件必需氨基酸）、非必需氨基酸三类。

必需氨基酸是人体不能合成或合成速度不能满足机体需要，必须由食物提供的氨基酸，包括赖氨酸、组氨酸、亮氨酸、异亮氨酸、苯丙氨酸、色氨酸、苏氨酸、蛋氨酸和缬氨酸9种；在特定条件下（如疾病、生长发育期等），人体合成这些氨基酸的能力不足，需要通过食物额外摄入，如牛磺酸、精氨酸、谷氨酰胺等，称为半必需氨基酸或条件必需氨基酸；非必需氨基酸是指在人体中可以自行合成的氨基酸，不必通过食物摄入，包括丙氨酸、天冬氨酸、谷氨酸、甘氨酸等。

（一）必需氨基酸

1. 赖氨酸

赖氨酸（lysine）是人体必需的一种碱性氨基酸，其分子式为$C_6H_{14}N_2O_2$，是一种白色或近似白色的结晶性粉末，主要存在于鱼、牛奶、豆类、奶酪、啤酒酵母、蛋、豆制品等高蛋白食物中。赖氨酸对促进人体发育、增强免疫功能和改善中枢神经组织功能具有重要作用，作为第一限制性氨基酸，赖氨酸在谷物中含量较低且易在加工过程中被破坏。赖氨酸是合成肉碱的关键组分，有助于细胞中的脂肪酸合成，适量添加赖氨酸能刺激胃酶和胃酸的分泌，增进食欲并促进儿童的生长与发育。此外，赖氨酸还能增进钙的吸收和积累，促进骨骼的生长。缺乏赖氨酸会导致胃液分泌不足、厌食、营养性贫血和神经发育障碍。

2. 蛋氨酸

蛋氨酸（methionine）是一种含硫必需氨基酸，分子式为 $C_5H_{11}NO_2S$，主要存在于肉类、鱼类、乳制品、豆类、坚果和种子中，动物性食品是蛋氨酸的最佳来源，而一些植物性食物如大豆产品也含有较高的蛋氨酸。蛋氨酸在体内可以转化为腺苷甲硫氨酸（SAMe），后者是一种重要的甲基供体，参与多种生物合成反应，如胆酸、胆碱、肌酸和肾上腺素等化合物的甲基化。蛋氨酸具有解毒功能，能通过甲基化过程减轻某些有毒物质或药物的毒性，对治疗慢性或急性肝炎、肝硬化等肝脏疾病有效。蛋氨酸在体内经甲基化形成的甲基甲硫氨酸能通过甲基化使胃溃疡致病因素组胺失活，具有抗溃疡作用。蛋氨酸缺乏可能导致食欲减退、生长延缓、体重不增、肾脏肿大及肝脏铁积累，最终可能导致肝坏死或肝纤维化。

3. 组氨酸

组氨酸（histidine），被认为是一种对儿童必需而成年人非必需的 α-氨基酸，化学式为 $C_6H_9N_3O_2$，主要存在于香蕉、葡萄、各类肉品、禽畜、牛奶以及乳制品等。在生理作用方面，组氨酸能转变为组胺，具有强烈的血管扩张作用，并参与过敏反应及炎症过程，它还能刺激胃酸及胃蛋白酶的分泌，有助于消化过程，此外，组氨酸在血红蛋白的合成中起重要作用，有助于防治贫血，可以调节胃液的酸度，减轻胃痛及妊娠相关的不适感，并对治疗过敏性疾病如哮喘具有益处。

4. 苏氨酸

苏氨酸（threonine）是一种重要的营养强化剂，其分子式为 $C_4H_9NO_3$，主要存在于发酵食品、鸡蛋、茼蒿、奶、花生、米、胡萝卜、叶菜类、番木瓜等食物中。苏氨酸由于其分子结构中含有羟基，具有保持皮肤水分、保护细胞膜的功能，同时可促进磷脂合成和脂肪酸的氧化，对预防和治疗脂肪肝具有重要意义。苏氨酸在食品强化中非常重要，常用于提高谷物、糕点和乳制品的营养价值，有缓解人体疲劳，促进生长发育的效果。

5. 色氨酸

色氨酸（tryptophan），分子式为 $C_{11}H_{12}N_2O_2$，主要食物来源包括糙米、鱼类、肉类、牛奶、香蕉和豆制品等。色氨酸是 5-羟色胺（血清素）的前体，5-羟色胺在人体多个系统中发挥作用，如血管收缩、止血及神经传导，影响心理状态和行为模式，低 5-羟色胺水平与失眠、抑郁和焦虑相关。色氨酸还参与烟酸的合成，但不能完全满足人体对烟酸的需求。在医疗领域，色氨酸被用作治疗抑郁、痉挛、胃部疾病及昏迷状态的药物。

6. 苯丙氨酸

苯丙氨酸（phenylalanine），化学式为 $C_9H_{11}NO_2$，是 α- 氨基酸的一种，在高蛋白食物如肉类、鱼类、鸡蛋、乳制品以及一些坚果和种子中含量较高，苯丙氨酸常温下为白色结晶或结晶性粉末固体，溶于水，难溶于甲醇、乙醇、乙醚等。苯丙氨酸具有生物活性的光学异构体为 L- 苯丙氨酸。苯丙氨酸在体内大部分经苯丙氨酸羟化酶催化作用氧化成酪氨酸，酪氨酸是多种神经递质（包括多巴胺、肾上腺素和去甲肾上腺素）及黑色素的前体，需要注意的是，苯丙氨酸对于苯丙酮尿症（PKU）患者来说是有害的，这是一种遗传性疾病，患者不能有效地代谢苯丙氨酸。因此，PKU 患者需要严格控制饮食中的苯丙氨酸含量，以免引起严重的健康问题。

7. 亮氨酸、异亮氨酸和缬氨酸

亮氨酸（leucine）、异亮氨酸（isoleucine）和缬氨酸（valine）都是人体必需的支链氨基酸，共同参与肌肉修复、能量产生和血糖调节，同时对身体生长和智力发育也有重要作用。

亮氨酸能够促进蛋白质合成，增强生长激素的分泌，并协助燃烧内脏脂肪，对于防止肌肉损失特别有效，因为可以快速分解转化为葡萄糖，帮助维持血糖水平。亮氨酸能够促进骨骼、皮肤和受损肌肉组织的愈合，常被建议用于手术后恢复期。食物来源包括糙米、豆类、肉类、坚果、大豆粉和全麦。

异亮氨酸与亮氨酸类似，但在促进血红蛋白形成和调节能量水平方面具有独特作用，异亮氨酸缺乏可能导致体力衰竭和昏迷。食物来源包括鸡蛋、大豆、杏仁、黑米、动物肝脏等。

缬氨酸能够帮助促进身体的正常生长，修复组织，调节血糖水平，并为肌肉提供额外的能量。缬氨酸也参与清除肝脏中的多余氮，并将必需的氮输送到身体的其他部分。缬氨酸缺乏可能导致肌肉弱化和神经系统功能障碍。食物来源包括谷物、乳制品、香菇、蘑菇、花生等。

由于这三种氨基酸都是支链氨基酸，它们在促进运动后肌肉恢复中相辅相成，对从事高强度体力活动的人起到重要作用。但要注意的是，过量摄取这些氨基酸可能导致代谢紊乱和肝肾负担增加，因此补充时需要适量，并考虑总体营养平衡。

（二）半必需氨基酸（条件必需氨基酸）

1. 牛磺酸

牛磺酸（taurine）是一种广泛分布在动物组织中的含硫氨基酸，又称牛胆酸、牛胆素等。牛磺酸在哺乳动物的脏器和肌肉中含量较高，在墨鱼、章鱼、贝类等海产品中的含量最为丰富。牛磺酸具有抗氧化、抗炎、调节细胞内钙水平和渗透压等生物学功能，对心血管、骨骼肌、视网膜和中枢神经系统相关疾病的预防和治疗具有一定作用。

（1）牛磺酸的化学结构与理化性质。牛磺酸化学名称为 2- 氨基乙磺酸，结构式为 $H_2N-CH_2-CH_2-SO_3H$，分子式为 $C_2H_7NO_3S$（图 2.3）。牛磺酸不能与其他氨基酸结合合成蛋白质，在机体中以两性离子的形式游离存在，或与胆酸结合存在于胆汁中。牛磺酸纯品在常温下是无色或白色棒状结晶,耐酸耐热,易溶于水和乙酸,不溶于无水乙醇、乙醚、丙酮等有机溶剂。

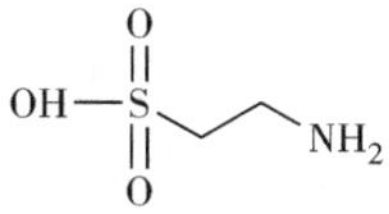

图 2.3　牛磺酸化学结构

（2）牛磺酸的生理功能。

抗氧化作用。牛磺酸是一种重要的内源性抗氧化剂,可清除自由基和脂质过氧化物,其分子中的氨基还可以与氧化剂发生结合,参与氧化还原反应,抑制氧化剂导致的氧化应激,此外,牛磺酸还能减少线粒体产生超氧化物,从而减少氧化应激损伤。

抗炎作用。牛磺酸在中性粒细胞和单核细胞中含量很高,可与次氯酸反应生成牛磺酸氯胺（TauCl）,不仅起到直接的抗氧化作用,还能减少炎性介质的产生,起到抗炎作用。

维持 Ca^{2+} 稳态。牛磺酸在细胞内部具有对 Ca^{2+} 浓度的调节作用,能够在神经细胞中适度增加 Ca^{2+} 浓度,同时对于已经处于高钙状态的细胞,它能降低 Ca^{2+} 浓度,防止因钙离子超载而引发的细胞损伤,这种能力使牛磺酸在维持细胞内 Ca^{2+} 平衡方面发挥双向调控作用,对保护心脏和神经细胞、增强学习与记忆能力具有重要意义。牛磺酸还通过稳定细胞内 Ca^{2+} 的平衡,有效抵御脂质过氧化,从而维护细胞膜的结构完整性,进一步保障细胞的健康。

其他作用。有研究表明,高剂量牛磺酸补充可降低糖尿病患者的空腹血糖水平。研究还发现,牛磺酸补充还具有改善有氧运动、无氧运动以及促进运动恢复的功能;牛磺酸还可促进脑神经细胞的生长发育、增殖和分化,促进大脑发育;牛磺酸可增加视网膜还原性谷胱甘肽含量、提高超氧化物歧化酶和过氧化氢酶活性,对视网膜有保护作用。

2. 精氨酸

精氨酸（arginine）,分子式为 $C_6H_{14}N_4O_2$,是半必需氨基酸,存在于多种食物中,尤其是富含蛋白质的食物如肉类、鱼类、坚果、种子、豆类和全谷物。随着对精氨酸需求的增加,工业生产也成为其来源之一。通过发酵或其他生物技术手段,可以在大规模生产中获取精氨酸。精氨酸是一种白色晶体或晶状粉末,易溶于水。精氨酸在体内多种生理功能中发挥作用,包括合成一氧化氮（NO）、帮助清除氨,以及参与蛋白质合成等,精氨酸也参与免疫功能,帮助伤口愈合,并可能促进生长激素的释放,此外,精氨酸还被用于特定的医疗条件治疗,包括代谢疾病和某些心血管疾病等。精氨酸在正常情况下由人体合成,但在特定情况如生长期、恢复期或疾病状态下,其需求可能增加,需要通过饮食或补充剂来满足。

在畜牧业中,精氨酸用作动物饲料添加剂,以提高生长速度、提高生产性能和改善肉类质量。

3. 谷氨酰胺

谷氨酰胺（glutamine），是一种非必需氨基酸，也是人体中最丰富的氨基酸，分子式为 $C_5H_{10}N_2O_3$，以白色晶体粉末形态存在，易溶于水。谷氨酰胺在许多食物中存在，尤其是在肉类、鱼类、豆类和乳制品中。尽管人体通常可以自行合成足够的谷氨酰胺，但在极端压力、严重疾病或剧烈运动后，体内的需求量可能增加，这时，额外补充谷氨酰胺可能有助于促进恢复。谷氨酰胺在体内代谢过程中扮演多种生理角色，包括支持免疫系统、肠道健康、氮平衡和肌肉组织的合成与修复。

二、活性肽

多个氨基酸按一定的排列顺序由肽键连接成的长链称为肽，含10个以下氨基酸残基的肽称为寡肽，10个以上氨基酸残基的肽称为多肽。生物活性肽指的是一类相对分子质量小于6 000Da，具有多种生物学功能的多肽，简称活性肽。这些活性肽对人体代谢和生理功能具有多种调节作用，本节对谷胱甘肽、酪蛋白磷酸肽、大豆肽等常见的活性肽进行介绍。

（一）谷胱甘肽

谷胱甘肽（glutathione，GSH），是由谷氨酸、半胱氨酸和甘氨酸组成的小分子三肽，是细胞内重要的抗氧化剂和解毒剂，广泛存在于动植物体内，特别是在面包酵母、小麦胚芽和动物肝脏中含量较为丰富。谷胱甘肽不仅可以通过食物摄取，还可以通过生物技术，如利用特定酵母菌株或绿藻培育，从而高效生产并提取。

谷胱甘肽在维护机体健康方面发挥着多种生理作用：抗氧化作用，谷胱甘肽能有效清除自由基，防止其对细胞膜和其他生命大分子的损害，从而保护细胞不受氧化应激影响，减缓机体衰老，防止疾病如肿瘤和动脉硬化的发生；解毒作用，谷胱甘肽能与体内的有毒物质、重金属离子或致癌物结合，促进它们的排出，减轻或防止毒素和药物副作用，尤其是对酒精性脂肪肝、药物引起的白细胞减少等有显著的防护作用；皮肤保养方面作用，谷胱甘肽能减少黑色素的形成，预防皮肤老化和色素沉着，提高皮肤的抗氧化能力，从而起到美白和养肤的效果；调节代谢，能够调节胆酸的代谢，减轻过敏反应，改善铁缺乏性贫血和相关疾病引起的不适，以及促进眼角膜健康。

人体内的谷胱甘肽主要是通过肝脏合成，而不是直接从食物或补充剂中吸收。但在特定情况下，如慢性疾病、严重污染或高强度体力劳动时，可能需要外部补充谷胱甘肽。

（二）酪蛋白磷酸肽

酪蛋白磷酸肽（casein phosphopeptides，CPP）是从牛奶蛋白酪蛋白中分离得到的天然生物活性肽。它们富含磷酸丝氨酸，并且在pH值7～8的条件下能有效地与钙及其他矿物元素如铁、铜、锰、硒形成可溶性络合物，被誉为"矿物质载体"。

酪蛋白磷酸肽通过与二价金属离子形成可溶性络合物，提高了小肠中可溶性钙的浓度，从而促进钙和其他矿物元素如铁、锌的吸收；可以促进口腔中钙离子的再矿化，减少牙釉质的脱矿作用，从而起到预防龋齿的作用；酪蛋白磷酸肽还有提高机体免疫力、诱导肿瘤细胞凋亡的潜能作用。

全球多个国家和地区已经将CPP作为营养强化剂广泛应用于食品和饮料中，以强化钙的吸收和预防龋齿。在我国，CPP也作为营养强化剂使用，已获卫生健康委批准的功能食品达十多种。

（三）大豆肽

大豆肽（soybean peptide）是一种由大豆蛋白通过酶解或酸解过程产生的小分子肽，主要包含3～9个氨基酸。它的特点包括高水溶性，低黏度，以及在高浓度下仍保持良好的流动性。

大豆肽的生物学功能包括增强肌肉力量、促进脂肪代谢和降低血清胆固醇。它对运动员特别有益，因为可以减少运动引起的肌蛋白降解，维持体内蛋白质的正常合成，从而缓解疲劳。大豆肽还能加速脂肪的代谢，有助于控制体重，并通过减少胆固醇的吸收和提高甲状腺激素的分泌来降低血清胆固醇水平。大豆肽还具有降血压的功能，能够抑制血管紧张素转换酶（ACE），从而预防和缓解高血压。此外，其抗氧化性能有助于保护身体免受自由基的伤害，减缓衰老过程，并可能防止疾病的发生。

大豆肽由于其优良的物理和化学特性，可广泛用于各类食品和饮料的生产，如提高肉制品的鲜香度，改善糕点的口感和延长保质期等，同时，由于其丰富的营养价值和健康益处，大豆肽可用于制备专门针对特定人群的营养补充品，如老年人、婴幼儿和消化功能不良的患者。

（四）免疫活性肽

免疫活性肽是一类具有免疫调节功能的小分子肽，它们由短链氨基酸组成，源自于天然蛋白质通过酶解等方式产生。免疫活性肽广泛存在于动植物以及海洋生物中，动物源的免疫活性肽，如牛初乳中的乳球蛋白肽，已被证明可以增强人体的免疫反应，植物源的免疫活性肽，如大豆肽和小麦肽，也显示出了促进免疫系统功能的潜力，海洋生物源的免疫活性肽，如鱼肽和海藻肽，因其独特的氨基酸组成和生理活性，正逐渐成为研究的热点。

免疫活性肽的作用机制主要包括增强机体免疫力、调节免疫系统平衡、促进淋巴细胞的增殖、增强巨噬细胞的吞噬能力，以及提高机体对病原体的抵抗力，这些肽通过影响免疫细胞的活性，参与机体的防御反应，从而帮助维护人体健康。

免疫活性肽可用于开发新型的保健食品、营养补充剂和药物，用以增强人体免疫功能、预防疾病，以及辅助治疗免疫系统相关的疾病。随着对免疫活性肽研究的深入，未来这些肽有望被广泛应用于临床治疗和健康保养中，提供一种新的策略以增强人体的免疫力和改善健康状态。

（五）抗菌肽

抗菌肽是一类具有广谱抗菌活性的小分子肽，由短链氨基酸组成，包括环形肽、糖肽、脂肽等，这些肽具有热稳定性，能在不同环境下维持其抗菌活性，是研究和应用中的重要抗菌剂。不仅微生物和动植物体内能自然产生内源性抗菌肽，通过食品蛋白的酶解反应也能产生有效的抗菌肽。抗菌肽可破坏微生物的细胞膜、干扰细胞内代谢过程或通过免疫调节等方式来发挥抗菌作用，与传统抗生素相比，抗菌肽具有更少的耐药性发展，成为研究抗微生物药物的重要方向。

（六）降血压肽

降血压肽，也称为血管紧张素转换酶（ACE）抑制肽，是一类具有降低血压功能的生物活性肽，主要来源于食物蛋白如鱼类、胶原蛋白、大豆蛋白、牛奶蛋白等，通过酶解过程从这些蛋白中分离提取。降血压肽对于血压正常的人群通常不会产生影响，但对于高血压患者则有良好的降血压效果，食用安全性较高，易于人体消化吸收。除了降低血压，这些肽还具有促进细胞增殖、提高毛细血管的通透性等生物活性。

（七）高 F 值低聚肽

高 F 值低聚肽（high F value oligopeptide）是蛋白酶作用于蛋白质后形成的一种低分子质量生物活性肽，一般由 3～9 个氨基酸残基组成。F 值是指在氨基酸混合物或寡肽中支链氨基酸（BCAA）（缬氨酸、亮氨酸、异亮氨酸等）与芳香族氨基酸（AAA）（酪氨酸、苯丙氨酸、色氨酸等）含量的物质的量浓度比值。

高 F 值低聚肽通过增加 BCAA 与 AAA 的比率，可以改善肝昏迷病人的血浆氨基酸模式，从而有助于肝昏迷患者的苏醒，辅助治疗肝性脑病；高 F 值寡肽由于其较好的消化吸收性能，可以作为高效的营养补充，改善消化功能受损或需要特别营养支持的个体的蛋白质营养状况；BCAA 能够直接提供能量给肌肉，减轻运动过程中的肌肉疲劳感，并促进疲劳后的恢复；高 F 值低聚肽还可通过刺激肠道激素的分泌和改善脂质代谢，有助于降低血清中的胆固醇水平。

三、活性蛋白质

活性蛋白质广泛分布于各种生物体组织，是指除具有一般蛋白质的营养作用外，还具有某些特殊的生理功能的一类蛋白质。如乳铁蛋白、免疫球蛋白、超氧化物歧化酶 SOD 等。

（一）免疫球蛋白

免疫球蛋白（immunoglobulins，Ig）是由 B 淋巴细胞产生的大分子蛋白质，具有特异性抗体活性，能够识别和结合特定抗原。免疫球蛋白的结构一般为"Y"形，由两条轻链和两条重链通过非共价键连接形成，具有抗原结合位点和效应区域，它们的结构特性决定了与抗原的特异性结合以及激活免疫效应功能。免疫球蛋白是人体防御机制的核心成分，存在于血液、黏膜分泌物及体液中，对维护体内环境稳定和抵抗外来病原体有重要作用。

人体主要有五种免疫球蛋白：IgG、IgM、IgA、IgD和IgE。其中，IgG是血清中最丰富的免疫球蛋白，占免疫球蛋白总量的75%，具有中和细菌毒素、病毒以及参与免疫记忆的能力，而且是唯一能够通过胎盘的抗体。IgM是初期免疫反应中出现的主要抗体，对激活补体系统有重要作用。IgA主要存在于肠道、呼吸道和泌尿生殖道的黏膜表面，保护身体免受入侵病原体的攻击。IgD的功能不是非常明确，但是已知在B细胞成熟和抗原识别中起作用。IgE则主要与过敏反应和对抗寄生虫有关。

（二）乳铁蛋白

乳铁蛋白（lactoferrin，LF）是一种天然存在、多功能的铁结合糖蛋白，主要由单一的多肽链组成，它由一条多肽链和两条碳水化合物侧链组成，并在分子上具有两个铁结合位点。乳铁蛋白广泛存在于哺乳动物（包括人类）的乳液中，尤其在初乳中含量较高。

乳铁蛋白可在多种生理条件下表现生物活性，包括抗菌、抗病毒、抗炎、免疫调节等。乳铁蛋白可结合铁离子，降低微生物生长所需的铁离子浓度，从而抑制其生长，同时还可以直接与微生物细胞壁结合，干扰其代谢或导致细胞壁破坏，从而起到抑制多种细菌、真菌、病毒和寄生虫的生长和繁殖的作用；乳铁蛋白可以促进嗜中性粒细胞、巨噬细胞、淋巴细胞等免疫细胞的功能，增强机体的免疫响应，通过结合特定受体，激活免疫细胞，促进细胞因子的释放，从而调节机体的免疫反应；乳铁蛋白能够有效地结合并运输铁离子，帮助维持体内铁离子的平衡，乳铁蛋白能够结合自由铁，减少铁引发的自由基生成，从而具有抗氧化作用，减缓氧化应激和脂质过氧化。

（三）金属硫蛋白

金属硫蛋白（metallothionein，MT）是一类低分子量、富含半胱氨酸的蛋白质，由60～70个氨基酸组成，半胱氨酸含量高达30%，金属硫蛋白在动植物以及微生物中广泛存在，具有强大的金属离子结合能力，尤其是对镉、锌、铜等重金属离子。

金属硫蛋白能有效结合重金属离子（如镉、汞、铅等），形成稳定的螯合物，减少这些重金属的毒性，通过尿液或胆汁排出体外；金属硫蛋白能清除超氧阴离子自由基和羟基自由基，比SOD和GSH更有效，从而保护细胞免受氧化损伤；金属硫蛋白参与体内微量元素（如锌、铜）的代谢，调节这些元素的贮存、运输和释放，维持生理状态下的平衡；在应激状态下（如炎症、疾病、环境压力等），体内金属硫蛋白的表达水平上升，有助于机体适应应激环境，保护细胞免受损伤；金属硫蛋白能够储锌和铜等必需微量元素，并在需要时迅速释放，确保细胞正常功能的进行。此外，金属硫蛋白在治疗重金属中毒、预防某些疾病、评估环境污染程度等方面具有潜在的应用价值。

(四)大豆球蛋白

大豆球蛋白是大豆中一种重要的蛋白质成分,占大豆蛋白总量的30%~40%。它主要由7s β-伴大豆球蛋白和11s大豆球蛋白这两个亚组成成分组成,这两种球蛋白的比例因大豆品种而异,但它们在大豆蛋白中的总和通常占70%左右。

大豆球蛋白在营养方面的价值非常高,因为它包含了所有必需的氨基酸,适合于从婴儿到成年人的不同年龄段。它是一种优质的植物蛋白来源,与动物蛋白如牛肉相比,在维持氮平衡方面几乎无差异。此外,大豆球蛋白对调节血浆胆固醇水平具有显著效果,尤其对于胆固醇水平较高的人群,通过降低血浆中低密度脂蛋白(LDL)的水平而起到降低总胆固醇的作用。

大豆球蛋白不仅具有高营养价值,还有助于调节血脂、防治高血压、改善骨质疏松等健康问题。其中,大豆异黄酮是与大豆蛋白相结合的重要生物活性成分,对促进女性健康特别有益。

适量食用大豆蛋白可以提高总体健康水平,但应注意平衡摄入,避免过量摄取可能影响微量元素(如铁、锌)的吸收。

第三节 功能性脂类

脂类(lipids)是脂肪与类脂的总称,是一类不溶于水而易溶于有机溶剂的非极性化合物,包括甘油酯、磷脂、糖脂和固醇类。脂肪,也被称为甘油三酯(triglyceride,TG),是由一个甘油分子和三个脂肪酸分子通过酯键相连组成。脂肪酸(fatty acid)可分为饱和脂肪酸和不饱和脂肪酸两大类,不饱和脂肪酸进一步分为单不饱和脂肪酸和多不饱和脂肪酸。随着科技的发展,人们逐渐发现多不饱和脂肪酸对于人体健康十分重要,本节主要对多不饱和脂肪酸进行介绍。

一、多不饱和脂肪酸

不饱和脂肪酸碳链中含有一个或多个不饱和键,其中含有两个或两个以上不饱和键的脂肪酸被称为多不饱和脂肪酸(polyunsaturated fatty acids,PUFAs)。根据其第一个双键距离甲基端的位置,可以分为ω-3系、ω-6系、ω-7系、ω-9系等多不饱和脂肪酸。其中,ω-3多不饱和脂肪酸、ω-6多不饱和脂肪酸对于生物体具有重要作用。

(一)ω-3不饱和脂肪酸

ω-3不饱和脂肪酸,是一类多不饱和脂肪酸,主要包括α-亚麻酸(ALA)、二十碳五烯酸(EPA)和二十二碳六烯酸(DHA)。

1. ω-3 不饱和脂肪酸的分类

ω-3 系列不饱和脂肪酸（ω-3 PUFAs）主要包括 ALA、EPA 和 DHA。ALA 主要存在于植物油如亚麻籽油和菜籽油中，而 EPA 和 DHA 在深海鱼类中含量更为丰富。此外，斯特多宁酸（SDA）和二十二碳五烯酸（ETA）也属于 ω-3 PUFAs，但在自然食物中较少见。

2. ω-3 不饱和脂肪酸的生理功能

ω-3 不饱和脂肪酸有如下生理功能：降低血脂和胆固醇水平，从而有助于预防心脑血管疾病；抑制血小板凝集，减少血栓形成，降低心肌梗死和脑梗死的风险；抗炎作用，有助于缓解炎症性疾病如风湿性关节炎和哮喘；改善神经系统功能，增强记忆力和认知能力，对预防老年性痴呆有积极作用；对视网膜健康的支持作用，有助于维护良好的视力。此外，ω-3 脂肪酸还对儿童大脑和视力的发育具有重要意义，推荐孕妇和哺乳期妇女增加 ω-3 脂肪酸的摄入，以支持胎儿和婴儿的健康成长。

3. 适宜摄入量

推荐成人和儿童青少年的 ALA 的适宜摄入量（AI）为 0.60%E（注：%E 表示脂肪供能占总能量的百分比），3～11 岁人群 EPA+DHA 的 AI 值为 200 mg/d，12～17 岁人群以及孕妇和乳母的 EPA+DHA 的 AI 值为 250 mg/d。

（二）ω-6 不饱和脂肪酸

ω-6 多不饱和脂肪酸（ω-6 PUFAs）包括亚油酸（LA）、γ-亚麻酸（ALA）和 ARA，其中亚油酸是人体必需脂肪酸。

1. ω-6 不饱和脂肪酸的种类

ω-6 PUFAs 包括亚油酸、γ-亚麻酸、花生四烯酸和共轭亚油酸等。亚油酸广泛存在于植物油中，是人体必需的脂肪酸；γ-亚麻酸主要来自特定植物油，如月见草油；花生四烯酸主要存在于动物脂肪和海产品中，是细胞膜的组成部分；共轭亚油酸主要存在于反刍动物的肉和乳制品中，具有多种健康益处。

2. ω-6 不饱和脂肪酸的生理功能

ω-6 PUFAs 对于维护机体的正常生长和发育至关重要，尤其对皮肤和肾脏的健康，以及细胞膜功能的维持具有显著作用。它们是必需脂肪酸，参与磷脂合成，促进胆固醇和类脂物质代谢，并能合成前列腺素等生理调节物质，有助于动物精子形成。ω-6 PUFAs 还能帮助降低血压、减少心血管疾病风险，并通过减少动脉血栓的形成来防止动脉硬化和心肌梗死。此外，它们还具有调节免疫系统和抗炎作用，有助于防止肥胖并改善糖尿病状况。需要注意的是，ω-6 PUFAs 的摄入应与 ω-3 PUFAs 保持适当的平衡，以避免过多摄入可能引起的慢性炎症和其他健康问题。

3. 适宜摄入量

推荐儿童及成人的 LA 的适宜摄入量（AI）为 4.0%E。

二、磷脂

磷脂（phospholipid）是指含有磷酸结构的脂质化合物，广泛存在于动植物细胞中，尤其集中于细胞膜。磷脂在维护细胞结构完整性、调节血脂水平、促进大脑和肝脏健康等方面发挥着关键作用。

（一）磷脂的化学结构

磷脂主要由甘油、两个脂肪酸链、磷酸基团及与磷酸相连的其他基团（如胆碱、乙醇胺、肌醇或丝氨酸）组成。它们分为两大类：甘油醇磷脂（如卵磷脂、脑磷脂）和鞘氨醇磷脂。磷脂分子具有亲水头部和疏水尾部，形成的两亲性使其在水中形成胶体结构，是构成细胞膜的重要成分。磷脂的基本结构见图2.4。

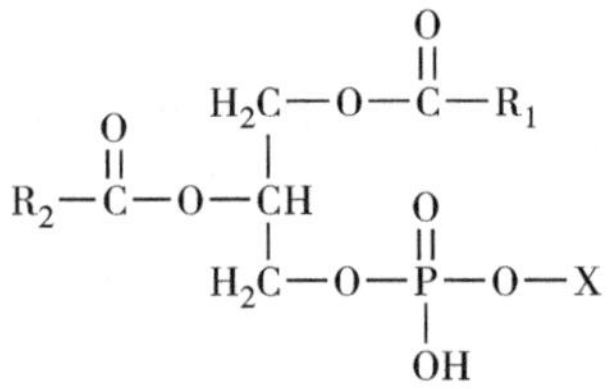

图 2.4　磷脂的基本结构

（二）磷脂的生理功能

1. 调节血脂和降低血胆固醇

磷脂特别是大豆磷脂，能有效降低血液中的低密度脂蛋白（LDL）并减少胆固醇在血管壁的沉积，从而预防动脉硬化和心血管疾病。

2. 维护细胞膜结构与功能

磷脂是细胞膜构成的基本组分，主要在维持细胞的形态和各项生命活动、促进细胞间的物质交换、维护细胞功能的稳定性等方面发挥作用。

3. 改善大脑功能与增强记忆力

磷脂是大脑神经细胞的重要组成部分，对儿童大脑发育和老年人大脑健康特别重要，能够促进记忆力和学习能力，预防老年性痴呆。

4. 促进肝脏健康

磷脂有助于预防和治疗脂肪肝，促进肝脏细胞的再生和修复，维持正常肝功能。

5. 其他生理作用

磷脂参与体内脂肪和胆固醇的运输与代谢，避免脂肪在体内过度积累；磷脂能够减轻炎症反应，对于减轻慢性炎症有一定的益处；磷脂可以稳定胃黏膜，对预防和治疗胃病有辅助作用。

（三）来源及应用

磷脂的主要来源包括鸡蛋黄、大豆、肝脏和某些鱼类，因其独特的结构和功能，磷脂在食品工业、医药、化妆品以及农业领域都有广泛应用，用作乳化剂、营养补充剂、保湿成分和生物农药的载体等。磷脂对于维持细胞膜完整性、促进大脑健康和改善心血管健康等至关重要，同时也是预防和治疗肝病以及提升畜禽饲料效率的关键成分。

第四节　维生素

维生素作为功能性营养有效成分的重要类别之一，在维持身体健康和支持多种生理功能方面发挥着不可替代的独特作用。维生素分为脂溶性和水溶性两大类，尽管人体每日对它们的需求量相对较低，但它们是机体正常运作和新陈代谢不可或缺的微量营养素，对生理功能的正常发挥具有重要影响。畜禽产品不仅是优质蛋白质的来源，也富含各种维生素，通过合理的饲养和加工技术，可以有效提高这些产品中的维生素含量，以更好地满足人们的健康需求。

一、脂溶性维生素

脂溶性维生素是不溶于水而溶于脂肪及非极性有机溶剂（如苯、乙醚及氯仿等）的一类维生素，包括维生素 A、维生素 D、维生素 E、维生素 K 等。它们在机体内的吸收通常与肠道中的脂质密切相关。脂溶性维生素大多稳定性较强。

（一）维生素 A

维生素 A（vitamin A）是一类具有视黄醇生物活性的化合物，包括视黄醇、视黄酯和维生素 A 原类胡萝卜素。维生素 A 的主要食物来源包括动物性食物中的视黄醇和植物性食物中的类胡萝卜素，后者在体内可转化为维生素 A。

维生素 A 在人体内具有重要的生物学功能，包括维持视觉功能、皮肤和黏膜的完整性、免疫系统的正常运作，以及生长发育和生殖功能，此外，它还参与骨骼的形成和维持，对治疗某些贫血有积极作用。

维生素 A 缺乏可能导致夜盲症、免疫功能减弱、生长发育受阻以及生殖系统问题，而过量摄入可能引起毒性反应，包括肝损伤和可能的出生缺陷。

为了确保摄入充足而不过量，我国设定了维生素 A 的推荐摄入量（RNI）以及可耐受最高摄入量（UL）。成人的维生素 A 推荐摄入量依性别而异，成年男性 RNI 为 770 μg RAE/d，成年女性 RNI 为 660 μg RAE/d，孕妇和哺乳期妇女需要额外的维生素 A 来支持胎儿发育和乳汁生产，孕中期和晚期增加摄入量 70 μg RAE/d，哺乳期增加

600 µg RAE/d。婴儿和儿童的维生素 A 推荐摄入量也根据年龄段有所不同。成年人维生素 A 的 UL 为 3 000 µg/d。

(二) 维生素 D

维生素 D (vitamin D) 是人体必需的脂溶维生素，主要有两种形式：维生素 D_2（麦角钙化醇，分子式为 $C_{28}H_{44}O$，来自植物源）和维生素 D_3（胆钙化醇，分子式为 $C_{27}H_{44}O$，来自动物源或通过皮肤在阳光照射下自然合成）。一些食物如高脂肪含量鱼类（鲑鱼、鲭鱼）、鱼肝油、蛋黄和营养强化食品是维生素 D 的良好来源。维生素 D 溶于脂肪和有机溶剂，对热、碱稳定，光和酸可促进其异构化。

维生素 D 可促进钙和磷的吸收，维持血液中钙和磷平衡，保持骨骼和牙齿健康；有助于减少炎症和增强身体对细菌和病毒的抵抗力；对维持正常肌肉功能至关重要，缺乏可能导致肌肉无力和疼痛；参与调节多种细胞的生长和分化过程，对防癌具有潜在作用。

对于无法获得足够阳光暴露或食物来源的人，可能导致维生素 D 缺乏，缺乏维生素 D 可导致儿童佝偻病、成人骨质软化症及骨质疏松症，表现为低钙血症、骨骼畸形和骨折。而维生素 D 过量摄入，常由补充剂引起，可导致血钙升高、软组织钙化等中毒症状。

我国设定成年以及儿童青少年人群维生素 D 的 RNI 为 10 µg/d，老人为 15 µg/d。成年人维生素 D 的 UL 为 50 µg/d，11 岁以下儿童维生素 D 的 UL 为 20～45 µg/d 不等。

(三) 维生素 E

维生素 E (vitamin E)，又称生育酚，是一组具有抗氧化特性的脂溶性化合物，主要包括四种生育酚和四种生育三烯酚，α-生育酚是最常见的形式，也是生物活性最强的一种。维生素 E 在室温下是一种橙黄色或淡黄色油状液体，溶于脂肪和脂溶性溶剂，对热和酸相对稳定，商品中的生育酚常以乙酸酯、琥珀酸酯或烟酸酯的形式存在，在有氧条件下稳定。维生素 E 主要从植物油、坚果、种子以及一定量的蛋、肉类和蔬菜中摄取。

维生素 E 是一种重要的抗氧化剂，有助于保护细胞膜和脂蛋白免受自由基和氧化剂的攻击，同时对多种信号途径具有调控作用；对维持生殖功能和免疫系统特别是 T 淋巴细胞的功能至关重要，缺乏维生素 E 会导致繁殖障碍和免疫功能下降。

适量摄入维生素 E 对预防心血管疾病、糖尿病并发症和非酒精性脂肪性肝病等有一定帮助，但过量摄入可能与其他脂溶性维生素产生拮抗作用，并可能增加某些人群的出血风险。

我国设定成年人维生素 E 的 AI 为 14 mg α-TE/d（α-TE 表示为 α-生育酚当量），儿童随着年龄的增长变化，为 3～13 mg α-TE/d；成年人 UL 为 700 mg α-TE/d，14 岁以下儿童为 20～45 mg α-TE/d。

在畜禽养殖方面，维生素 E 缺乏不仅会影响动物的生殖和运动能力，还会导致严重的血液疾病,要注意保证畜禽饲料中维生素 E 含量。

(四)维生素 K

维生素 K(vitamin K)是一种脂溶性维生素,主要存在两种天然形式:维生素 K_1 和维生素 K_2。维生素 K 为黄色油状物,不溶于水,微溶于乙醇,可溶于醚、氯仿和脂肪,对光和碱敏感,但对热和氧相对稳定,在正常加工过程中不易损失。维生素 K_1 主要来自绿色蔬菜,而维生素 K_2 主要来自发酵食品、肉类和乳制品。

维生素 K 是维持正常凝血过程的必需因素,通过维生素 K 依赖性凝血因子进行作用,其缺乏可能导致凝血功能受损;维生素 K 能促进骨组织的钙化、抑制骨吸收,并通过维生素 K 依赖和非依赖途径影响骨质疏松症和骨折风险;此外,维生素 K 还能通过激活特定蛋白质抑制血管钙化,减缓动脉硬化,并可能有助于心血管疾病的预防和治疗。还有研究发现,维生素 K 对代谢综合征、糖尿病、某些肿瘤、认知障碍和抑郁等疾病的发展可能有正面影响。

成人缺乏维生素 K 主要表现为凝血功能下降,导致出血倾向增加,新生儿尤其容易因维生素 K 缺乏而导致出血,这是因为从母体获得的维生素 K 量有限,母乳中维生素 K 含量低,以及肠道菌群未能及时建立;由于维生素 K 安全性高,尚未发现其过量的不良反应。

我国设定成年人维生素 K 的 AI 为 80 μg/d,儿童青少年随着年龄的增长变化,为 2~75 μg/d。

二、水溶性维生素

水溶性维生素是可溶于水而不溶于非极性有机溶剂的一类维生素,包括 B 族维生素和维生素 C。与脂溶性维生素不同,水溶性维生素在人体内储存较少,从肠道吸收后进入人体的多余的水溶性维生素大多从尿中排出。

(一)维生素 B_1

维生素 B_1(vitamin B_1),也称为硫胺素(thiamin),是首个被发现的 B 族维生素。维生素 B_1 为白色针状结晶,易溶解于水,微溶于乙醇,在酸性条件下较为稳定,能够耐受加热而不易分解,但在碱性环境中极易降解并失去活性,紫外线照射亦会导致维生素 B_1 的降解。富含维生素 B_1 的食物包括谷物、豆类、干果及动物内脏、瘦肉和禽蛋等。

维生素 B_1 的生理功能主要体现在其活性形式焦磷酸硫胺素(TPP)上,TPP 是一些关键酶的辅酶,参与线粒体内的 α-酮酸脱羧反应,使得来自碳水化合物和氨基酸的 α-酮酸能进入三羧酸循环(TCA 循环);维生素 B_1 维持神经、肌肉的正常功能,还影响食欲、胃肠蠕动和消化液的分泌。

维生素 B_1 摄入严重不足时会导致脚气病,这是一种主要表现为神经-血管系统损伤的疾病,早期症状包括食欲不佳、便秘、恶心、抑郁、周围神经障碍、易兴奋和疲劳等；尽管大剂量维生素 B_1 通过非胃肠道途径进入体内时可能显示毒性，但目前没有经口摄入维生素 B_1 发生中毒的报道。

我国设定维生素 B_1 的推荐摄入量（RNI）成年人男性为 1.4 mg/d，成年人女性为 1.2 mg/d，儿童青少年随着年龄的增长变化，为 0.6～1.4 mg/d。

（二）维生素 B_2

维生素 B_2（vitamin B_2），又称核黄素（ribofavin），为 7,8- 二甲基异咯嗪与核糖醇缩合物，分子式为 $C_{17}H_{20}N_4O_6$，维生素 B_2 呈黄棕色结晶，味苦，耐酸不耐碱，容易在光照或紫外线下分解。维生素 B_2 广泛存在于奶类、蛋类、内脏类（如猪肝）、肉类、谷类、蔬菜和水果中。

维生素 B_2 在体内主要以辅酶形式参与能量代谢，对烟酸与维生素 B_6 代谢以及抗氧化功能、亚甲基四氯叶酸还原酶（methylenetetrahydrofolate reductase，MTHFR）基因变异（TT 型）人群血同型半胱氨酸和血压水平也有调节作用。

人体缺乏维生素 B_2 时，可能出现疲倦、乏力、口腔疼痛、眼痒、烧灼感以及"口腔生殖系统综合征"，后者包括唇炎、口角炎、舌炎、皮炎和阴囊皮炎等症状，维生素 B_2 缺乏还可能导致缺铁性贫血、免疫功能下降、胎儿畸形和增加某些肿瘤风险，通常伴随其他 B 族维生素缺乏；至今没有因摄入过量维生素 B_2 而导致中毒的报道。

我国设定维生素 B_2 的推荐摄入量（RNI）成年人男性为 1.4 mg/d，成年人女性为 1.2 mg/d，儿童青少年随着年龄的增长变化，为 0.6～1.4 mg/d。

在畜牧养殖上，维生素 B_2 摄入不足可能导致畜禽脱毛、生长停滞、生殖功能下降，严重时可出现贫血、脂肪肝和后代畸形。因此，保证畜禽饲料中含有足够的维生素 B_2 是维持动物健康、提高养殖效率和确保动物产品质量的关键因素。

（三）烟酸（维生素 B_3）

烟酸（niacin，NA），又称尼克酸（nicotinic acid）、维生素 B_3。烟酸在体内以烟酰胺的形式存在，烟酸的分子式为 $C_6H_5NO_2$，烟酰胺的分子式是 $C_6H_5N_2O$，烟酸和烟酰胺是氮杂环吡啶的衍生物（图 2.5）。烟酸为白色针状结晶体，易溶于沸水和沸乙醇，不溶于乙醚，相对稳定，不易在酸、碱、光、氧或加热条件下破坏，是较稳定的一种维生素。烟酰胺为白色结晶，易溶于水和酒精，溶解度大于烟酸，不溶于乙醚。烟酸及烟酰胺广泛存在于植物性和动物性食物中，植物性食物主要含烟酸，动物性食物主要含烟酰胺，存在于动物肝、肾、瘦肉、鱼及坚果类食物，乳和蛋虽含量不高，但因含有较多色氨酸，可转化为烟酸。

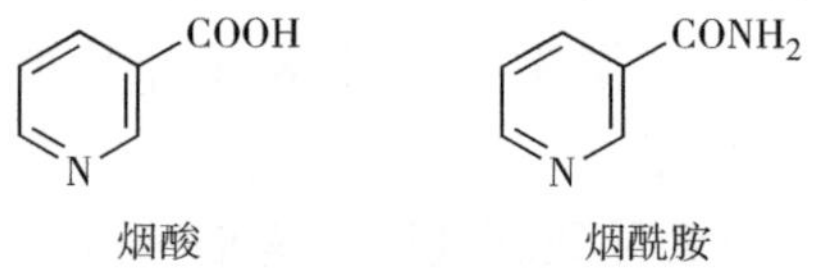

图 2.5 烟酸和烟酰胺化学结构

烟酸在体内主要以烟酰胺形式存在，构成烟酰胺腺嘌呤二核苷酸（NAD，辅酶Ⅰ）和烟酰胺腺嘌呤二核苷酸磷酸（NADP，辅酶Ⅱ），参与能量代谢、物质转化、调节葡萄糖代谢、血脂及胆固醇水平，并保护神经系统。

烟酸缺乏可导致糙皮病或癞皮病，表现为"3D"症状：皮炎、腹泻和痴呆，通常伴随维生素 B_2 缺乏；过量摄入烟酸，尤其通过补充剂或强化食品，可能引起颜面潮红、头晕、皮肤瘙痒或灼烧感，大剂量使用可能导致胃肠道不适如消化不良、腹泻、便秘、恶心和呕吐等副作用。

我国设定成年男性烟酸的 RNI 为 15 mg NE/d，成年女性为 12 mg NE/d，儿童随着年龄的增长变化，为 6～15 mg NE/d；成年人烟酸的 UL 为 35 mg NE/d，烟酰胺的 UL 为 310 mg/d。

（四）维生素 B_6

维生素 B_6（vitamin B_6），是人类必需的一种水溶性维生素。维生素 B_6 存在六种天然形式，包括三种基本形式及其磷酸化衍生物。在植物中，主要形式为吡哆醇和吡哆胺及其磷酸化形式；在动物组织中，主要形式为吡哆醛和吡哆胺及其磷酸化形式。维生素 B_6 易溶于水和乙醇，在空气或酸性溶液中稳定，但在热和光的影响下可能会降解。维生素 B_6 在植物性和动物性食物中都广泛存在，包括熟葵花籽、辣椒、榛子、黄豆、花生、金枪鱼、鸡胸肉、牛肉等。

在体内以辅酶及非辅酶形式广泛地参与物质能量代谢和各种生理活动，以及对抗内源性反应中间产物的有害活性，在慢性病防治方面具有更多潜在作用，具有参与氨基酸、糖原和脂肪酸的代谢，参与造血和一碳单位代谢、可影响烟酸、维生素 B_{12}、铁和锌等的转化和吸收，维持免疫功能、调节神经递质合成等生理功能。

维生素 B_6 缺乏可能导致脂溢性皮炎等临床症状，但在正常饮食下很少发生严重缺乏或过量情况。

我国设定成年人维生素 B_6 的 RNI 为 1.4 mg/d，儿童青少年随着年龄的增长变化，为 0.6～1.4 mg/d，成年人维生素 B_6 的 UL 为 60 mg/d。

（五）维生素 B_{12}

维生素 B_{12}（vitamin B_{12}），又称钴胺素（cobalamine），是一组含钴的类咕啉化合物。为红色结晶，溶于水和乙醇，遇强光或紫外线易被破坏。维生素的主要食物来源为肉类、动物内脏、鱼、禽、贝壳类及蛋类。

维生素 B_{12} 在体内参与蛋白质、脂肪和碳水化合物等生物大分子的转化和利用，促进红细胞的发育和成熟，参与脱氧核糖核酸的合成。维生素 B_{12} 缺乏可能导致巨幼红细胞贫血、神经系统损害和高同型半胱氨酸血症等症状。

我国设定维生素 B_{12} 的推荐摄入量（RNI）成年人群为 2.0 μg/d，孕期在此基础上增加 0.4 μg/d。

(六)叶酸

叶酸(folate),化学名为蝶酰谷氨酸,是一种水溶性维生素,叶酸在体内的生物活性形式是四氢叶酸(THF),补充剂或强化食物中的合成叶酸(folic acid)为氧化型单谷氨酸叶酸,而天然食物中的叶酸均为还原型。叶酸对热、光线敏感,在酸性溶液中易分解。动物肝脏、豆类、坚果类及深绿色蔬菜中叶酸含量丰富。

叶酸作为一碳单位的载体,参与蛋氨酸循环代谢、DNA 和 RNA 合成、DNA 甲基化反应等生理作用,对于人体细胞生长、分化、修复至关重要,并具有预防胎儿神经管缺陷的作用。缺乏叶酸会导致巨幼红细胞贫血,并增加成人心血管疾病、某些类型的癌症和神经退行性疾病的风险,对于孕妇,叶酸的重要性尤为显著,因为其缺乏可增加妊娠并发症和胎儿神经管缺陷的风险;长期大剂量摄入合成叶酸可能导致抗癫痫药物作用减弱、干扰锌吸收从而影响胎儿发育,以及掩盖维生素 B_{12} 缺乏的早期症状,可能引发不可逆转的神经损害。

自 2010 年起,中国开始向育龄妇女推荐叶酸补充剂,旨在降低神经管缺陷等出生缺陷的发生率。由于合成叶酸生物利用率是天然叶酸的 1.7 倍,叶酸的参考摄入量应以膳食叶酸当量(dietary folate equivalent,DFE)计算。我国设定成年人的叶酸 RNI 为 400 μg DFE/d,孕期在此基础上增加 200 μg DFE/d。成年人叶酸的 UL 为 1 000 μg/d。

(七)维生素 C

维生素 C(vitamin C),又称抗坏血酸(ascorbic acid),是一种含六碳的多羟基化合物,分子式为 $C_6H_8O_6$,属于水溶性维生素类。在自然界中,维生素 C 存在 L 型和 D 型两种形态,但仅 L 型维生素 C 具备生物活性,维生素 C 容易被氧化为脱氢维生素 C,但此形态仍然保持生物活性。纯维生素 C 为白色结晶状物质,具有酸味,水溶性好,微溶于乙醇,而在非极性有机溶剂中几乎不溶,在酸性环境中稳定,在有氧、热、光和碱环境下不稳定。维生素 C 主要从新鲜蔬菜和水果中获得,如辣椒、菠菜、韭菜、番茄、柑橘、猕猴桃、鲜枣、柚子、草莓和橙等含量丰富。相比之下,动物性食品如肝脏和肾脏只含有少量维生素 C,而在肉类、鱼类、禽类、蛋和牛奶中的含量较低。谷物和豆类中的维生素 C 含量极低,而薯类含有一定量的维生素 C。

维生素 C 是一种生物活性很强的物质,在体内发挥多重生理功能。它作为脯氨酸和赖氨酸化酶的辅助因子,参与胶原蛋白合成,促进胆固醇向胆汁酸转化,并促进神经递质合成,作为一种强大的水溶性抗氧化剂,维生素 C 可以还原体内的超氧化物和自由基,预防脂质过氧化,并促进铁的吸收以及叶酸的活化,有助于防治贫血,此外,维生素 C 还参与免疫调节,增强白细胞的吞噬功能和抗体形成,它还具有解毒作用,能还原重金属离子、中和细菌毒素,并通过促进毒物代谢来增强解毒过程。

维生素 C 摄入不足可能导致体内储存减少,引发坏血病,主要症状包括出血如牙龈出血和皮下瘀斑、牙龈炎导致牙齿问题,以及骨骼病变和骨质疏松引起的疼痛和变形,未经治疗的坏血病可能危及生命;过量摄入维生素 C 可引起副作用,如由于草酸盐增加引发的泌尿系统结石，以及超过 2～3 g 的高剂量引起的渗透性腹泻、腹痛等症状，可能导致脱水。

我国设定维生素 C 的推荐摄入量（RNI）成年人为 100 mg/d，UL 为 2 000 mg/d。

第五节　矿物元素

矿物元素作为功能性营养有效成分之一，在畜禽生产与人类营养中都扮演着关键角色，常量矿物质和微量矿物质的平衡摄取直接影响畜禽的健康和生产效率，而畜禽产品又是这些矿物元素的主要食物来源之一，科学的饲养方法和加工技术可以优化这些产品中的矿物质含量，从而更好地满足人类对健康营养的需求。根据动物体内矿物元素数量的多少，把矿物元素分为常量元素和微量元素两类。

一、常量元素

常量元素是指占体重 0.01% 以上的元素，包括钙、磷、镁、钾、钠、硫、氯等 7 种元素。

（一）钙

钙（calcium），化学符号为 Ca，是地壳中分布最广泛的元素之一。在人体中，钙的含量排在氧、碳、氢、氮之后，是人体最重要的矿物元素，主要用于构成骨骼和牙齿。

1. 理化性质

钙是一种银白色的金属元素，原子序数为 20，相对原子质量为 40.078。它具有较强的化学活性，能够与水和酸发生反应，通常在自然界中以离子状态或化合物形式存在。食物中的钙通常以复合物的形式存在，在胃酸和酶的作用下成为游离状态，溶解状态的钙才能被人体吸收。

2. 生理功能

（1）构成骨骼和牙齿的主要成分。钙是构建骨骼和牙齿的关键成分，占人体总矿物质量的 32%，为维持骨骼强度和牙齿健康提供必要的支持。

（2）神经肌肉兴奋性调节。钙离子在神经传递、肌肉收缩和心脏功能中发挥关键作用，钙离子平衡对肌肉收缩和神经传导至关重要。

（3）细胞信号传导。钙作为一种重要的细胞内信使，参与多种生物过程的调控，包括激素释放和神经递质的活动。

（4）维护细胞膜完整性和通透性。钙离子有助于保持细胞膜的稳定性和功能，确保细胞内外物质的正确交换和信号的有效传递。

（5）血液凝固。钙在血液凝固过程中起到关键作用，是启动和维持凝血反应链的必需元素，有助于止血和伤口愈合。

3. 过量与不足

钙的摄入量对人体健康至关重要，摄入不足可能导致骨质疏松症、佝偻病、肌肉痉挛及心律失常等问题，尤其影响儿童的骨骼发育和老年人的骨骼健康；而过量摄入则可能引起高钙血症、肾结石、软组织钙化以及影响其他矿物质的吸收，特别是对心脏和肾脏功能产生不利影响。因此，维持钙的适当摄入量对于保持机体健康和预防疾病具有重要意义。

4. 膳食摄入量

根据《中国居民膳食营养素参考摄入量（2023版）》建议，18～49岁人群RNI为650 mg/d，50～64岁人群RNI为800 mg/d，65岁以上老年人RNI同样为800 mg/d，儿童青少年，1～3岁、4～6岁、7～8岁RNI分别为500 mg/d、600 mg/d、800 mg/d，9～17岁RNI均为1 000 mg/d。

在可耐受最高摄入量（UL）方面，0～6月婴儿和7月龄～3周龄婴幼儿分别为1 000 mg/d和1 500 mg/d，4～17岁儿童青少年和18岁以上成年人钙UL值为2 000 mg/d。

5. 在畜牧业中的作用

在畜牧业中，钙的摄入同样对动物的健康和生产性能至关重要。钙不足可能导致家畜骨骼弱化、生长发育受阻、生产性能下降，如母牛产后低钙血症，以及影响家禽蛋壳质量和孵化率等，另外，钙摄入过量可能干扰其他矿物质的平衡，如镁和磷的吸收，导致饲料效率降低和一些畜禽健康问题。因此，在畜牧业中，确保动物饲料中钙与磷的适当比例，根据动物的生长阶段、生产状态和健康状况调整钙的摄入量，是维持动物健康和提高生产效率的重要方法。合理的钙摄入不仅有助于促进动物生长发育、提升繁殖效率和产量，还能降低疾病发生率，提高养殖整体经济效益。

（二）磷

磷（phosphorus）是人体必需的常量元素，化学符号为P，它在人体的所有细胞中都有分布，是骨骼和牙齿的构成成分，也是RNA、DNA、生物膜的重要组成部分。磷参与能量的储存与释放、糖脂代谢及体内酸碱平衡的调节。

1. 理化性质

磷为非金属元素，原子序数为15，存在多种同素异形体，如白磷和红磷。白磷为无色至黄色蜡状固体，不溶于水，易溶于二硫化碳，易自燃、剧毒。红磷为紫红色无定型粉末，无毒且稳定，不溶于水，也不溶于二硫化碳。自然界中磷多以磷酸盐形式存在。

2. 生理功能

（1）构成骨骼和牙齿的重要成分。磷是骨骼和牙齿中不可或缺的元素，主要以磷酸钙形式存在，负责骨骼的硬度和结构的稳定性。

（2）参与能量代谢。磷是三磷酸腺苷（ATP）和其他能量富磷化合物的组成部分，对于能量的储存和释放至关重要。ATP 在细胞的能量代谢过程中起到核心作用，支持各种生物化学过程。

（3）构成细胞膜和遗传物质。磷是细胞膜中磷脂的组成部分，对维持细胞膜的结构和功能至关重要。同时，磷也是 DNA 和 RNA 的组成成分，参与遗传信息的存储和传递。

（4）参与酸碱平衡。磷酸盐是重要的体液缓冲系统之一，帮助维持体液的酸碱平衡。

3. 过量与不足

磷在食物中普遍存在，通常不会缺乏。但是，过量摄入磷，尤其是通过磷添加剂摄入，可能导致健康问题，如干扰钙的代谢和导致肾性骨病。磷缺乏较为罕见，但在特定情况下如早产儿和长期使用某些药物的人可能会出现。

4. 膳食摄入量

根据《中国居民膳食营养素参考摄入量（2023 版）》建议，18～29 岁人群 RNI 为 720 mg/d，30～64 岁人群 RNI 为 710 mg/d，65 岁以上老年人 RNI 为 680 mg/d，儿童青少年，1～3 岁、4～6 岁为 350 mg/d，7～8 岁为 440 mg/d，9～11 岁为 550 mg/d，12～14 岁为 700 mg/d，15～17 岁为 720 mg/d。成年人磷的 UL 为 3 500 mg/d，老年人为 3 000 mg/d。

（三）镁

镁（magnesium），化学符号为 Mg，是人体必需的常量元素，是上百种酶的辅助因子，在调节人体各种生化反应中起到至关重要的作用。镁元素广泛存在于全谷物、坚果、大豆及其制品等食物中，麸皮、南瓜子、山核桃等食物中镁含量高于 300 mg/100 g。

1. 理化性质

镁的原子序数为 12，相对原子质量为 24.305。镁具有活泼的金属活性，能够与多种非金属反应生成相应的离子化合物。镁还可与卟啉形成络合物，叶绿素就是其最重要的络合物。

2. 生理功能

（1）激活酶的活性。镁是多种酶的激活剂，参与超过 300 种酶促反应，包括磷酸转移酶和水解肽酶系的活性。它对于葡萄糖酵解、脂肪、蛋白质及核酸的生物合成起着重要的调节作用。镁还是氧化磷酸化的辅助因子，对能量代谢至关重要，并激活钠钾 ATP 酶，维持细胞内外钠、钾平衡。

（2）抑制钾、钙离子通道。镁能关闭钾通道的外向性电流，阻止钾的外流，同时作为钙的天然阻断剂，抑制钙通道，防止钙过量进入细胞，可维持细胞内外钙浓度平衡。

（3）调节激素分泌。镁直接影响甲状旁腺素（PTH）的分泌，调节体内钙、镁的平衡。镁水平的变化可以促进或抑制 PTH 的分泌，影响钙从骨骼、肾脏、肠道转移到血液中。

（4）促进骨骼生长。镁是骨骼中的主要元素之一，对骨骼和牙齿的生长至关重要。它促进骨骼的健康，与钙、磷共同维持骨骼结构与功能，补充镁可以改善骨矿物质密度。

（5）调节胃肠道功能。镁具有调节胃肠道功能的作用，如促进胆汁排空、中和胃酸、具有导泻作用以及减少肠壁张力和蠕动，有助于解决消化系统的各种问题。

3. 过量与不足

镁缺乏影响钙和骨骼代谢，可能导致低钙血症，但健康人一般不会发生镁摄入不足；肾功能不全、长期过量补充镁制剂的人，可能导致镁过量，镁中毒的症状包括血压下降、心律不齐、肌力减退、呼吸困难，以及最常见的腹泻，在严重的情况下，过量的镁可能导致心脏和呼吸系统的功能障碍。

（四）钾

钾（potassium），化学符号为K，是一种重要的电解质和必需营养素，对人体健康至关重要。动植物体内都含有钾，钾在自然界中不以单质形式存在，而是以离子形式存在。人体的钾主要来自食物，如蔬菜、水果、豆类、坚果、肉类和乳制品等，钾含量较高的食物有黄豆、蚕豆、赤小豆、豌豆、冬菇、竹笋、紫菜等。

1. 理化性质

钾是一种银白色的金属，原子序数为20，化学性质活泼，在空气中加热会燃烧。

2. 生理功能

（1）参与糖和蛋白质代谢。钾参与细胞内糖和氨基酸的代谢过程，它在糖原合成和蛋白质合成中起着关键作用，钾还参与三磷酸腺苷（ATP）的生成，对糖和蛋白质代谢至关重要。钾缺乏时，这些代谢过程会受影响。

（2）维持细胞正常的渗透压和酸碱平衡。钾主要存于细胞内，对维持细胞内渗透压和酸碱平衡发挥关键作用，它通过细胞膜的交换机制，与钠离子相互作用，帮助调节和维持细胞内的正常环境，保证细胞的正常功能和生命活动。

（3）维持神经肌肉的应激性。钾离子通过影响细胞内外的电位差来调控神经信号的传递和肌肉的收缩，钾浓度的变化可以直接影响到神经系统和肌肉系统的正常运作，对于维持神经和肌肉细胞的正常兴奋性至关重要。

（4）维持心肌的正常功能。心脏健康依赖于细胞内外适宜的钾浓度，钾缺乏或过量都会干扰心肌细胞的自律性、传导性和兴奋性，导致心律不齐。适量的钾对于维持心脏正常的节律和功能是必不可少的。

（5）降低血压的作用。补充钾被证实能有效降低血压，特别是对于对钠敏感的个体。钾可以通过多种机制，包括促进钠排泄、调节血管紧张素系统以及改善血管的反应性，从而有助于降低高血压，预防相关的心血管疾病。

3. 过量与不足

钾的过量摄入通常不会发生在正常饮食中，健康的肾脏能有效排除多余的钾，但钾补充剂摄入过量或肾功能不全可能导致高钾血症，其症状包括肌肉无力、心律不齐甚至心跳停止等；钾缺乏常见于长期禁食、少食、偏食或厌食者，钾缺乏会引起神经肌肉、消化、心血管、泌尿、中枢神经等系发生功能性或病理性改变，症状可能包括疲劳、肌肉无力、心律失常、消化问题以及肌肉痉挛等，长期缺钾还可能出现肾功能障碍。钾的适当摄入对于维持正常的细胞功能、神经传导和心脏健康至关重要。

4. 膳食摄入量

按照《中国居民膳食营养素参考摄入量（2023版）》的建议，包括老年人在内的成年人AI为2 000 mg/d，对于儿童青少年，1～3岁为900 mg/d，4～6岁为1 100 mg/d，7～8岁为1 300 mg/d，9～11岁为1 600 mg/d，12～14岁为1 800 mg/d，15～17岁为2 000 mg/d，乳母因泌乳引起钾丢失，建议额外添加量为400 mg/d。

（五）钠

钠（sodium），化学符号为Na，是人体必需的常量矿物质元素，也是机体重要的电解质。钠在自然界广泛存在，比如谷物、薯类、豆类、蔬菜、水果、畜肉、水产等。人体钠的主要来源是食盐或者酱油、味精等含钠的调味品。

1. 理化性质

钠是一种银白色的软金属，具有很好的延展性和导电性，其化学活性极高，有强还原性，通常需要在无氧或干燥的环境中储存，例如在石油或惰性气体中。钠在自然界中以化合物的形式分布，而不能以游离态存在。

2. 生理功能

（1）调节细胞外液的容量与渗透压。钠是维持细胞外液容量和渗透压的主要离子，与钾离子相反，它存在于细胞外液中，钾钠平衡对于维持细胞内外水分平衡非常重要，体内钠含量的增减会引起细胞外液体积的变化，进而影响心脏负荷和血压。

（2）维持酸碱平衡。血浆中的钠和氯构成的钠氯缓冲体系，对维持全血缓冲能力有重要贡献，体内钠的变化可以影响酸碱平衡的维持，通过与体内的氢离子交换，帮助维持体液的酸碱度恒定。

（3）维持正常血压。钠通过调节细胞外液的容量，对维持正常血压具有重要作用，膳食中钠的摄入量与血压之间存在关联，过量摄入钠可能引起血压升高。

3. 过量与不足

钠的摄入不足较为少见，但在某些特殊情况下（如过度出汗、长时间的腹泻或呕吐、使用某些利尿药）可能会发生，低钠血症（血钠浓度过低）可能导致头痛、乏力、恶心、肌肉抽搐甚至神经系统功能障碍，长期钠摄入不足还可能影响体液平衡，导致脱水和血压降低；正常情况下，钠摄入过量并不会在体内蓄积，但心源性水肿、肝腹水等疾病可能引发高钠血症，长期高钠饮食还可能增加高血压、脑卒中及胃癌等疾病的发生风险。

4. 膳食摄入量

按照《中国居民膳食营养素参考摄入量（2023版）》的建议，成年人AI为1 500 mg/d，65岁以上老年人AI为1 400 mg/d，儿童青少年，1岁为500 mg/d、1岁为500 mg/d、2岁为600 mg/d，3岁为700 mg/d、4～6岁为800 mg/d，7～8岁为900 mg/d，

9～11岁为1 100 mg/d，12～14岁为1 400 mg/d，15～17岁为1 600 mg/d。

5. 在畜牧业中的作用

钠是动物体内主要的阳离子之一，关键于维持细胞外液的渗透压和体液平衡，对维持动物的酸碱平衡也至关重要。适当的钠摄入量对动物的生长发育、生产性能（如产乳量、蛋产量、肉质）以及生殖性能都有积极影响，同时可以刺激动物的食欲，确保足够的能量和营养素摄入，在畜牧业实践中，通常通过饲料添加剂（如食盐）来确保动物获得足够的钠。然而，钠的过量摄入同样会带来问题，如水肿、高血压和钙的流失等，因此在配制动物饲料时需要仔细控制钠的添加量，确保动物健康。

二、微量元素

微量元素是指占体重0.01%以下的元素，主要有铁、碘、锌、硒、铜、氟、铬、锰、钼等元素。

（一）铁

铁（iron），化学符号为Fe，是人体必需的微量元素，对多项生理功能至关重要。早在1932年，研究就已确认铁在合成血红蛋白及氧气运输和利用中的关键作用。动物肝脏、黑木耳、紫菜（干）、鸭血、猪血、牛羊肉、苋菜等中铁含量较高。

1. 理化性质

铁（Fe），原子序数为26，是自然界中最常见的金属之一。其自然存在的稳定同位素包括 ^{54}Fe（天然丰度约为5.8%）、^{56}Fe（占绝大多数，约91.7%）、^{57}Fe（约2.2%）和 ^{58}Fe（约0.3%）四种。铁的化学性质非常活跃，它可以以金属状态或铁化合物的形式出现在固态中，在水溶液中，铁主要以两种氧化态存在：亚铁（Fe^{2+}）和铁（Fe^{3+}），这两种形态的铁容易在不同的环境条件下互相转换，通过提供或接受电子来发挥催化作用。

2. 生理功能

铁在人体中主要以血红素和Fe-S复合物形式存在，参与运送氧气至身体各部分并协助细胞进行呼吸作用，维持人体正常的造血功能。它参与的Fe-S基团相关的生化反应极其广泛，包括影响特定酶的活性、线粒体的电子传递链、DNA的合成及修复，以及蛋白质的合成等。此外，铁还是增强中性粒细胞和吞噬细胞吞噬功能的关键因素，从而加强身体的抗感染能力。

3. 过量与不足

铁的摄入不足和过量都会导致不同程度的健康问题。铁缺乏从铁储存减少开始，逐步演变为影响红细胞生成的缺铁期，最终可能发展为缺铁性贫血，导致疲劳、心悸、注意力不集中及儿童发育延迟等症状，特别是在儿童和婴幼儿中，铁缺乏可能导致不可逆的神经发育损伤；铁摄入过量可能导致急性和慢性中毒，急性铁中毒主要表现为胃肠道出血性坏死和全身性影响，如低血压和休克，长期过量积累则可能导致组织纤维化和多器官损伤，因为过量的铁能催化产生有害的自由基。

4. 膳食摄入量

根据《中国居民膳食营养素参考摄入量（2023版）》建议，18～49岁男性推荐摄入量（RNI）为12 mg/d，18～49岁女性RNI为20 mg/d，中老年男性和绝经期女性RNI分别为12 mg/d、10 mg/d，6岁以下儿童RNI为10 mg/d，7～8岁RNI为12 mg/d，9～17岁男孩和9～11岁女孩RNI为16 mg/d，12～17岁女孩RNI为18 mg/d，孕妇孕早期、孕中期和孕晚期铁推荐摄入量分别为14 mg/d、25 mg/d、29 mg/d，乳母RNI为24 mg/d。

我国成年人铁可耐受最高摄入量（UL）为70 mg/d，1～3岁、4～6岁、7～11岁、12～17岁儿童青少年的UL分别为30 mg/d、35 mg/d、40 mg/d。

5. 在畜牧业中的作用

在畜牧业中，对于新生的仔猪和小鸡等，铁缺乏是一个常见问题，因为它们从母体获得的铁存储迅速耗尽。补充铁可以预防贫血的发生，确保畜禽正常发育。在功能性畜禽生产中，铁的补充可以增强动物产品的营养价值，例如增加蛋和肉类中的铁含量，满足人类对营养更高的需求。需要注意的是，铁的使用需要小心控制，以避免过量导致的毒性问题和环境污染问题。

（二）碘

碘（iodine），化学符号为I，是人体必需的微量元素之一，碘的缺乏可造成甲状腺肿大。食物中的碘分为无机碘和有机碘两种形式，无机碘在胃和小肠直接被吸收，有机碘需要被消化、脱碘后以无机碘的形式被吸收。自然界中的碘主要以碘化物和碘酸盐的形式存在，广泛分布于海水、岩石、土壤和生物体中。海水是碘的主要来源，含有比陆地更丰富的碘量，因此海洋生物和海产品中的碘含量相对较高。

1. 理化性质

碘属于卤素元素，原子序数为53，相对原子质量为126.904，在常温下为黑色或蓝黑色晶体。碘属于强氧化剂，具有毒性和腐蚀性。碘可与多种元素反应，形成诸如碘化物和碘酸盐等化合物，当碘遇到淀粉时会变成蓝紫色。

2. 生理功能

碘的生理功能是通过甲状腺激素来完成的。

（1）促进生长发育。甲状腺激素与生长激素相协同，对儿童和青少年的生长发育至关重要，它们刺激骨化中心，使软骨骨化，从而促进骨和牙齿生长。

（2）促进脑发育。在脑发育关键时期，甲状腺激素对神经系统的发育至关重要，包括神经元的增殖、分化，以及神经纤维的髓鞘形成等，确保了脑的正常发育和功能。

（3）调节新陈代谢。甲状腺激素增加基础代谢率，促进能量产生，影响身体的热产生和能量消耗，从而维持正常的新陈代谢和体温。

（4）对其他器官系统功能的影响。甲状腺激素影响几乎所有器官系统，包括心血管系统、神经系统和消化系统，维持机体的基本活动和健康状态。

3. 过量与不足

机体因缺碘所导致的一系列障碍统称为碘缺乏病（IDD），IDD 是世界上最严重的流行性疾病之一，其原因是世界大部分地区的土壤缺碘。碘缺乏的典型症状为甲状腺肿大，胚胎碘缺乏可引起不可逆性神经损伤，表现为严重的智力障碍；高水碘地区可能发生碘过多病（IED），IED 主要表现为甲状腺功能减退症、甲状腺肿大、自身免疫性甲状腺疾病、甲状腺功能亢进症、甲状腺癌等。

4. 膳食摄入量

根据《中国居民膳食营养素参考摄入量（2023 版）》建议，18 岁以上成年人群 RNI 为 120 μg/d，1～11 岁儿童青少年 RNI 为 90 μg/d，12～14 岁为 110 μg/d，7～8 岁、15～17 岁分别为 120 μg/d，孕期 RNI 为 110 μg/d。

在可耐受最高摄入量方面，4～6 岁、7～11 岁、12 岁～14 岁、15 岁～17 岁分别为 200 μg/d、250 μg/d、300 μg/d、500 μg/d，18 岁以上成年人碘 UL 值为 600 μg/d，孕期和乳母 UL 为 500 μg/d。

（三）锌

锌（zinc），化学符号为 Zn，人体所必需的元素之一。锌广泛存在于食物中，肉类、蛋类、豆类、水产类含量较高，谷物等也含有锌。

1. 理化性质

锌的原子序数为 30，相对原子质量为 65.409，在自然界中通常以 Zn^{2+} 的状态存在。作为一种强电子接受体，锌能够与硫酸盐和酸的电子供体形成强烈的结合，这种性质使得锌在多种生化反应中发挥作用，特别是在金属酶的催化作用中。

2. 生理功能

（1）催化功能。锌是许多重要酶的活性中心，包括转录酶、醇脱氢酶、碳酸酐酶和碱性磷酸酶等，缺乏锌会影响这些酶的活性，从而导致代谢功能紊乱和病理改变。

（2）结构功能。锌指蛋白中的锌离子与蛋白质中的氨基酸残基结合，维持蛋白质的三维结构，同时，锌也有助于维持酶的结构功能。

（3）调节基因表达。锌通过锌转运蛋白（ZnT）、锌铁调节转运蛋白（ZIP）和金属硫蛋白（MT）参与细胞内外的锌运输和存储，影响基因的表达和调节。

3. 过量与不足

锌的摄入不足可能会导致多种健康问题，包括味觉障碍、生长发育不良、腹泻、皮肤问题、免疫力减弱、性发育障碍、认知功能下降，以及胎儿发育迟缓和流产早产等；锌摄入过量则可能导致恶心、呕吐、腹泻、发烧和嗜睡等急性中毒症状，长期高剂量锌摄入还可能影响其他微量元素的代谢，特别是降低铜的水平，从而导致贫血等问题。

4. 膳食摄入量

根据《中国居民膳食营养素参考摄入量（2023 版）》建议，18 岁以上成年男性 RNI 为 12.0 mg/d，18 岁以上成年女性 RNI 为 8.5 mg/d，孕妇 RNI 为 10.5 mg/d，哺乳期妇女 RNI 为 13.0 mg/d，儿童青少年，1～3 岁、4～6 岁、7～11 岁、12～14 岁、

15～17岁RNI分别为4.0 mg/d、5.5 mg/d、7.0 mg/d、7.5 mg/d、8.0 mg/d，9～17岁RNI均为1 000 mg/d。

（四）硒

硒（selenium），化学符号为Se，硒是人体和动物必需的微量元素，在地壳中含量极微。缺硒是导致克山病和大骨节病的重要原因。

1. 理化性质

硒的原子序数是34，相对原子质量为78.96，与硫同族，理化性质相似，硒单质有灰色金属光泽，硒以多种价态存在，形成硒酸盐、亚硒酸盐等无机硒以及硒半胱氨酸、硒蛋氨酸等有机硒。畜禽产品中的硒含量受其饲料中硒含量的影响。

2. 生理功能

（1）抗氧化作用。硒是多种抗氧化酶的组成成分，这些酶帮助防止脂质氢过氧化物的形成，从而防止活性氧和自由基的损害。

（2）免疫作用。硒在免疫细胞中存在，增强机体免疫功能，具体机制还需进一步研究。还有研究发现，硒的营养状态可以影响病原体的遗传变化。

（3）调节甲状腺激素。硒是关键的甲状腺激素代谢酶的必需成分，可帮助调节甲状腺激素的水平，进而影响全身代谢。

（4）解毒与排毒。硒能与多种重金属结合，帮助解除其毒性并促进排泄。

3. 过量与不足

硒缺乏与特定地方性疾病如克山病和大骨节病的关联性已得到认证，克山病是一种地方性心肌病，而大骨节病影响青少年骨骼的发育，低硒环境下的居民适量补硒，可以有效预防这些疾病，长期硒摄入不足还可能影响甲状腺激素的代谢、免疫功能；硒摄入过量可引起急慢性中毒症状，如头发和指甲脱落、指甲变形等，有研究显示，过量的硒摄入可能增加患Ⅱ型糖尿病的风险，提示硒摄入需要适量，避免过量。

4. 膳食摄入量

根据《中国居民膳食营养素参考摄入量（2023版）》建议，18岁以上成年及12岁以上青少年RNI为60 μg/d，1～3岁儿童RNI为25 μg/d，4～6岁为30 μg/d，7～8岁为40 μg/d，9～11岁为45 μg/d，孕期和乳母RNI分别为65 μg/d、78 μg/d。

在可耐受最高摄入量方面，1～3岁、4～6岁、7～8岁、9～11岁、12～14岁、15～17岁分别为80 μg/d、120 μg/d、150 μg/d、200 μg/d、300 μg/d、350 μg/d，18岁以上成年人硒UL值为400 μg/d，孕期和乳母相同。

5. 在畜牧业中的作用

硒在畜牧业中的使用主要集中在提高动物健康、增强免疫系统以及改善肉质和动物产品的品质方面。硒作为一种重要的微量元素，对畜禽的生长发育、繁殖能力以及疾病防御机制都有着不可替代的作用。硒能够改善肌肉的纹理和风味，增加肌肉中的硒含量，从而生产出更健康、更受消费者欢迎的肉类产品。通过向畜禽饲料中添加硒，可以生产富含硒的肉类和蛋类产品，这类食品不仅能满足人体对硒的日常需求，还能提供额外的健康益处，如降低患某些慢性疾病的风险。

畜牧业生产者需要根据动物的种类、生长阶段以及具体生产条件，合理设计含硒饲料的配方，确保动物健康成长的同时，避免硒的过量摄入引起中毒问题。同时，通过科学的饲养管理，可以有效提升功能性畜禽产品的生产效率和质量，满足市场对高品质畜产品的需求。

（五）铜

铜（copper），化学符号为Cu，是人体必需的微量元素，位于元素周期表中的第29位，相对原子质量为63.546，在肝脏、牡蛎、贝类、坚果等食物中含量较高。铜是一种过渡金属，具有显著的氧化还原性质，使其在生物体内特别适合于电子的释放和接受，尤其在氧化还原反应中发挥重要作用。铜可存在于Cu^+和Cu^{2+}两种氧化状态中，并可在这两种形态间可逆转换。

在人体中，铜主要以金属蛋白有机复合物的形式存在，并以酶的形式发挥多种生物学作用，包括维持铁的正常代谢、结缔组织完善，以及神经系统的健康维护等，铜还参与黑色素的形成，维护毛发正常结构。缺铜会导致多种健康问题，如贫血、神经系统损伤、心血管问题和免疫功能低下；过量摄入铜虽然较少见，但可能引起肠胃不适、肝脏损伤和其他毒性反应。

根据《中国居民膳食营养素参考摄入量（2023版）》建议，18岁以上人群RNI为0.8 mg/d，75岁以上老年人为0.7 mg/d，UL为8.0 mg/d，1~17岁儿童青少年RNI为0.3~0.8 mg/d，UL为2.0~7.0 mg/d。

（六）氟

氟（fluorine），化学符号为F，原子序数为9，相对原子质量为18.998，主要来源包括饮用水、茶叶、海鱼、海带和紫菜。氟是具有最大电负性的元素，化学性质非常活泼，能与大多数含氢的化合物发生反应，大多数氟化物在水中是可溶的。1996年，世界卫生组织（WHO）将氟归类为"具有潜在毒性，但低剂量时可能是人体某些功能所必需的元素"。氟对牙齿和骨骼的发育具有重要作用，缺乏氟会导致龋齿和骨质疏松，而摄入过量则会增加氟斑牙和氟骨症的风险。

根据《中国居民膳食营养素参考摄入量（2023版）》建议，18岁以上人群氟AI为1.5 mg/d，UL为3.5 mg/d，1~17岁儿童青少年AI为0.6~1.5 mg/d，UL为0.8~3.5 mg/d。

（七）铬

铬（chromium），化学符号为Cr，是一种必需的微量元素，铬的原子序数为24，相对原子质量为51.996，谷类、肉类、鱼类、坚果和豆类都是铬的主要来源，这种银白色有光泽的金属在常温下对氧稳定，但能溶于盐酸、硫酸和硝酸。铬具有增强胰岛素作用、调节蛋白质代谢等生物学功能。长期摄入低铬食物可导致铬缺乏，表现为糖耐量减退和神经病变；工业接触六价铬或过量摄入可引起急慢性毒性反应，包括皮肤、肝脏和肾脏的损害。

根据《中国居民膳食营养素参考摄入量（2023版）》建议，15岁～17岁男孩和18岁以上男性AI为35 μg/d，12岁～17岁女孩和18～49岁女性AI为30 μg/d，50岁以上女性AI为25 μg/d，1～11岁儿童AI为15～25 μg/d，4～6岁为30 μg/d，7～8岁为40 μg/d，9～11岁为45 μg/d，孕期和乳母AI分别为65 μg/d、78 μg/d。

（八）锰

锰（manganese），化学符号为Mn，是一种过渡金属元素，锰普遍存在于各类食物中，特别是干果、谷物和豆类等植物性食物，锰在自然界中主要以Mn^{2+}和Mn^{3+}形式存在于生物系统中，是人体必需的微量元素之一。锰在骨骼形成，氨基酸、胆固醇、碳水化合物的代谢，以及维持神经递质的合成与代谢等方面发挥重要作用。口服锰的毒性较小，而通过呼吸吸入过量锰尤其在工业环境中，可能导致神经毒性。

根据《中国居民膳食营养素参考摄入量（2023版）》建议，18岁以上男性AI为4.5 mg/d，12～17岁女孩和18岁以上女性AI为4.0 mg/d。

（九）钼

钼（molybdenum），化学符号为Mo，钼在自然界中存在广泛，特别是在干豆和谷物中含量丰富，芦笋、深色绿色菜等蔬菜，动物肝脏、肾中含量也较高。在体内，钼通过钼金属酶参与含硫氨基酸、杂环化合物等的分解代谢，是人体必需的微量元素。我国成年人钼的RNI为25 μg/d，成年人UL为900 μg/d。

第六节　自由基清除剂

自由基是指共价键发生均裂而形成的具有不成对电子的原子或基团，化学上也称为"游离基"。在书写时，一般在原子符号或者原子团符号旁边加上一个"·"表示存在未成对的电子，如氢自由基（H·，即氢原子）、氯自由基（Cl·，即氯原子）、甲基自由基（CH_3·）。机体内也有多种自由基，如超氧自由基、羟自由基、过氧化氢分子等，它们大多来自生命活动中的生化反应。由于自由基含有不成对的电子，进入机体后到处争夺电子，对生物体具有较大的危害。

通常，机体内的自由基处于不断生成与持续消除的动态平衡状态，对于生物体的生命代谢发挥着重要作用。但是，当各种原因造成体内自由基过多时，就容易导致各种健康问题和许多疾病的发生。因此，自由基清除剂通过保持机体自由基动态平衡，而对于机体健康具有重要作用。

一、自由基对机体的危害

1. 细胞结构损伤

自由基可攻击细胞膜的脂质，引发膜脂过氧化反应，破坏细胞膜的结构和功能，导致细胞内容物泄漏，影响细胞的正常生理活动。

2. DNA 损伤

自由基能够损伤细胞核内的 DNA，引起基因突变、断裂或重组，这些 DNA 损伤可能导致细胞功能失常、细胞死亡或癌变。

3. 蛋白质损伤

自由基可攻击细胞内的蛋白质，导致蛋白质结构变性或交联，影响蛋白质的正常功能，如酶活性下降，影响代谢和信号传递等。

4. 加速衰老

自由基的积累被认为是加速衰老过程的一个重要因素，通过损伤细胞组分和激活炎症反应，促进衰老相关疾病的发展。

5. 促进慢性疾病的发生

长期的氧化应激状态，即自由基与抗氧化防御机制之间的不平衡，与多种慢性疾病的发生发展有关，如心血管疾病、糖尿病、神经退行性疾病和某些类型的癌症。

二、常用的自由基清除剂

自由基清除剂，又称为抗氧化剂，是一类能够中和自由基、减少氧化应激和防止细胞损伤的物质。它们通过捐赠电子给自由基，从而阻止自由基对细胞成分（如脂质、蛋白质和 DNA）的攻击和破坏。自由基清除剂在预防慢性疾病、延缓衰老过程以及保护身体免受环境压力的影响中起着关键作用。

自由基清除剂主要分为两大类：非酶类自由基清除剂和酶类自由基清除剂。

（一）非酶类自由基清除剂

非酶类自由基清除剂包括维生素 C、维生素 E、β-胡萝卜素、硒、锌、铜、锰等微量元素以及多种植物化合物。这些物质主要通过直接与自由基反应，阻断自由基链反应的传递，从而减少自由基引起的细胞损伤。非酶类自由基清除剂普遍存在于水果、蔬菜、坚果和茶叶中，是日常饮食中重要的抗氧化剂来源。这类自由基清除剂大部分已在前面的章节进行了介绍。

（二）酶类自由基清除剂

酶类自由基清除剂包括超氧化物歧化酶、过氧化氢酶和谷胱甘肽过氧化物酶。这些酶通过催化自由基转化为较不活跃的分子，如将超氧阴离子转化为氧气和过氧化氢，再将过氧化氢分解为水和氧气,从而保护细胞免受氧化损伤。这些酶可以在人体内自然产生,但随着年龄增长,其活性可能下降,因此通过食物或补充剂摄入抗氧化剂有利于增强身体的防御机制。

1. 超氧化物歧化酶

超氧化物歧化酶(Superoxide Dismutase,SOD)是一种抗氧化酶,广泛存在于各种生物体内,如动物、植物和微生物,研究表明其可以保护细胞免受氧化应激,维持细胞健康,延缓衰老过程,并具有潜在的治疗多种疾病的能力。SOD 清除自由基能力很强,被广泛应用于功能性食品中。

2. 过氧化氢酶

过氧化氢酶(Catalase,CAT)是一种广泛存在于许多生物体中的酶,它的主要功能是催化过氧化氢(H_2O_2)的分解反应,在细胞内的活性极高,能够快速有效地分解过氧化氢,过氧化氢酶与其他抗氧化酶(如超氧化物歧化酶)协同作用,共同维持细胞内的氧化还原平衡。

3. 谷胱甘肽过氧化物酶

谷胱甘肽过氧化物酶(Glutathione Peroxidase,GPx)是一种重要的抗氧化酶,广泛存在于哺乳动物、植物和微生物体内,GPx 在细胞内的抗氧化防御系统中起着关键作用,能够有效地清除过氧化物,防止细胞膜脂质过氧化。

第七节 其他活性成分

一、有机硫化合物

有机硫化合物指分子结构中含有元素硫的一类植物化学物,它们以不同的化学形式存在于蔬菜或水果中。一种是存在于西兰花、卷心菜、菜花和荠菜等十字花科蔬菜中的异硫氰酸盐,具有抗氧化、抗癌、增强免疫等生理功能;另一种是存在于葱蒜中的有机硫化合物,具有杀菌、提高免疫力、预防心血管疾病、防治肿瘤等生理功能。

(一)异硫氰酸酯

异硫氰酸酯(isothiocyanate, ITC)是一类具有显著生物活性的化合物,主要存在于十字花科蔬菜中,如西兰花、卷心菜、花椰菜等,以前体物硫代葡萄糖苷(glucosinolate, GSL)的形式存在,硫苷(GSL)是 β-硫葡萄糖苷 N-羟硫酸酯类化合物,具有 β-D-硫代葡萄糖基、磺酸肟和不同的侧链 R 基,GSL 水解后形成 ITCs,其中,莱菔硫烷(也称萝卜硫素,SFN)因结构中除共有的功能基团外,还具有一个(S=O)双键基团,而具有较强的生物活性,具有抗氧化、抗炎、调节血脂和血糖等作用。

(二) 大蒜素

大蒜素 (allicin) 是一种重要的天然含硫化合物,分子式为 $C_6H_{10}OS_2$,主要存在于百合科葱属植物大蒜的鳞茎中(图2.6)。它是大蒜中具有抗菌、抗氧化、抗炎、抗肿瘤和调节糖脂代谢等多种生物活性的关键成分。新鲜大蒜中并没有大蒜素,只含有蒜氨酸,当大蒜被切割或碾碎时,溢出蒜氨酸酶,在细胞质内将蒜氨酸转化为大蒜素。纯净的大蒜素是无色油状液体,但由于含硫,它通常呈现为淡黄色,并具有强烈的大蒜特有辛辣气味。大蒜素在酸性条件下较为稳定,但在热碱条件下不稳定,容易分解。研究显示,大蒜素有多重生物学作用:能够抑制多种细菌、真菌和病毒的生长,是一种有效的天然抗生素;清除自由基,保护细胞免受氧化损伤;通过抑制炎症介质的生成,有助于减轻炎症反应;能够抑制肿瘤细胞的生长和诱导肿瘤细胞凋亡;降低血糖和改善血脂水平。

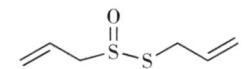

图 2.6 大蒜素的化学结构

在畜牧领域,大蒜素被用于提高畜禽和鱼类产品的产量和质量。由于大蒜素在自然状态下的不稳定性,商业产品通常以大蒜提取物的形式存在,以保持其生物活性和稳定性。

二、酚类化合物

酚类化合物广泛存在于自然界中,其共同特征是分子中含有酚的基团。自然界中存在的酚类化合物大部分是植物生命活动的结果,植物体内所含的酚称内源性酚,其余称外源性酚,本书中所说酚类化合物均为内源性酚,它们多具有较强的抗氧化活性,对人体的健康状况起到有益的作用常见的酚类化合物包括类黄酮、酚酸、异黄酮以及茶多酚等。

(一) 原花青素

原花青素 (proanthocyanidin),是一类由不同数量的儿茶素、表儿茶素和没食子酸聚合而成的同源或异源黄酮类化合物,存在于多种植物中,如水果、蔬菜、坚果、花朵和树皮等,其中葡萄尤其是葡萄籽是原花青素最丰富、最重要的来源。原花青素通常呈现为红棕色的粉末状物质,具有涩味,可溶于水,并且在酸性条件下加热会产生花青素。原花青素以其强大的抗氧化能力而闻名,能有效中和有害的自由基,减轻氧化应激,还具有抗炎和抗感染作用,此外,原花青素对心血管健康具有积极影响,能够降低心血管疾病的发生及相关死亡风险。

(二)大豆异黄酮

大豆异黄酮（soy isflavones）是一种多酚类化合物，主要存在于豆科植物中。除大豆类食物外，红三叶草和葛根等植物中也含有大豆异黄酮。大豆异黄酮可降低女性乳腺癌发生风险，改善围绝经期综合征和绝经女性骨质疏松症，且有助于防治心血管疾病。

需要注意的是，凝固、加热、水处理、提取和发酵等加工方法会导致大豆异黄酮发生脱羧基、脱乙酰基或去糖苷等改变，使原料中的大豆异黄酮含量降低。

(三)茶多酚

茶多酚是茶叶中多酚类物质的总称，为白色不定形粉末，易溶于水，可溶于乙醇、甲醇、丙酮、乙酸乙酯，不溶于氯仿。绿茶中茶多酚含量较高，占其质量的15%～30%。茶多酚按主要化学成分分为儿茶素类、黄酮类、花青素类、酚酸类四大类物质。其中尤以儿茶素含量最高，占茶多酚的60%～80%。儿茶素主要为表儿茶素、表没食子儿茶素、表儿茶素没食子酸酯和表没食子儿茶素没食子酸酯等4种物质，它们是茶叶质量控制的关键成分。当前，茶多酚茶对于人体健康和动物健康的研究较多，研究发现茶多酚具有抗氧化、防辐射、抗衰老、降血脂、降血糖、抑菌抑酶等多种生理活性。

(四)儿茶素

儿茶素（catechin）是一类属于多酚类家族中黄烷醇类化合物，天然存在下的儿茶素除了少量的儿茶素单体外，主要是儿茶素和没食子酸结合而成的衍生物。儿茶素类化合物为白色固体或结晶，略有吸湿性，味涩，易溶于水、甲醇、乙醇、乙醚、丙酮等，难溶于苯、氯仿和石油醚。这些化合物是绿茶、白茶、黑茶和乌龙茶等茶叶中的主要活性成分，对健康具有多种益处，包括抗氧化、抗炎、心血管保护、抗癌等作用。儿茶素类化合物主要存在于茶叶中，尤其是绿茶中含量最丰富，也可以在巧克力、葡萄酒、苹果、梨以及某些浆果中找到。儿茶素因其强大的抗氧化性、抗炎作用以及对人体健康的诸多益处而受到广泛研究。

(五)白藜芦醇

白藜芦醇（resveratrol）是一种含有芪类结构的非黄酮类多酚化合物，分子式为$C_{14}H_{12}O_3$，广泛分布于葡萄、桑葚、花生等天然植物及其果实中。白藜芦醇难溶于水，可溶于乙醇、乙酸乙酯、丙酮等溶剂，白藜芦醇不稳定，常与葡萄糖结合成糖苷，在植物中主要以白藜芦醇糖苷的形式存在。白藜芦醇具有抗炎、调节糖脂代谢以及预防心血管疾病的作用。

(六)姜黄素

姜黄素（curcumin）是一种多酚类化合物，分子式为$C_{21}H_{20}O_6$，主要存在于姜科姜黄属植物姜黄、莪术、郁金等根茎中。姜黄素是一种橙黄色的结晶性粉末，有特殊臭味，味稍苦，难溶于水，微溶于苯和乙醚，可溶于己烷、环己烷、四氢呋喃等有机溶剂，同时易溶于甲醇、乙醇、异丙醇、丙酮、乙酸乙酯、二甲基亚砜和碱性溶液中，姜黄素对光敏感，尤其是在紫外线照射下可迅速脱色。姜黄素具有调节糖脂代谢、抗炎及抗氧化作用。2019年联合国粮食及农业组织/世界卫生组织食品添加剂联合专家委员会（Joint FAO/WHO Expert Committee on Food Additives，JECFA）食品法典委员会第42届会议更新的《食品添加剂通用标准》规定了姜黄素作为食品添加剂的最大添加量为500 mg/kg。

（七）花色苷

花色苷（anthocyanin）是具有2-苯基苯并呋喃结构的一类糖苷衍生物。花色苷是高等植物中最为常见的一种水溶性色素，在深色浆果、蔬菜、薯类、谷物种皮和花朵中含量较丰富。花色苷具有抗氧化、抗炎、改善血脂、改善视力等生物学作用。根据《中国居民膳食营养素参考摄入量（2023版）》显示，花色苷摄入量达到52 mg/d可降低人群血脂紊乱风险，补充花色苷在40～60 mg/d剂量范围内具有降低心血管疾病和Ⅱ型糖尿病发病风险的作用，花色苷摄入量特定建议值（SPL）为50 mg/d。

（八）绿原酸

绿原酸（chlorogenic acid，CGA），又名酰基奎尼酸、咖啡鞣酸，是由咖啡酸和奎尼酸缩合而成的缩酚酸，分子式为$C_{16}H_{18}O_9$（图2.7）。绿原酸为白色粉末，易被氧化，对碱不稳定，受热易分解。绿原酸广泛存在于天然植物性食物中，在咖啡豆、蔬菜（茄子、薯类等）和水果（蓝莓、樱桃、苹果等）中较为丰富，其含量受食物的种类、品种、成熟度及储存加工等的影响。绿原酸因其丰富的健康益处而受到广泛关注，特别是在抗氧化、抗炎、抗菌和调节血糖等方面。

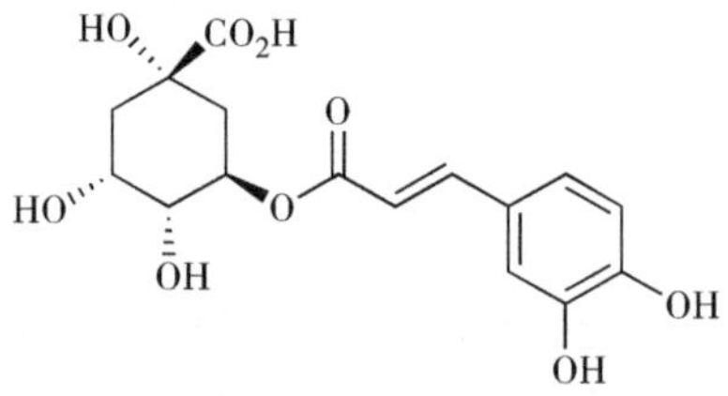

图2.7 绿原酸的化学结构

三、类胡萝卜素

类胡萝卜素（carotenoids）是一类重要的天然色素的总称，普遍存在于动物、植物以及藻类和真菌的色素之中。它是含40个碳的类异戊烯聚合物，即四萜化合物，典型的类胡萝卜素是由8个异戊二烯单位首尾相连形成。类胡萝卜素的颜色因共轭双键的数目不同而变化。共轭双键的数目越多，颜色越移向红色。迄今，被发现的天然类胡萝卜素已达 700 多种，根据化学结构的不同可以将其分为两类：一是胡萝卜素类，它们只含碳氢两种元素不含氧元素，如番茄红素；另一类是叶黄素类，它们有羟基、酮基、羧基、甲氧基等含氧官能团，包括叶黄素和虾青素等。

（一）胡萝卜素

胡萝卜素（carotene）是一种脂溶性的植物色素，属于类胡萝卜素家族，广泛存在于自然界的许多植物中，尤其是胡萝卜、甜菜、番茄、甜椒和绿叶蔬菜等。胡萝卜素有几种类型，包括 α-胡萝卜素、β-胡萝卜素和 γ-胡萝卜素，其中 β-胡萝卜素最为人们所熟知和研究。胡萝卜素是合成维生素 A 的前体，对人体有多种重要作用。胡萝卜素具有强大的抗氧化特性，能够中和自由基，降低体内氧化应激，减少细胞损伤，从而有助于预防多种疾病，包括心血管疾病、某些类型的癌症和眼部疾病如夜盲症和年龄相关性黄斑变性。它也对免疫系统的维持和皮肤健康有积极影响。

（二）番茄红素

番茄红素（lycopene）是一种常见的类胡萝卜素，是成熟番茄中的主要色素，同时也存在于西瓜、葡萄柚、番石榴等水果中，在柿子、甘蓝、红辣椒等蔬菜中也少量存在。番茄红素是一种不饱和烯烃，其分子中没有环状结构，分子式为 $C_{40}H_{56}$（图 2.8）。番茄红素难溶于水、甲醇、乙醇，但可溶于乙醚、石油醚、己烷、丙酮，并易溶于氯仿、二硫化碳和苯等有机溶剂，番茄红素分子中含有 11 个共轭双键和 2 个非共轭双键，这使得它在稳定性方面表现不佳，容易发生顺反异构和氧化降解。番茄红素具有抗氧化、降低心血管疾病风险等作用。基于其在降低血压和减少心血管疾病风险方面的潜在益处，《中国居民膳食营养素参考摄入量（2023 版）》建议我国成人番茄红素的特定摄入量（SPL）为 15 mg/d，将人群可耐受最高摄入量（UL）暂定为 70 mg/d。

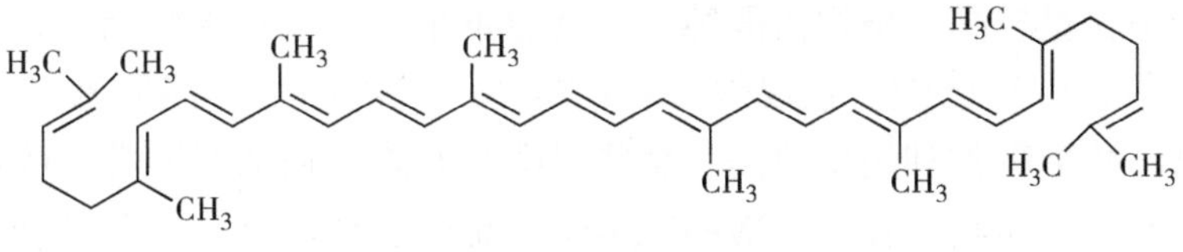

图 2.8　番茄红素的化学结构

（三）叶黄素

叶黄素（lutein）是一类含氧类胡萝卜素，也称植物黄体素，化学式为 $C_{40}H_{56}O_2$，是主要存在于蔬菜、水果和花卉中的天然色素（图 2.9）。叶黄素是脂溶性化合物，难溶于水，但易溶于己烷、苯和二氯甲烷等有机溶剂，对热和紫外线不稳定。叶黄素具有抗氧化、改善视觉功能、延缓动脉斑块形成、降低心血管疾病发生、抑制肿瘤生长和血管生成、降低某些癌症和 Ⅱ 型糖尿病的风险等生物学作用。根据《中国居民膳食营养素参考摄入量（2023版）》建议，我国成人叶黄素改善视觉功能、预防心血管疾病的特定建议值（SPL）为10 mg/d，可耐受最高摄入量（UL）为60 mg/d。

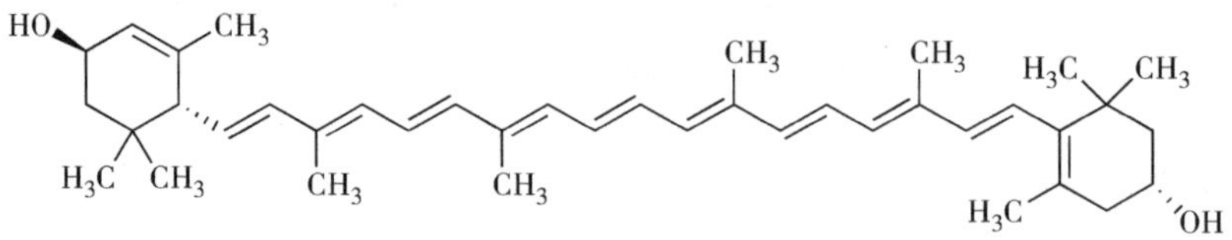

图2.9 叶黄素的化学结构

（四）虾青素

虾青素（astaxanthin）是一种天然存在的类胡萝卜素，属于类胡萝卜素家族，广泛存在于海洋生物中，尤其是虾、蟹、鲑鱼和其他红色或粉色海洋生物。虾青素由于其独特的分子结构而具有强大的抗氧化能力，被认为是最强效的抗氧化剂之一。虾青素的抗氧化能力比维生素E和β-胡萝卜素更强，因此在抗氧化、防止细胞损伤方面具有显著效果。虾青素对人体有多种重要作用，研究表明它能够中和自由基，减少氧化应激，从而有助于预防心血管疾病、某些类型的癌症和炎症性疾病。此外，虾青素对眼部健康也有积极影响，有助于预防眼部疾病如年龄相关性黄斑变性和白内障。虾青素还被发现对皮肤健康有益，能够减少紫外线引起的皮肤损伤，提升皮肤弹性和水分含量，从而延缓皮肤老化。

四、植物甾醇

甾醇是广泛存在于生物体内的一种重要的天然活性物质，按其来源可分为动物性甾醇、植物性甾醇和菌性甾醇三类。植物甾醇是以环戊烷全氢菲为基本骨架的一大类化学物质的总称，与胆固醇结构相似，广泛存在于各种植物油、坚果和植物种子中，在植物油和油料种子中含量较高。植物甾醇纯品在常温下呈片状或粉末状结晶，无臭无味，不溶于水，溶于氯仿、正己烷、正戊烷、环己酮等。植物甾醇与脂肪酸结合后形成植物甾醇酯，植物甾醇酯吸收利用率更高。植物甾醇具有降低血清胆固醇、改善妊娠期糖尿病、降低癌症风险等生物学作用。WHO/FAO食品添加剂联合专家委员会给出每日允许摄入量为0~40 mg/kg（体重），《中国居民膳食营养素参考摄入量（2023版）》建议我国成人植物甾醇的可耐受最高摄入量（UL）为2.4 g/d（植物甾醇酯的UL为3.9 g/d）。

五、二十八烷醇

二十八烷醇（octacosanol）是一种长链饱和脂肪醇，化学式为$C_{28}H_{58}O$，主要存在于一些植物的蜡质成分中，如小麦胚芽油、糖蔗蜡和松树蜡等。二十八烷醇在室温下通常以白色至浅黄色的蜡状固体形式存在，几乎不溶于水，溶于乙醇、氯仿、二甲苯和乙醚等有机溶剂。二十八烷醇具有降低血液胆固醇水平、抗氧化、抗炎、抗凝血、调节脂质代谢、增强机体运动机能、改善神经功能等作用。

六、左旋肉碱

左旋肉碱（L-carnitine），是一种氨基酸衍生物，简称 L-肉碱，又称 L-肉毒碱，在肉类、海产品和乳制品中含量较高，在果蔬类含量较低，分子式为 $C_7H_{15}NO_3$（图 2.10）。L-肉碱常以盐酸盐的形式存在，呈白色结晶或白色透明粉末，对热和酸稳定，易溶于水，易吸潮。L-肉碱作为载体将长链脂肪酸转运至线粒体内进行 β-氧化，具有促进脂肪分解的作用，同时，L-肉碱通过增加脂肪酸氧化，减少肌糖原消耗和乳酸积累，可延缓运动疲劳并加速疲劳恢复。

成人口服 L-肉碱可辅助减轻体重。值得注意的是，婴儿体内 L-肉碱合成有限，需要通过外源性补充维持正常代谢和能量产生，所以对于婴儿来说，L-肉碱是条件必需营养物。

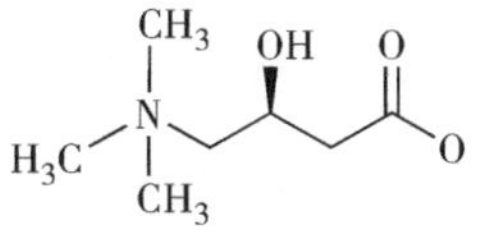

图 2.10　左旋肉碱的化学结构

七、谷维素

谷维素（oryzanol），是阿魏酸与植物甾醇相结合的酯，具有白色或淡黄色结晶性粉末形态，微溶于水，易溶于油脂和乙醇、乙醚等有机溶剂。谷维素广泛存在于稻米糠中，是稻米加工的副产品，除了稻米糠油，一些谷物和植物油中也含有少量的谷维素。谷维素在人体内具有多种生理作用，包括降低血清胆固醇、抗氧化、抗炎和提高运动性能等，还被认为能够增强心血管健康、调节血糖和改善皮肤状况。谷维素被广泛应用于食品补充剂、化妆品及医疗产品中，也被用于动物饲料中，以提高动物产品的营养价值及改善动物的生长性能和健康状况。

八、褪黑素

褪黑素（melatonin），化学式为 $C_{13}H_{16}N_2O_2$，是一种由松果体及其他组织分泌的内源性激素。它在人体及多种动物中自然存在，尤其在夜间分泌量增加，调节睡眠—觉醒周期和生物钟。褪黑素为白色或淡黄色结晶性固体，在常温下稳定，但在光照条件下可能降解，溶于水和多数有机溶剂中。对于人体健康，褪黑素具有调节机体昼夜节律，改善睡眠质量的作用，也具有抗氧化、抗炎和免疫调节作用。在畜禽生产中，褪黑素的研究主要集中在提高繁殖效率、改善动物福利、调节生长发育以及增强抗应激能力等方面。在畜禽产品上的应用包括通过喂养含褪黑素的饲料来改善肉质和蛋品质，以及提高动物产品的营养和健康价值。

九、辅酶 Q

辅酶 Q（coenzyme Q, CoQ），亦称泛醌（ubiquinone），是一种脂溶性苯醌，最常见的形式是辅酶 Q_{10}（coenzyme Q_{10}, CoQ_{10}），是单元数为 10 的 CoQ，分子式为 $C_{59}H_{90}O_4$，结构类似于维生素 E（图 2.11）。辅酶 Q_{10} 易溶于氯仿、苯、丙酮、乙醚和石油醚，微溶于乙醇，不溶于水。

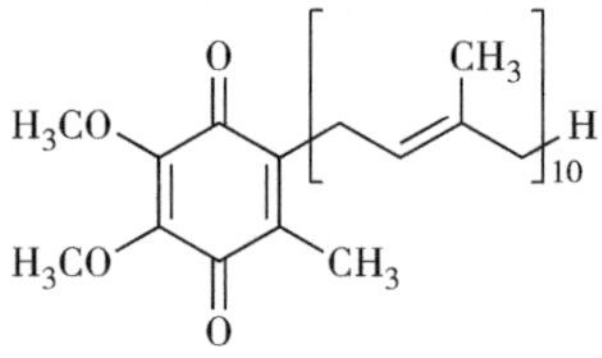

图 2.11 辅酶 Q_{10} 的化学结构

辅酶 Q_{10} 主要来源于动物内脏，如心脏、肝脏、肾脏以及某些植物性食物，如大豆油、玉米油和坚果。辅酶 Q_{10} 具有抗氧化、抗炎、降血压、改善胰岛素抵抗、改善心力衰竭症状、提高运动耐力等生物学作用。

辅酶 Q_{10} 可由身体内源性合成，在正常生理条件下，通过膳食摄入和体内自然合成可以满足需求，然而，随着年龄增长，体内辅酶 Q_{10} 的合成能力可能下降，加上某些因素（例如服用某些药物）可能导致辅酶 Q_{10} 缺乏，需通过膳食补充或食用辅酶 Q_{10} 强化的功能性食品，增加机体内辅酶 Q_{10} 的含量。

十、核酸

核酸（nucleic acid），具有复杂结构和多样功能的生物大分子，包括脱氧核糖核酸（DNA）和核糖核酸（RNA）。它们由核苷酸组成，每个核苷酸又由磷酸、糖（脱氧核糖或核糖）和含氮碱基组成。核酸在细胞遗传信息的存储、传递和表达中发挥关键作用，是生命活动的基础。在食品来源上，核酸主要存在于动植物细胞中，尤其是在鱼类、肉类、豆类和酵母中含量较高。适当摄入核酸有助于维持正常的生理功能和健康，如促进儿童发育、增强免疫力和细胞修复。然而，摄入不足可能影响身体的正常功能，而摄入过量则可能导致尿酸水平升高，增加痛风和肾结石的风险。

十一、甜菜碱

甜菜碱（betaine）属于两性离子季铵型生物碱，是甘氨酸的三甲基衍生物，故也被称为 N,N,N-三甲基甘氨酸（trimethyl glycine, TMG），化学结构式为 $(CH_3)_3N^+CH_2COO^-$，分子式为 $C_5H_{11}NO_2$（图 2.12）。甜菜碱为白色结晶性粉末，味甘甜、微苦，易溶于水、甲醇和乙醇，微溶于乙醚，遇强碱分解为三甲胺。甜菜碱可降低血清同型半胱氨酸水平，还在促进蛋白质合成、促进脂质代谢、减轻环境应激、防治慢性病等方面发挥作用。20世纪40年代开始，甜菜碱被广泛添加到畜禽和水产动物的饲料中，用来促进动物生长、改善胴体品质。

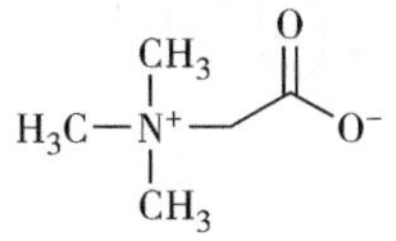

图2.12 甜菜碱的化学结构

十二、γ-氨基丁酸

γ-氨基丁酸（γ-amino butyric acid，GABA）的化学名为4-氨基丁酸，别名为氨酪酸、哌啶酸，分子式为 $C_4H_9NO_2$（图2.13）。γ-氨基丁酸是一种不参与蛋白质合成的氨基酸，广泛存在于植物、动物和微生物体中，南瓜、荔枝、龙眼、绿茶、桑葚、番茄、泡菜、甜瓜、马铃薯、坚果、米糠、全谷物等含量较高。γ-氨基丁酸为白色或近白色的结晶（粉末），微臭，有强吸湿性，极易溶于水，微溶于热乙醇，不溶于冷乙醇、乙醚和苯。研究显示，γ-氨基丁酸可能具有促进神经元发育，改善脑功能，提高记忆力，改善应激、情绪紊乱和睡眠以及调节血压的作用。

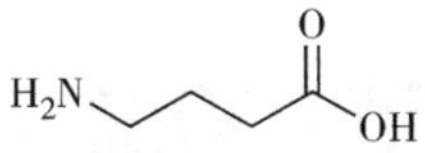

图2.13 γ-氨基丁酸的分子结构

参考文献

邓泽元，2017.功能食品学：各类功能活性成分［M］.北京：科学出版社.
孙金才，2023.功能性食品：功能性食品的生物活性成分［M］.北京：中国轻工业出版社.
张小莺，孙建国，陈启和，2017.功能性食品学：食品源生物活性成分［M］.2版.北京：科学出版社.
中国营养学会，2022.中国居民膳食指南（2022）［M］.北京：人民卫生出版社.
中国营养学会，2023.中国居民膳食营养素参考摄入量（2023版）［M］.北京：人民卫生出版社.

第三章　功能性饲料与主要功能性原料

通过给畜禽饲喂功能性饲料是生产功能性畜禽产品的主要途径之一。功能性饲料与传统饲料相比，往往添加了具有定向调节畜禽产品中功能有效成分的原料，并基于此进行饲料配方设计和饲料配伍，从而生产出相应的产品。从功能性饲料的角度看，它的功能不仅包括用于生产功能性畜禽产品，还包括改善动物健康水平、推动环境改善等方面。从饲料组成来看，常规畜禽养殖的饲料一般使用玉米、豆粕、麸皮以及饼粕类等几种常用原料，而功能性饲料会根据生产目的，在使用常规饲料原料的基础上，更多使用亚麻籽、鱼油、微藻、万寿菊以及超过传统添加量的微量元素等原料。本章就功能性饲料和功能性饲料原料作一概述，以便更好地为功能性畜禽产品生产提供支撑。

第一节　功能性饲料

一、功能性饲料的概念

目前，功能性饲料尚无权威定义。一些研究者认为，功能性饲料相当于保健饲料，具有提高免疫力、抗应激等某一特定功能，仅指有助于畜禽健康的一类饲料。还有人认为，能促进动物生长、增强免疫力、改善动物产品品质，并可减少环境污染的饲料都可以称为功能性饲料。上述定义都强调了饲料的某一或者某些功能，但与通常饲料的概念并无明显区别。由于饲料中许多营养物质既是营养底物，又具有营养生理调控功能，容易让人们感觉到"功能饲料"的提法是一种牵强附会之举，在一定程度上阻碍了功能性饲料产业的发展。

本书作者以传统动物营养学的营养需要理论为指导，以"析因法"为手段，对功能性饲料的概念进行明晰。作者认为，功能性饲料是饲料的一种，是在满足畜禽的维持需要、生长需要、生产需要之上，为了达到特定养殖目的或生产富含一种或多种功能性组分畜禽产品，而富含功能性成分的专用饲料。具体来讲，功能性饲料应满足畜禽就某一营养成分在维持、生长、生产和功能四部分的需要，且在安全剂量以内，不以治疗疾病为目的，具有靶向调节动物机体机能和新陈代谢，发挥改善动物健康水平、生产功能性畜禽产品以及减少环境污染等特定生物学功能。功能性饲料组分剂量所在区间见图3.1。

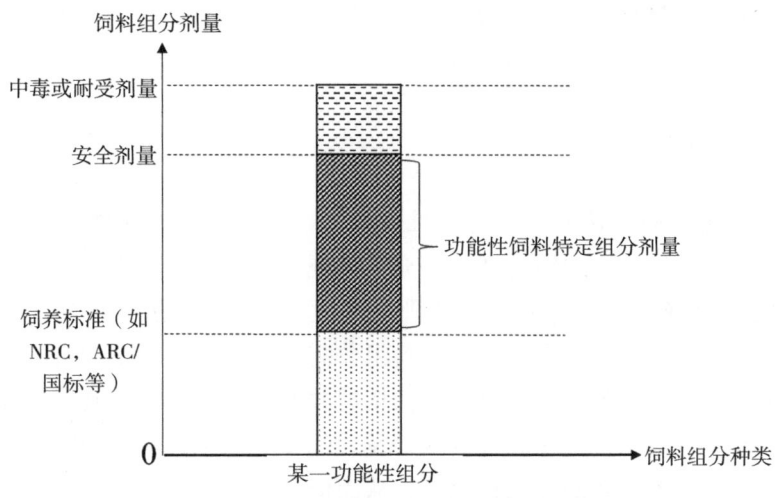

图3.1 功能性饲料组分剂量示意图

功能性饲料具有以下特点：一是能够满足动物的维持、生长和生产需要；二是通过超量或者额外添加特定功能的营养组分或功能因子，进入动物体内产生特定的生物学功能；三是长期饲用对动物、人类以及环境的影响符合国家相关要求；四是针对特定动物的特定阶段。

二、功能性饲料的功能及分类

功能性饲料的功能包括改善动物健康水平、推动环境改善、满足人类功能性畜禽产品需求三个方面，也就是说生产功能性畜禽产品只是功能性饲料的作用之一。对动物本身来说，功能性饲料具有靶向且显著改善动物生长、提高繁殖效率、增强免疫力、抗应激、提升动物产品品质等一种或多种功能。对环境来说，通过饲喂功能性饲料可以有目的地减少畜牧业生产对环境的污染，比如减少甲烷、氨气、二氧化硫等气体排放，降低重金属、氮磷的排泄与污染等。对人类来说，功能性饲料用来生产符合人类需求的功能性动物产品，例如富硒鸡蛋、低胆固醇鸡蛋、ω-3畜禽食物（禽蛋、禽肉、猪肉、牛羊肉等）等。

按照饲料的功能，可以将功能性饲料分为功能性生长型饲料、繁育型饲料、保健型饲料、环保型饲料、动物产品型饲料等五大类。它们分别在促进动物生长、改善繁殖性能、提高动物健康水平、减少畜牧污染以及生产功能性动物产品等方面发挥重要的作用。功能性饲料产品不仅具有一种功能，还可同时具有多种功能。本书所讲的功能性饲料的功能，主要指在生产功能性动物产品中的重要作用。

功能性饲料中发挥作用的关键是饲料组分剂量的合理添加以及具特殊生物学功能的功能因子,归根到底是功能因子发挥作用。功能因子一般是指含有特定营养作用的有效活性成分,例如功能性碳水化合物、不饱和脂肪酸、矿物元素、抗氧化剂、萜类化学物等,与功能性畜禽产品的有效活性成分类似,在此不作赘述。功能因子来源广泛,包括植物、动物、微生物及其籽实、分泌物、提取物、加工副产物等,还包括相应的人工合成物。本章第二节将对其进行详细介绍。

三、问题与展望

饲料的功能化是动物营养学理论与社会发展、人类需求进步的产物,符合营养学从描述科学向控制科学转变的历史规律,充分体现了系统营养学中"营养活性物质组学理论",同时也对传统营养学的营养需要理论进行了进一步拓展。目前,功能性饲料的开发受理论不明、功能因子开发不足、饲料组分需要量与安全剂量评价不足、功能性饲料标准体系缺失等问题的限制。因此,如何拓展并运用营养学理论破除功能性饲料理论难题,借助基因工程技术、生化分析技术以及现代工业技术来破解功能性饲料的技术发展障碍,进一步深入挖掘功能性饲料原料,从而促进功能性饲料产业化,使其在促进农业转型升级、满足人们多元需求、改善人类身心健康方面发挥更大的作用是未来的研究重点。

第二节 主要功能性饲料原料

功能性畜禽产品的生产依赖于功能性饲料、功能性饲料原料。常见的功能性畜禽产品集中在富矿物元素(主要是富硒)、富不饱和脂肪酸、富叶酸以及富类胡萝卜素方面,本节重点围绕生产以上功能性畜禽产品的饲料原料进行介绍,同时,本书还对主要饲料原料的营养成分,尤其是对维生素、矿物元素以及不饱和脂肪酸等营养成分进行了系统梳理和汇总,以供读者参考。主要饲料原料营养成分价值表见附录1。

一、富硒原料

(一)硒概述

硒(selenium,Se)是人和动物机体所必需的一种微量元素,它与谷胱甘肽过氧化物酶的形成相关,具有很强的抗氧化作用,能够提高机体的免疫力。WHO认定硒是一种对动物和人类健康生长具有重要作用的不可或缺的元素。

缺硒会引发动物的多种疾病,主要表现为骨骼肌的变性、坏死、肝脏营养代谢障碍、繁殖性能下降和生长发育缓慢等。硒在我国分布十分不均衡，富硒地区和贫硒地区同时存在。总体来看，全国约 2/3 的地区、近 7 亿人口处于缺硒状态。人体缺硒会引发多种疾病，如冠心病、高血压、心肌梗死、糖尿病、克山病、大骨节病等。

由于人体内不能合成硒，只能通过膳食摄入，食用天然富硒食品是补硒的最佳方式。通过动物转化的方式生产富硒产品，以酵母菌、蚯蚓等为载体，在其培养物中添加无机硒，使酵母菌或蚯蚓在生长过程中摄入培养物中的无机硒，以此来完成对硒的富集，并在体内实现无机硒向有机硒的转化。将这些富硒生物作为添加物对动物进行饲喂，使得有机硒首先被这些动物所消化吸收。人们食用富硒鸡蛋、富硒奶、富硒肉等食品，便可以将有机硒摄入体内。

（二）硒的来源及含硒原料

根据日常生产中的应用，硒的主要来源有无机硒、有机硒、纳米硒 3 种。硒补充剂据其不同形态，在动物体内的吸收、消化代谢以及畜产品的安全性、效果评价等方面均存在差异。

1. 无机硒

无机硒一般从金属矿藏的副产品中获得，存在状态为氧化态，主要包括硒酸钠和亚硒酸钠。亚硒酸钠是目前世界上应用最广泛的无机硒添加剂。但是无机硒中的亚硒酸根离子易氧化，生物吸收利用率低，且会与其他矿物质发生拮抗作用，对机体产生毒性，导致体内硒沉积和储存能力差。因此添加无机硒不但达不到理想的补硒效果，还会对动物体造成潜在的危害，同时对环境产生污染。目前有部分国家已经禁止在动物饲粮以及食品中使用无机硒。

2. 有机硒

有机硒是指硒的有机化合物，即硒与碳、氢、氧、氮等有机元素结合，或是与含有有机元素的物质结合，如蛋白质、氨基酸等的化合物。有机硒是一个庞大的家族，有天然有机硒，如动植物体内的硒蛋白；有人工生物转化的硒，如富硒酵母、富硒食用菌等；还有人工合成的有机硒。常见的有机硒包括硒蛋白、含硒氨基酸、硒醇、硒醚、硒酚等以及它们的衍生物。有机硒在动物体内一般以硒蛋氨酸及含硒的生物活性大分子等形式存在，其被允许添加在动物和人类的饲粮和食品中，一般以硒蛋氨酸形式存在。与无机硒相比，有机硒具有更高的抗氧化特性，较高的生物利用度和沉积率，并且具有较高的生物安全性。为保障动物健康以及提高食品中的硒含量，在饲粮中添加有机硒是一种比较安全的方法。相关研究表明，有机硒可以显著提高蛋鸡等畜禽的生产性能以及鸡蛋等畜禽产品中的硒含量。

3. 纳米硒

纳米硒是利用纳米技术以蛋白质为核、元素硒为膜、蛋白质为分散剂制备新型纳米粒子。能提高机体免疫力，具有吸收利用率高、毒性小、对环境低污染等优点。饲料中添加纳米硒可以降低蛋鸡的料重比，提高蛋鸡产蛋率和平均蛋重，同时提高蛋黄中的硒含量。

4. 含硒饲料原料

（1）小麦胚芽。又称麦芽粉、胚芽，金黄色颗粒状。麦芽是小麦发芽及生长的器官之一，约占整个麦粒的2.5%，营养价值高。胚芽是小麦生命的根源，是小麦中营养价值最高的部分。小麦胚芽中有丰富的镁、磷、钾、锌、铁、锰等矿物质，为机体所必需，尤其微量元素硒（每100 g含硒70 ug以上）较其他食物含量高。

（2）大蒜。大蒜是百合科葱属植物的地下鳞茎，是食药两用植物，原产于西亚和中亚，自汉代张骞出使西域，把大蒜带到了中国，至今已有两千多年的历史。现代医学研究证实，大蒜集100多种药用和保健成分于一身。大蒜还富含硒（每100 g白皮大蒜中含硒3.1 μg）。试验发现，癌症发生率最低的人群就是血液中含硒量最高的人群。

（3）芝麻。是胡麻科胡麻属一年生直立草本植物。芝麻原产于印度，是张骞出使西域时引进的油麻种。芝麻具有食用、药用价值。芝麻含有大量的脂肪、蛋白质、维生素和多种矿物质元素，其中包括硒（每100 g芝麻中含硒4.7 μg）。芝麻具有调节胆固醇、防止各种皮肤炎症、润肠、通乳等功效。

（4）羽毛粉。是将家禽的羽毛净化消毒，再经蒸煮、酶解、粉碎或膨化制成的细粉粒状物质。羽毛粉中含粗蛋白质80%～85%，含硫氨基酸含量尤其高，缬氨酸、亮氨酸、异亮氨酸的含量也较高，同时含各种微量元素，其中硒量较高（每100 g中含硒84 μg）。在畜禽饲料中添加羽毛粉，可促进动物的成长，提高皮毛动物的健康水平，提高繁育能力，促进皮毛状况的改进，使得毛色健康有光泽。还可以改善肌肉的质量，提高饲料的蛋白质利用率，提高产蛋率和蛋品质，特别是在家禽的强制换羽以及防止啄癖方面有很重要的作用。

（5）其他。菌菇类、蛋类、动物内脏和牡蛎等海产品中含较高的硒。

二、富含多不饱和脂肪酸原料

（一）多不饱和脂肪酸概述

多不饱和脂肪酸（PUFA）是一类含有两个或两个以上双键且碳原子数为16～22的直链脂肪酸。多不饱和脂肪酸是一类对机体健康有重要意义的物质，在降低血脂、胆固醇、调控脂肪的沉积以及机体免疫等许多方面有着广泛的作用。在饲粮中添加多不饱和脂肪酸可能会影响家禽的免疫力，降低血液和蛋黄中的胆固醇和总脂含量，进而生产出对消费者健康有益的畜禽产品。常见的多不饱和脂肪酸有：ω-3 PUFAs中的α-亚麻酸（ALA）、二十碳五烯酸（EPA）、二十二碳五烯酸（DPA）和二十二碳六烯酸（DHA）；ω-6 PUFAs中的亚油酸（LA）、γ-亚麻酸（GLA）、双高-ω-亚麻酸（DHGLA）和花生四烯酸（AA）等。大多数植物油中ω-6 PUFAs含量较多，ω-3 PUFAs含量较低。

（二）含 ω-3 PUFAs 的来源与原料

多不饱和脂肪酸的来源有植物、动物、微生物等。此处主要介绍含有 ω-3 PUFAs 的饲料原料。

1. 植物

各种谷物、植物种子油、青绿蔬菜等均含丰富的多不饱和脂肪酸。α-亚麻酸（ALA）和亚油酸（LA）是常见于各种植物体内的多不饱和脂肪酸。

（1）紫苏。紫苏别名桂荏、赤苏，唇形科紫苏属一年生草本植物（图3.2）。紫苏油是以紫苏为原料提取的食用油，在中国至少有两千年的历史。紫苏籽油中亚麻酸含量为核桃油的 5～6 倍，是橄榄油的 50 倍以上，含量为 56.14%～64.82%，它在体内转化为代谢必要的生命活性因子 DHA 和 EPA（植物脑黄金），不含胆固醇，具有更显著的保健功能和医药功效，紫苏油具有预防心血管疾病、抗氧化、抑制癌细胞增殖、健脑益智、抗菌抗炎、抗过敏、保肝护肝、保护视力、影响骨代谢等功效。

（2）亚麻籽。亚麻是亚麻科亚麻属的一年或多年生草本植物，可分为纤维用亚麻、油用亚麻和油纤兼用亚麻 3 种类型，在我国至少有 1000 年的栽培历史，主要种植于北方和西南地区，也称作胡麻，其籽实为亚麻籽（图3.3）。亚麻籽油中多不饱和脂肪酸含量高达 73%，其中 α-亚麻酸（ALA）含量 53%，亚油酸（LA）含量 17%。核桃油、花生油和大豆油中的主要多不饱和脂肪酸为亚油酸（LA），含量在 38%～62% 不等，但这些油中 ω-3 脂肪酸的含量远远低于亚麻籽油，所以亚麻籽是获取 ω-3 多不饱和脂肪酸的一个重要途径。亚麻籽具有抗氧化、抗炎、抗癌、抗高血压和预防心血管疾病等多种功效。

图 3.2　紫苏

图 3.3　亚麻籽

（3）香薷。香薷为药食两用的草本植物（图3.4），全国大部分省份均有分布，滇西北、滇东北地区尤为丰富。香薷的坚果内富含油脂，云南一些地方民间在腊月间采集晒干打下坚果，榨油食用，而用枝叶粉碎做饲料。香薷坚果中含脂肪油35%～40%，脂肪油中不饱和脂肪酸90%，其中多不饱和脂肪酸78%～80%，而 ω-3 PUFAs 中的 α-亚麻酸（ALA）占55%～60%。香薷作为新近开发利用的一种油料作物，其 ω-3 PUFAs 含量可与亚麻籽媲美，具有良好的应用前景。

图3.4　香薷

（4）海藻。海藻是海苔、裙带菜、紫菜、石花菜等海洋藻类的总称，是生长在海洋中的藻类的隐生植物。主要生长在浅海区域，为海洋和陆地交接的地方。藻油是DHA的主要来源之一。从藻油中提取的DHA相比鱼油有着腥味小、胆固醇含量少、污染率低的优点。而且海藻中含有较高的类胡萝卜素和多种维生素、矿物质等，有丰富的营养价值和药用价值。

2. 动物

EPA、DHA是常见的长链多不饱和脂肪酸，具有促进大脑发育、增强免疫、降低心血管疾病概率的生物活性等，目前其主要来源为海洋鱼类。凤尾鱼 EPA 含量高达 20%，金枪鱼 DHA 含量最高为 22%。

3. 微生物

海洋细菌、真菌和微藻是食物链中 ω-3 PUFAs 的生产者。虽然海洋鱼类和哺乳动物具有一定的 ω-3PUFAs 生物合成能力，但大部分的多不饱和脂肪来源是从食物中获取。真菌和微藻是长链多不饱和脂肪酸主要天然生产者，通过生物技术改造和生物工程技术培养生产长链多不饱和脂肪酸具有广阔的前景，可为植物油和鱼油的替代。

（1）微藻。微藻是一种能够光合作用的单细胞微生物，是常见的生产DHA的微生物来源，国内外生产DHA所用到的微藻种类有裂殖壶菌、破囊壶菌、隐甲藻等，其中裂殖壶菌和破囊壶菌的应用最为广泛。根据微藻菌株种类和培养条件的不同，微藻可以产生高达干质量50%（质量分数）的EPA、ALA、ARA、DHA和LA等多种多不饱和脂肪酸的脂类。此外，微藻中含有多种动物生长发育所必需的维生素以及200多种类胡萝卜素和多种矿物质。微藻具有改善畜禽肉品质、提升蛋品质、提高牛奶品质和产量，通过抗病毒和抗菌作用提高免疫能力，丰富益生菌的定殖改善肠道功能以及提高饲料转化率等多种作用。

（2）被孢霉属。被孢霉属是一类产ARA的微生物，其中高山被孢霉菌常用于基础研究和应用，被作为工程菌株，被视为大规模生产ARA的最佳菌株之一。棉籽粕是食用油加工后的一种常见的农副产品，可被用于畸雌腐霉生产EPA的氮源。

三、富叶酸原料

（一）叶酸概述

叶酸是人和动物必需的一种水溶性B族维生素之一，是重要的一碳单位转移酶系的辅酶，在体内参与甲基化反应、核酸的合成及氨基酸的代谢等，是细胞增殖与代谢的重要辅助因子，同时叶酸在血红蛋白、神经递质及长链脂肪酸的合成方面也具有重要作用。天然叶酸主要由植物或微生物合成，人和动物体内缺乏合成叶酸的酶，因此需要通过食物进行补充。当机体叶酸供应不足时，会增加巨幼红细胞性贫血、胎儿畸形、癌症、心脑血管疾病、认知障碍疾病的风险。研究结果表明，饲粮中添加叶酸能够有效提升动物的繁殖性能、生长性能、生产性能、饲料转化率以及免疫力。

（二）叶酸的来源及含叶酸原料

目前，膳食和饲料中的叶酸来源主要是原料中的天然叶酸和化学合成的叶酸添加剂。新型活性叶酸即天然化叶酸的相关研究还处于起步阶段。

1. 天然叶酸

天然叶酸 (folate, folacin) 指的是一组活性物质，包含二氢叶酸、四氢叶酸、5,10-亚甲基四氢叶酸、10-甲酰基叶酸以及6S-5-甲基四氢叶酸 (6S-5-methyltetrahydrofolate, 6S-5-MTHF) 等。其中，6S-5-MTHF是活性最强的叶酸形式，是人体生命活动必需的基础物质。人体摄入膳食天然叶酸后，需要在肠道中将多聚谷氨酸水解为单谷氨酸，然后通过肠黏膜的主动运输被吸收。天然叶酸广泛分布于绿叶、蔬菜、水果、酵母和动物肝脏中，但由于其结构稳定性差，易受阳光、加热的影响而发生氧化，在加工过程中容易被破坏，生物利用率较低，且其在体内的吸收利用受药物、乙醇、其他营养素缺乏等因素影响。天然叶酸稳定性差的缺点极大地限制了其生产和应用。

（1）酵母。是一类单细胞微生物，结构简单，属于真菌类。饲料酵母原料包括酿酒酵母培养物、酿酒酵母提取物、酿酒酵母细胞壁、食用酵母粉和酵母水解物。饲料酵母通常用假丝酵母或脆壁克鲁维酵母经培养、干燥制成，不具有发酵力，细胞呈死亡状态的粉末状或颗粒状产品。含有丰富的蛋白质（30%～40%）、氨基酸和叶酸等B族维生素，广泛用作动物饲料的蛋白质补充物。它能促进动物的生长发育，缩短饲养期，增加产肉量和产蛋量，改良肉质和提高瘦肉率，改善皮毛的光泽度，并能增强幼禽畜的抗病能力。

（2）大豆。是豆科大豆属植物，原产于中国，在中国各地均有栽培，同时广泛栽培于世界各地。大豆是中国重要粮食作物之一，已有五千年栽培历史，古称菽，中国东北为主产区。大豆蛋白质含量为35%～40%，大豆饼粕是优质的蛋白饲料，大豆脂肪也具有很高的营养价值，这种脂肪里含有很多不饱和脂肪酸，同时含有多种维生素和矿物质元素，其中包括叶酸（每100 g大豆中含叶酸127 μg）。

（3）动物肝脏。动物肝脏中富含蛋白质、铁、维生素和矿物质等营养素，具有补肝明目、养血等作用。同时，动物肝脏中叶酸含量很高，特别是猪肝（每 100 g 猪肝中含叶酸 425.1 μg）。

（4）坚果类。坚果中也含有丰富的叶酸，如杏仁、核桃等。

（5）深绿色叶蔬菜及水果。深绿色叶蔬菜如韭菜（每 100 g 韭菜中含叶酸 61.2 μg）、菠菜、芹菜以及水果如橙子、香蕉等也是良好的叶酸来源。

2. 合成叶酸

合成叶酸是完全氧化的单谷氨酸的前体形式。添加剂、补充剂和强化食物中常见的叶酸形式为蝶酰谷氨酸，是一种化工合成的氧化型叶酸。合成叶酸没有生物活性，机体必须通过多步酶促转化将其代谢并还原为具有活性的 6S-5-MTHF。所以，叶酸代谢酶的活性及基因多态性会影响合成叶酸在人体内的代谢。合成叶酸常用于膳食补充剂及强化食品中，相比天然叶酸稳定性较好，生物利用度较高，但存在代谢风险。近年来，研究表明，FA 摄入量超过人体可代谢的量时会引起神经系统损伤、诱发孕妇贫血、加重肾脏负担等。

蛋鸡可以将日粮中添加的蝶酰谷氨酸转化成 6S-5-MTHF 储存在蛋黄中，并且十分稳定，在常温或低温的条件下储存 27 d 或经过多种加工方式，蛋黄中叶酸含量均无明显变化，而且与其他富含叶酸的食物相比，鸡蛋叶酸的有效性最高。因此，鸡蛋作为日常营养供给，可作为补充叶酸的良好载体。

3. 天然化叶酸

天然化叶酸 (naturalization folate) 是 6S-5-MTHF 的稳定晶型产品，目前有 6S-5-甲基四氢叶酸钙盐和 (6S)-5-甲基四氢叶酸，氨基葡萄糖盐。天然化叶酸在体内不受叶酸代谢酶的影响，直接转化为 6S-5-MTHF 被人体吸收利用。天然化叶酸的出现克服了补充天然叶酸和合成叶酸的不足之处。

四、富叶黄素原料

（一）叶黄素概述

叶黄素 (Xanthophyll)，又名"植物黄体素"，是一类含氧类胡萝卜素，19 世纪初研究者首次在胡萝卜中发现叶黄素。叶黄素是一种性能优异的抗氧化剂，可预防机体衰老引发的心血管硬化、冠心病等症状。最重要的是叶黄素是唯一可以存在于眼睛水晶体的类胡萝卜素成分，是视网膜黄斑的主要色素和抗氧化成分，对于眼睛起着重要保护作用。叶黄素来自于天然植物，在自然界中与玉米黄素共同存在，色泽鲜艳、安全无毒、具有着色能力强等优点，已经被允许作为添加剂应用于饲料中，能有效改善动物的生长性能、皮肤色泽、增强抗病能力等。而且在饲料中使用营养型着色剂，可以将具有抗病和保健作用的色素沉积在畜禽产品中，形成具有药用或保健功能的新型食品。

人体与动物体内不能合成叶黄素，只能从食物或饲料中获得。鸡蛋中的叶黄素存在于脂质复合体中(甘油三酯、磷脂、胆固醇),研究表明,鸡蛋中的叶黄素比植物中叶黄素在人体中的利用率高 1 倍左右,因此在各个国家也大量开发了叶黄素强化鸡蛋。

(二)叶黄素的来源及含叶黄素原料

叶黄素在自然界中广泛存在于蔬菜、水果、花卉中。

1. 万寿菊

万寿菊又叫金盏菊(图 3.5),为菊科万寿菊属植物,原产墨西哥,中国各地均有分布。万寿菊含类胡萝卜素、黄酮、多糖、蒽醌、氨基酸、生物碱等多种化学成分,可分为色素型和观赏型 2 种类型。万寿菊的主要提取物为叶黄素,而且相比其他含叶黄素植物含量最高(类胡萝卜素 3 500 ~ 4 500 mg/kg,其中叶黄素比例在 90% 左右),且花瓣中叶黄素含量最高,花瓣颜色越深叶黄素的含量就越高。万寿菊叶黄素作为一种天然植物提取物,具有着色、抗炎、抗氧化、免疫等生物学功能。

图 3.5 万寿菊

2. 玉米

是禾本科玉蜀黍属一年生高大草本植物。起源于南美洲中部的亚马孙河流域,中国各地均有栽培,全世界热带和温带地区广泛种植,为重要谷物。玉米含有丰富的淀粉、蛋白质、糖类、油脂、维生素、矿物质等,同时含有丰富的叶黄素(黄玉米中平均叶黄素含量约 20 mg/kg),是强大的抗氧化剂,可以吸收进入眼球内的有害光线,能够保护眼睛中叫做黄斑的感光区域。

3. 苜蓿

苜蓿别名紫花苜蓿(图 3.6),是豆目豆科苜蓿属植物。汉代由"西域"传入中原地区,中国各地都有栽培或呈半野生状态。欧亚大陆和世界各国广泛种植为饲料与牧草,以"牧草之王"著称。苜蓿含有苜蓿多糖、皂苷、黄酮和未知促生长因子(UGF)等生物活性物质,苜蓿草中含有多种维生素和矿物质元素,同时含有大量的类胡萝卜素和叶黄素(苜蓿粉中叶黄素含量在 50 ~ 275 mg/kg),能够改善鱼类及畜禽产品的色泽,以及改善畜禽生产性能和机体免疫功能。

图 3.6 苜蓿

4. 玉米蛋白粉

玉米蛋白粉是玉米籽粒经食品工业生产淀粉或酿酒工业提醇后的副产品,其蛋白质营养成分丰富,并具有特殊的味道和色泽,可用作饲料使用。主要由玉米蛋白组成,含有少量的淀粉和纤维。玉米蛋白粉叶黄素含量是黄玉米的 5 倍以上,能有效地被吸收,可以使鸡蛋呈金黄色,可使鸡皮肤呈黄色。

5. 其他

甘蓝、羽衣甘蓝、菠菜等深绿色叶菜、南瓜、胡萝卜、芒果、猕猴桃、橙子、番茄、小球藻中也含有叶黄素。

五、富虾青素原料

（一）虾青素概述

虾青素是一类典型的天然萜类化合物，属于含氧类胡萝卜素，又称虾红素、虾黄质和龙虾壳色素，广泛存在于多种微生物和海洋动物中。天然虾青素是唯一一种能通过血脑屏障的类胡萝卜素。虾青素主要以游离虾青素和酯化虾青素两种形式存在。游离的虾青素主要是以化学方式合成，但在动物体内合成较少。酯化虾青素在水生动物、雨生红球藻、酵母菌等的皮、壳中含量丰富。虾青素的抗氧化能力是其他抗氧化剂的几十倍甚至数百倍，因此虾青素又有"超级抗氧化剂"之称。同时，虾青素具有抗炎、抗凋亡和神经保护等作用。

虾青素呈鲜红色，与机体内的肌红蛋白发生非特异性结合，使其含有较强的色素沉积能力。虾青素常用来应用到水产动物以及家禽、家畜的饲料中，使其外表色彩更加鲜艳、蛋黄颜色更深，营养价值更高，同时能提高畜禽的生产性能，改善畜禽的生殖功能，提高抗氧化能力和抗病力。此外，虾青素拮抗真菌毒素的特性可用于预防和治疗畜禽各种霉菌毒素中毒。在动物日粮中添加虾青素还可以拮抗饲料中真菌毒素带来的危害，这对人类和动物的健康和可持续发展具有重要意义。

（二）虾青素来源及含虾青素原料

虾青素有化学合成和天然（生物合成）两种来源。天然虾青素广泛存在于多种微生物和海洋动物中。目前，研究者已经实现了通过微生物合成虾青素，不同微生物底盘合成虾青素的能力见表3.1。

1. 藻类

漂浮植物藻类是天然虾青素的来源之一，包括雨生红球藻、小球藻等。其中，雨生血球菌目前被认为是最理想的天然虾青素来源，其在高盐、缺氮和高温等条件下可积累高含量的虾青素。雨生红球藻中虾青素含量较高，为1.5%～3%，被称作虾青素浓缩物。雨生红球藻在高压条件下可产生高达干物质质量4%～5%的虾青素。

2. 酵母

红法夫酵母、深红酵母也含有丰富的虾青素。红法夫酵母中虾青素的积累量低于雨生红球藻，但是通过流加培养或混合碳源培养，有利于红法夫酵母细胞生长及虾青素的合成。

3. 海洋动物

主要提取自鲑鱼、鳟鱼、磷虾、龙虾、贝类等。贝类、虾和螃蟹等海洋动物食用漂浮植物后虾青素在体内尤其壳中沉积，因此，贝壳类水产动物是虾青素的间接来源。

表 3.1　不同研究者成功实现微生物底盘合成虾青素能力汇总

微生物	产量现状
雨生球红藻	87.4 mg/L
佐芬根小球藻	194.5 mg/L，3 L 发酵罐
红法夫酵母	9 mg/g，DCW 挡板瓶发酵
胡萝卜副球菌	480 mg/L，3 L 发酵罐
谷氨酸棒状杆菌	1.6±0.3 mg/g，DCW 摇瓶发酵
大肠杆菌	1.18 g/L，5 L 发酵罐
酿酒酵母	446.4 mg/L，5 L 发酵罐
解脂耶氏酵母	3.3 g/L，5 L 发酵罐

六、富番茄红素原料

（一）番茄红素概述

番茄红素是类胡萝卜素的一种，是植物所含的一种天然色素，主要存在于茄科植物番茄的成熟果实中，使番茄及其制品呈红色。番茄红素被称为"植物黄金"，具有较强的抗氧化活性，此外还具有抗炎、免疫调节、降血脂、抑制癌细胞生长等功能。番茄红素在控制退化性疾病方面非常有效，并能阻止有害胆固醇的形成。在食品加工中可用作色素，也常用作抗氧化保健食品的原料。番茄红素在改善动物健康、提高动物的生殖率和提升动物产品品质等方面具备优势。如在产蛋母鸡每天的基础饲料中添入适量的番茄红素，可降低胆固醇在蛋和肉中的含量。人和动物自身都不能合成番茄红素，因此需要从膳食中摄入。

植物体内的茄红素比较稳定，但经提纯分离后的天然番茄红素易受氧化剂、阳光和温度的影响，容易重排成顺式异构体，也容易被氧化，从而导致着色剂和生物学特性的减少或损失。番茄红素的化学稳定性差、口服利用率低，减轻了其有益效果。

（二）番茄红素来源及含番茄红素原料

番茄红素的制备途径主要是植物提取、化学合成和微生物发酵。

1. 植物提取

番茄红素的主要来源是番茄（80%），它是番茄红素的主要提取来源，也是最便宜的原料。从原料中提取番茄红素的技术通常包括化学提取、微波和超声辅助提取、超临界流体提取和酶辅助提取等。产能不足导致其市场应用受限。

2. 化学合成

化学合成的工艺比较简单，成本低，是番茄红素的重要来源之一，因此一直是各国制药企业和化学家研究的热点，但不利于长期服用，且含有无法脱离的化学残留。

3. 微生物发酵

多种生物技术可规模生产番茄红素，其中微生物发酵是番茄红素生产中典型的传统生物技术。通过诱变、基因重组和基因敲除等方法调节修饰生产番茄红素的关键酶来改变番茄红素的合成工艺和产量。此外，现代生物技术，包括基因工程、蛋白质工程和代谢工程，也已应用于番茄红素的生产。

4. 含番茄红素植物

主要存在于红色或橙色的水果和蔬菜中，如成熟的番茄、西瓜、番石榴、木瓜和葡萄柚，番石榴的果实中含量较高；它还存在于一些非红色或非橙色植物中，如芦笋和欧芹。番茄红素在成熟番茄中的含量最高（每 100 g 含 3～14 mg 番茄红素），素有"藏在番茄里的黄金"之美称。不同地区的番茄中含量不同，其中新疆地区番茄中含量可达到 40 mg/100 g。

七、其他功能性饲料原料

（一）沙棘

1. 概述

沙棘，别名醋柳，胡颓子科沙棘属落叶灌木（图 3.7），被称为"维生素 C 之王"。产于中国黄土高原及河北、内蒙古、山西、陕西、甘肃、青海、四川西部各省区。沙棘含有多种维生素、蛋白质、氨基酸、脂肪、糖类、矿物质等营养成分和植物甾醇、磷脂、黄酮等生物活性物质，具有较高的药用和食用价值。

沙棘的功能性成分主要是黄酮类物质，具有抗血栓形成、降血脂、抗动脉粥样硬化、降血压、降血糖、增强免疫功能、抗肿瘤、抗菌、抗辐射等功能。

图 3.7 沙棘

2. 在畜禽生产中的应用

（1）提高生产性能。沙棘枝叶及果渣中含有丰富多样的生化物质。研究表明，沙棘无论是果实还是枝叶，其维生素 C、维生素 E、维生素 K 及胡萝卜素几乎多于一切果蔬，就连其枝叶中含有的主要营养要素粗蛋白质也高于牧草之冠的苜蓿干草和常规饲料玉米、小麦麸等，特别是其畜禽生长营养素评价指标的第一、二、三限制性氨基酸（赖氨酸、蛋氨酸、苏氨酸）等含量均明显高于常规粮食饲料，而且其微量元素和主要维生素为其他常规饲料所不及。经过饲喂对比试验,沙棘饲料无论饲喂羊、鸡,其效果都不同程度地好于常规饲料。尤其在羊的增重和产仔方面,沙棘均优于常规饲料,在鸡的产蛋率上明显高于常规饲料,添加沙棘枝叶可在一定程度上提高奶牛生产性能和代谢水平,有减少奶牛尿氮排泄的趋势。

(2)改善产品品质。研究表明,沙棘果渣能提高鸡蛋蛋黄中类胡萝卜素的沉积,并有降低胆固醇、提高机体抗病能力的作用。沙棘果粉对蛋黄的着色力很强,其含有具有着色或辅助着色作用的类黄酮化合物,它们和类胡萝卜素共同作用,起着色作用。且随着添加浓度的增加,蛋黄中的维生素 A 增加。维生素 A 是人类膳食中的营养素,所以沙棘不仅可以作为蛋黄的着色剂,而且可以作为饲料中维生素 A 的强化剂,所以沙棘色素是一种营养型的着色剂。蛋黄中类胡萝卜素含量的增加和胆固醇含量的降低,提高了蛋鸡的营养和保健作用,对人体大有裨益。

(二)螺旋藻

1. 概述

螺旋藻,是单细胞微藻类蓝绿色光合自养植物,属蓝藻门蓝藻纲颤藻科植物。生长于各种淡水和海水中,常浮游生长于中、低潮带海水中或附生于其他藻类和附着物上形成青绿色的被覆物。天然能够自然生长螺旋藻的四大湖泊有非洲的乍得湖、墨西哥的特斯科科湖、中国云南丽江的程海湖和鄂尔多斯的哈马太碱湖。

螺旋藻是目前所知营养成分最全面、最均衡的天然食品之一,具有高蛋白、低脂肪及脂肪质量高的特性,同时富含多种维生素及矿物质及多糖。对人体健康非常有益,具有减轻癌症放疗、化疗的毒副反应,提高免疫功能,降低血脂等功效。螺旋藻中蛋白质的含量高达 60%～70%,而且所含蛋白基本是水溶性蛋白,具有质量好、消化率高等特点,能够很好地被动物和人体吸收利用。螺旋藻脂肪含量为 6%～7%,所含脂肪几乎全部是不饱和脂肪酸,胆固醇含量极低。其不饱和脂肪酸主要是 γ-亚麻酸(GLA)、二十二碳六烯酸(DHA)和二十二碳五烯酸(DPA)。

2. 在畜禽生产中的应用

鸡饲料中使用适量的螺旋藻,可以有效地提高鸡的成活率和日增重,增强鸡的免疫力和抗病力,提高饲料转化率,降低饲料消耗,还能改善鸡肉的品质。喂食螺旋藻,显著提高肉鸡的脾脏指数、胸腺指数、法氏囊指数、血清免疫球蛋白含量,增强了肉鸡的免疫力,同时可增加肉鸡血清中超氧化物歧化酶(SOD)和谷胱甘肽过氧化物酶(GSH-Px)活力,能消除体内多余的氧自由基。饲粮中添加螺旋藻,可使鸡蛋中钙、磷和不饱和脂肪酸、粗蛋白质含量明显增加,同时显著降低胆固醇含量。

断奶仔猪使用螺旋藻,有效增加摄食量,降低腹泻率,促进营养物质的消化吸收,可以提高日增重。螺旋藻还可以改善猪肉的品质,猪的瘦肉率随着螺旋藻添加量的增加而增加,屠宰率也相应有所提高,相应的脂肪率随着添加量的增加而减少。

(三) 蚯蚓

1. 概述

蚯蚓，别称地龙、曲鳝等，是环节动物门寡毛纲的陆栖无脊椎动物，有"生态系统工程师"的美称。蚯蚓的蛋白质含量占干重的53.5%～65.1%，脂肪含量为4.4%～17.38%，碳水化合物含量为11%～17.4%，灰分含量7.8%～23%。蚯蚓体内还含有丰富的维生素D，以及钙和磷等矿物质元素。蚯蚓体内含有地龙素、地龙解毒素、黄嘌呤、抗组织胺和维生素B等多种药用成分。

2. 在畜禽生产中的应用

蚯蚓具有蛋白质含量高、营养丰富、繁殖力强、易养殖以及环保等优势，可提取抗菌肽、类血小板活化因子和蚯蚓素等生物活性物质，被认为是常规蛋白质饲料最具潜力的替代品。添加蚯蚓或部分替代家禽日粮中蛋白质饲料可提高家禽生长性能和屠宰性能，调节营养物质代谢和抗氧化能力，增强免疫力和抗病力，促进肠道组织发育，以及改善肠道菌群结构和产品品质等作用。

（四）桑叶

1. 概述

桑叶别名霜桑叶，桑科桑属双子叶植物桑树的叶子。桑树原产于中国中部和北部，现由东北至西南各省区，西北直至新疆均有种植，朝鲜、日本、蒙古国、中亚各国、俄罗斯等地亦有栽培。桑叶含有丰富的蛋白质、维生素、微量元素等常规营养成分，并含有多糖、黄酮类、生物碱类等具有特殊生理活性的功效成分，能够降血脂、降血糖、降血压、抗癌、消炎杀菌、抗氧化等多种作用，是开发药物或功能食品的天然原料。

图3.8 桑叶

桑叶自古以来就被人们用于养蚕等行业，作为非常规饲料资源优势较多。桑叶利用率高达90%，且产量非常高，每年可以采摘3～5次，不仅能降低养殖成本，还能为家禽提供充足的营养，提高其生产性能。

2. 在畜禽生产中的应用

桑叶的饲料化利用方式主要有新鲜桑叶、桑叶粉、发酵桑叶、提取有效成分几种方式。发酵是桑叶饲料化利用方法中效果较好的一种，可以提高饲料营养价值，降低饲料中的抗营养因子含量，改善饲料消化率和利用率。

干桑叶中粗蛋白质含量最高可达32.38%，显著优于苜蓿、黑麦等常规草本饲料。桑叶的氨基酸种类丰富，特别是含有脱脂大豆没有的动物所需的蛋氨酸，且其氨基酸的构成与大豆类似，我国豆粕价格较高，而桑叶的价格较低，所以桑叶可以代替一部分豆粕用于畜禽的饲养。桑叶中含有9.3%～10.7%的粗脂肪，其中不饱和脂肪酸占总脂肪酸的50%以上。桑叶中的钙含量显著高于黑麦、苜蓿。桑叶中的矿物质含量也较为丰富，其中钙、铁、锌、钾、锰等含量较玉米更高。

黄酮类化合物是桑叶的主要活性成分之一，具有较强的抗氧化、降血糖、降血脂等作用。桑叶黄酮还可以抑制大肠杆菌、金黄色葡萄球菌的生长和繁殖。桑叶中的生物碱类化合物的含量主要受品种、采摘时间、叶位、干燥方法等因素的影响，具有较好的预防高血脂、高血糖效果。桑叶多糖能够降血糖、抗凝血，改善机体抗氧化能力，提高免疫功能，并且可以抑制大肠杆菌、沙门菌、金黄色葡萄球菌的生长繁殖。由此可见，桑叶一定程度上可以替代抗生素的使用，有利于保证食品安全。

桑叶在牛、羊、兔等草食性动物中已经有很好的应用效果，能够被草食动物直接饲喂利用，提高生长性能，并对瘤胃内环境产生良好的改善作用，使瘤胃内纤维分解酶大量繁殖，提高采食量，增强消化率，同时可作为反刍动物蛋白质补充饲料。桑叶粉能够有效促进生长性能和改善肉质，还能促进畜禽生长，提高畜禽免疫力。另外，桑叶粉可显著提高肉鸡、鹅、育肥猪、育肥牛和育肥羊生长性能并改善肉品质和风味，也可显著改善蛋鸡蛋品质，同时减少粪便中氨气含量，减少家禽粪便臭味，改善环境。

参考文献

成温玉，张恒嘉，陈晓帅，等，2023.蚯蚓在家禽生产中的应用［J］.中国家禽，45（8）：96-102.

高振涛，2023.不同硒源对济宁百日鸡生产性能、蛋硒含量影响的研究［J］.家禽科学，45（2）：10-15.

龚发源，徐智鹏，黄鑫，等，2023.不同形式酵母硒对蛋鸡生产性能及硒沉积效率的影响研究［J］.中国饲料，23：216-220.

刘培培，臧素敏，王娟，等，2016.螺旋藻粉对鸡蛋部分营养成分及矿物质的影响［J］.饲料研究，20：20-22，29.

卢军霞，王娟，褚素乔，等，2021.富硒鸡蛋的研究现状分析［J］.今日畜牧兽医，37（5）：78-79.

罗玙卓，李冰，朱宇旌，2021.桑叶在动物生产中的不同利用方式研究进展［J］.中国畜牧杂志，57（7）：27-31.

毛帅强，孙雯可，毋春楠，等，2022.日粮添加叶酸对散养芦花鸡蛋黄中叶酸含量、蛋品质及产蛋量的影响［J］.黑龙江畜牧兽医，21：93-98.

齐志国，郭江鹏，陈余，等，2017.功能性饲料及其功能因子概述［J］.饲料研究，12：1-7，12.

舒钰洁，王颖，姚明东，等，2024.酵母合成虾青素的研究进展［J］.中国生物工程杂志（6）：1-15.

孙丹丹，张军民，赵青余，等，2020.叶酸在蛋鸡体内吸收代谢及其机制研究进展［J］.动物营养学报，32（6）：2467-2475.

王俊，张明亮，李力，2023.功能性n-3多不饱和脂肪酸的研究进展［J］.福建轻纺（1）：14-18，30.

薛永强，余苗，马永喜，等，2021.ω-3多不饱和脂肪酸对畜禽生理功能的影响及其应用的研究进展

［J］．动物营养学报，33（9）：4870-4881.

赵雪芹，赵丹，吕宁，等，2016. 叶黄素的功能及在饲料中的应用［J］．广东饲料，25（4）：35-37.

郑娟，闫益波，2020. 沙棘及其副产物在畜牧业中的应用［J］．饲料博览（1）：56-59.

郑樱，陈新彬，马岩，等，2023. 叶黄素生物学功能与相关慢性疾病的研究进展［J］．中国食物与营养，29（3）：51-55，10.

左兆云，2021. 番茄红素的生理功能及其在动物生产中的应用进展［J］．中国畜牧杂志，57（2）：40-45.

第四章 富含不饱和脂肪酸畜禽产品生产技术

随着人民生活水平的提高，以高血压、高血脂、高血糖以及心脑血管疾病为代表的慢性病发病率逐年上升，且趋于年轻化，脂肪酸与上述疾病的发生密切相关。科学研究表明，合理膳食不饱和脂肪酸可以降低血脂，预防和治疗心血管等慢性疾病的发生率，改善相应疾病的预后。同时，不饱和脂肪酸尤其是 ω-3 PUFAs 在促进婴幼儿大脑发育、改善视网膜形成和延缓脑衰老等方面具有重要作用。当前，人们对于富含不饱和脂肪酸的食品关注度很高，相应的畜禽产品研发较为火热，人们期待合理膳食、科学饮食，进而改善相关慢性疾病的发生以及预后。在国家层面，提出要实施营养干预，重点解决油脂等高热能食物摄入过多和慢性疾病问题。因此，富含不饱和脂肪酸畜禽产品的开发具有重要的现实意义，不仅可以满足人们的健康需求，也对优质畜禽产品生产、农民增收以及畜牧业高质量发展具有重要作用。

第一节 脂肪与主要不饱和脂肪酸

一、脂肪

脂肪是一类重要的生物大分子，它在生物体内起着储存能量、组成细胞膜和传导信号等重要作用。脂肪的基本结构是由甘油（glycerol）的三个羧基与三个脂肪酸（fatty acid）缩合而成，也称甘油三酯（triglyceride，TG）。脂肪的基本结构见图 4.1。

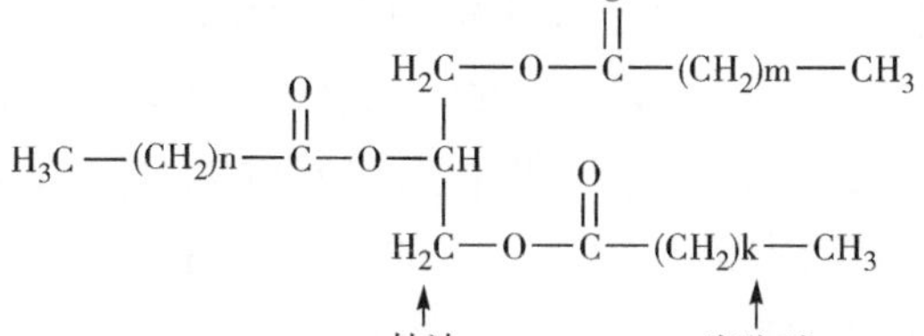

图 4.1 脂肪的基本结构

（一）甘油

甘油，又名丙三醇，是一种有机化合物，化学式为 $C_3H_8O_3$，是一种简单的多元醇化合物。它是一种无色、无臭、无毒、有甜味的黏性液体。由于它具有抗菌和抗病毒特性，因此广泛用于伤口和烧伤治疗。另外，它也用作细菌培养基，可作为衡量肝脏疾病的有效标志物，还广泛用作食品工业中的甜味剂和药物配方中的保湿剂。由于其有3个羟基，甘油可与水混溶，并具有吸湿性。

（二）脂肪酸

脂肪酸是由一条碳骨架构成的，通常含有偶数个碳原子，最常见的长度为16个或18个碳原子。脂肪酸的末端有一个羧基（carboxyl group），而碳链的其他位置都连接着氢原子。根据碳链中的饱和键（单键）数量，脂肪酸可以分为饱和脂肪酸和不饱和脂肪酸两大类。

1. 饱和脂肪酸

不含双键的脂肪酸称为饱和脂肪酸。饱和脂肪酸的碳链中所有碳原子之间都以单键相连，因此饱和脂肪酸分子中的碳原子都是"饱和"的，没有空余的键可与其他原子连接。典型的例子是硬脂酸（stearic acid）。饱和脂肪酸性质稳定，不易被氧化。除鱼油外，所有动物油的主要脂肪酸都是饱和脂肪酸。

2. 不饱和脂肪酸

除饱和脂肪酸以外的脂肪酸都是不饱和脂肪酸。不饱和脂肪酸是构成体内脂肪的一类脂肪酸，人体不可缺少。不饱和脂肪酸含有一个或多个碳碳双键（C=C），这使得它们在碳链上有一个或多个"不饱和"的键。根据双键的数量，不饱和脂肪酸又分为单不饱和脂肪酸和多不饱和脂肪酸。

（1）单不饱和脂肪酸（Monounsaturated fatty acids，MUFAs）。单不饱和脂肪酸是指含有1个双键的脂肪酸。已发现的单不饱和脂肪酸种类有很多，以油酸（Oleic acid）为典型代表，主要包括以下几种。①油酸（C18:1，顺-9）。几乎存在于所有的植物油和动物脂肪中，其中以橄榄油、棕榈油、低芥酸菜籽油、花生油、茶子油、杏仁油和鱼油中含量最高。②肉豆蔻油酸（C14:1，顺-9）。主要存在于黄油、羊脂和鱼油中，但含量不高。③棕榈油酸（C16:1，顺-9）。存在于许多鱼油中，棕榈油、棉籽油、黄油和猪油中也有少量。④反式油酸（C18:1，反-9）。是油酸的异构体，在动物脂肪中含有少量，在部分氢化油中也有存在。⑤蓖麻油酸（C18:1，顺-9）。在其第十二个碳上连接有一个羟基，是蓖麻油中的主要脂肪酸。⑥芥酸（C22:1，顺-13）。在许多从十字花科植物里所提取的油中存在，如芥菜和芥子。以前的大部分菜籽油中都含有芥酸，世界上部分国家所产的菜籽油中仍然含有极多的芥酸。有动物试验证明，大量摄入含芥酸高的菜籽油，可致心肌纤维化，引起心肌病变，会引起血管壁增厚和心肌脂肪沉积。⑦鲸蜡烯酸（C22:1，顺-9）。是芥酸的一种异构体，存在于鱼油中，对健康无害，在食品中的使用不受芥酸含量的限制。

此外，还包括上述一些脂肪酸的反式结构体，如肉豆蔻酸反油酸（C14:1，反 -9）、棕榈反油酸（C16:1，反 -9）和巴西烯酸（C22:1，反 -13）。

（2）多不饱和脂肪酸（polyunsaturated fatty acids，PUFAs）。多不饱和脂肪酸是指含有 2 个及多个双键的脂肪酸，有亚油酸、亚麻酸、花生四烯酸等。人体不能合成亚油酸和亚麻酸，必须从膳食中补充。根据双键的位置及功能，又将多不饱和脂肪酸分为 ω–3 系列和 ω–6 系列。① ω–3 多不饱和脂肪酸（ω–3 PUFAs）。在化学结构上，ω–3 PUFAs 是一条由碳、氢原子相互连结而成的长链（18 个碳原子以上），带有 3～6 个不饱和键，即双键。因为它的第一个双键位于从甲基一端数起的第三个碳原子上，所以称为 ω–3。正如前文所说，ω–3 PUFAs 主要包括 ALA、DHA 和 EPA，是具有多种生物学活性的一类多不饱和脂肪酸，广泛存在于植物、鱼类和藻类生物中。α–亚麻酸是人体必需脂肪酸，能在体内经脱氢和碳链延长合成 EPA、DHA 等代谢产物，在稳定细胞膜功能、细胞因子和脂蛋白平衡以及抗血栓、降血脂、防治缺血性心血管疾病等方面起重要作用。② ω–6 多不饱和脂肪酸（ω–6 PUFAs）。主要包括亚油酸（linoleic acid，LA）、γ–亚麻酸（γ–linolenic acid，GLA）、花生四烯酸（arachidonic acid，ARA）等。亚油酸是人体必需的一种脂肪酸，它对血清胆固醇的降低具有重要作用。亚油酸的主要代谢产物为花生四烯酸，在体内酶的作用下，可生成共轭亚油酸（CLA）、γ–亚麻酸（GLA）等中间产物。亚油酸多存在于油脂含量较高的食物中，如坚果、种子、动物产品等。亚油酸与其他脂肪酸一起，以甘油酯的形式存在于动植物油脂中。α–亚麻酸在豆油、紫苏籽油、亚麻籽油中含量较高，也存在于深海鱼和贝类等海产品中，如金枪鱼、黄花鱼、沙丁鱼、带鱼等。

二、不饱和脂肪酸的重要性

不饱和脂肪酸是一类对人体健康至关重要的脂肪成分，对心血管健康、细胞膜结构和功能、神经系统、大脑发育、抗炎和免疫系统调节等都具有重要的影响。因此，保证适当摄入不饱和脂肪酸是保持身体健康的重要一环。

（一）维持细胞膜结构和功能

不饱和脂肪酸是生物体细胞膜磷脂的重要组成成分。其中 ω–3 PUFAs 与 ω–6 PUFAs 对细胞膜脂质的亲和性极高，可直接渗透嵌入细胞膜，改变细胞膜脂质构成，其双键结构导致碳链弯曲无法紧密堆积，进而增加细胞膜的流动性，保证了细胞内外物质的正常交换。此外，不饱和脂肪酸对细胞信号传导和受体功能也起着重要的调节作用。

（二）对心脑血管健康的积极影响

急性心肌梗死是心血管疾病中对心血管危害最大的病症之一，合并抑郁后更会加剧心肌细胞的死亡，导致猝死。ω–3 PUFAs 不仅能保护心血管系统，还能有效改善患者的轻 – 中度抑郁状态。ω–3 PUFAs 能够降低糖尿病患者血清中总胆固醇的浓度，加快血清胆固醇的代谢,降低低密度脂蛋白的浓度,对心血管疾病具有良好的辅助治疗作用。在早产儿脑损伤的治疗上,ω-3 PUFAs通过对神经细胞的调节,对受损组织和细胞起到了保护作用。

研究发现,减少膳食胆固醇和饱和脂肪酸摄入、适当增加单不饱和脂肪酸的摄入也能有效减少高胆固醇血症及心血管疾病的发生。此外,不饱和脂肪酸还有抗炎作用,有助于保持心血管系统的正常功能。

(三)对神经系统和大脑发育有益

多不饱和脂肪酸,特别是 ω-3 PUFAs,对神经系统和大脑的正常发育和功能至关重要,其中DHA是大脑、视网膜等神经系统膜磷脂的主要成分。它们在脑细胞的构建和信号传递中起着关键作用,对认知功能和情绪调节也具有重要影响。ω-3 PUFAs在婴幼儿的生长发育过程中也具有重要作用,当DHA和EPA的摄入比例维持在5:1时,可有效预防婴幼儿慢性疾病的发生,具有重要的临床应用价值。

(四)对炎症和免疫系统的调节

不饱和脂肪酸中的一些成分具有抗炎作用,有助于减缓炎症过程。此外,它们也对免疫细胞的功能和免疫反应起着调节作用,对维持免疫系统的平衡至关重要。炎症早期阶段,ω-6 PUFAs通过代谢产生具有生物活性的二十烷类物质,如PGE2、TXA2、LTB4等,是炎症、发烧、疼痛、血管通透性增加、炎症细胞因子释放和免疫细胞活性增强的强效介质。同时相关研究证明,ω-6 PUFAs及其衍生物亦具有抗炎作用,LA可以降低巨噬细胞中白细胞介素-6(IL-6)和肿瘤坏死因子α(TNF-α)的水平,同时提高抗炎细胞因子白细胞介素-10(IL-10)的水平。ω-3 PUFAs的免疫调节和抗炎作用主要是由于细胞内关键信号的级联调节。

三、不饱和脂肪酸的主要来源

不饱和脂肪酸是一类对人体健康至关重要的脂肪成分,它们可以从多种食物中获取。以下是一些不饱和脂肪酸的主要来源。

(一)油类食物

油类食物是人类饮食中最主要的不饱和脂肪酸来源之一。橄榄油富含单不饱和脂肪酸,主要成分为油酸。亚麻籽油富含亚麻酸,是一种重要的 ω-3 PUFAs。菜籽油含有亚油酸,是一种重要的 ω-6 PUFAs。花生油含有油酸(单不饱和脂肪酸)和亚油酸。葵花籽油富含亚油酸,也含有一定量的油酸。

(二)坚果和种子

坚果和种子也是重要的不饱和脂肪酸来源,它们含有丰富的单不饱和脂肪酸和多不饱和脂肪酸。核桃富含亚油酸和 α-亚麻酸，杏仁含有较高比例的油酸，葵花籽富含亚油酸，亚麻籽是植物来源中最富含 α-亚麻酸的食物之一。

（三）鱼类

鱼类是富含 ω-3 PUFAs 的重要来源。鲑鱼、鳟鱼、沙丁鱼等深海鱼类，富含 α-亚麻酸、二十碳五烯酸（EPA）和二十二碳六烯酸（DHA）。

（四）豆类及豆制品

豆类及豆制品也是一些不饱和脂肪酸的来源。大豆含有 α-亚麻酸，同时也含有一定量的亚油酸。

通过合理的饮食，我们可以获得各种类型的不饱和脂肪酸，从而满足身体对于这些重要营养物质的需求。

第二节　脂肪的消化吸收与代谢

脂肪是动物必需的营养物质之一，它不仅提供能量，还参与很多生理过程。脂肪的消化、吸收与代谢是一个复杂的过程，需要多个器官和酶的协同作用。本节详细介绍脂肪的消化、吸收与代谢过程。

一、脂肪的消化吸收

脂肪在消化系统中经历了一系列复杂的生化过程，以保证其能够被有效消化吸收。脂肪进入体内，借助物理化学作用、酶效能等一系列复杂反应完成口腔、胃及肠道系统的整个消化过程，随着消化阶段的改变，脂肪的状态也随之发生改变。

（一）口腔与胃中的乳化

消化过程从口腔开始。脂肪在口腔中发生初步乳化，形成的粗乳状液发生桥联絮凝和损耗絮凝。然后在胃的强酸环境及蠕动作用下，脂滴的界面性质发生改变并且被完全乳化。

1. 口腔

在口腔中完成消化作用的脂肪酶主要是舌脂酶，Kulkarni 等研究了口腔加工对不同物理状态和脂肪酸组成的高脂肪食物消化的影响，结果表明舌脂酶主要作用于中短链脂肪酸及 Sn-3 位的脂肪酸。另外，口腔中存在唾液黏蛋白，在牙齿、舌头及上下颚等作用力下，脂质发生初步乳化后形成粗乳状液通过吞咽进入胃中。虽然脂肪的消化主要发生在胃肠道中，但其在口腔中形成的粒径大小、乳化程度及受到的机械作用力等因素对其后续消化影响显著。因此,口腔作为消化的起始部位,对其消化过程的研究具有重要的意义。

2. 胃

胃是脂肪乳化的关键部位,同时也是食物被挤压、粉碎、分散以至乳化脂滴被破坏、溶解、消化的重要场所。胃中的脂解反应对于表面活性物质的形成及短链和中链脂肪酸的释放至关重要,表面活性物质能促进脂肪在胃中乳化或原有液滴重新排列。另外,胃脂酶对短、中及长链脂肪酸均具有水解作用,根据链长度的不同,胃脂酶具有不同的催化活性。

脂肪进入胃中,随着胃的蠕动,在机械作用力下被破坏和分散,同时覆盖在表面活性分子外层的脂质液滴也被破坏,脂质进一步发生乳化形成脂质—水界面,进而与脂肪酶结合发生水解。胃中的胃蛋白酶会水解脂质乳滴界面的蛋白,导致脂滴中心暴露,通过强酸环境及胃的蠕动作用脂质乳滴会发生絮凝,最后通过剪切力作用乳滴被完全乳化且粒径变小,形成的乳状液滴的大小会影响脂质在胃内的消化行径,越小的脂滴越容易在体内消化。

脂肪在胃中的消化过程,需要考虑胃的机械力作用、强酸环境、消化液含量及神经和激素调节等因素对消化的影响,并且目前对于胃排空机制、胆囊收缩和胃内稳定性的相关研究较少。

(二)小肠中的消化和吸收

脂肪从胃进入小肠,与胰液、小肠液和胆汁混合。在胆汁酸盐的作用和肠道蠕动的搅拌下,脂肪被乳化成较小的颗粒,以下称为脂质。

小肠肠道中脂质与各种消化酶作用促进脂质水解,其中胰脂肪酶起主要作用,它可水解40%～70%的甘油三酯。小肠内分泌肠液,并且胆汁、胰液等消化液通过导管进入小肠,促使脂质与脂肪酶、胆汁盐、磷脂及游离胆固醇混合。小肠内除了各种消化酶及消化液外,还拥有复杂的微生物群落影响宿主对脂质的消化吸收。

在小肠中脂质与胆汁盐、胰液混合,在化学和物理形态上发生显著变化。乳化的脂滴形成细小颗粒,增加酶的吸附效能与契合面积从而促进水解,进一步实现在小肠上皮细胞的吸收与转运。相关胰脂肪酶随着胰液分泌进入小肠中,在乳化形成的脂质—水界面上进行消化。随着脂解反应的进行,脂解产物逐渐积聚在脂滴表面,阻碍水解反应的进行,只有通过胆盐溶解或运输脂溶性化合物,才能维持连续的脂水解反应。

小肠的脂质消化产物是一种复杂的混合物,包括游离脂肪酸、溶血卵磷脂、游离胆固醇酯等。小肠的吸收过程主要分为3个部分,首先,消化后的产物在小肠腔内被胆盐和磷脂乳化形成胶束和囊泡,这些胶束和囊泡形成自组装结构,增加了脂质体的浓度,有利于提高吸收率;其次,这些胶束和囊泡穿过覆盖在上皮壁的黏液层,运输到小肠上皮细胞,形成胞浆脂滴作为动态甘油三酯储存在细胞器,在内质网内重新合成甘油三酯,被脂蛋白包裹携带胆固醇酯、磷脂等形成乳糜微粒;最后,乳糜微粒在淋巴系统中转运,进入心脏附近的血液循环,在这个过程中,周围的细胞可以从乳糜微粒中摄取所

第四章 富含不饱和脂肪酸畜禽产品生产技术

需的脂肪。这种重组吸收的方法不仅可以提高生物活性脂肪酸在体内的运输效率，还可以降低脂类进入血液循环的速度，从而可以有效地防止进食后血脂突然升高。

脂肪的消化产物，包括甘油一酯、脂肪酸、胆固醇等以及中链脂肪酸（6C-10C）和短链脂肪酸（2C-4C）构成的甘油三酯与胆汁酸盐，形成混合微团（mixedmicelles），被肠黏膜细胞吸收。

二、脂肪的代谢

（一）脂肪的动员

在吸收后，脂肪酸和甘油会进入血液，然后被运送到肝脏和其他组织，被机体利用或者贮存起来，以满足能量需求和生理功能。当机体需要时，机体内的脂肪被脂肪酶逐步水解为游离脂肪酸和甘油并释放进入血液，被其他组织氧化利用，这一过程称为脂肪的动员作用。在脂肪的动员中，激素敏感脂肪酶起了决定性的作用，它是脂肪分解的限速酶，它的活性受到多种激素的调控。在禁食、饥饿或交感神经兴奋时，肾上腺素、去甲肾上腺素、胰高血糖素等分泌增加并使它激活，促进脂肪动员。相反，胰岛素则使其活性抑制，具有对抗脂肪动员的作用。脂肪的动员过程见图4.2。

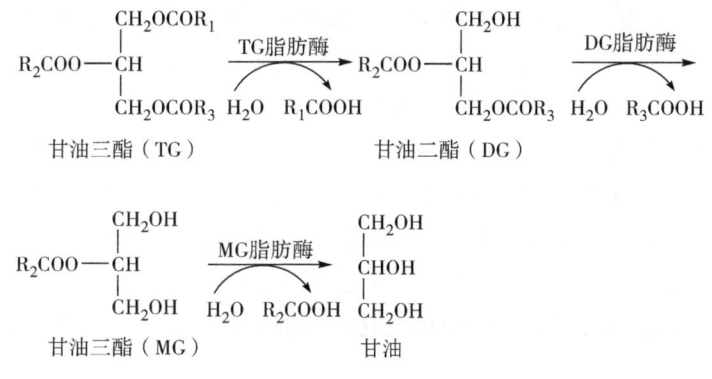

图 4.2 脂肪的动员

（二）甘油的代谢

脂肪组织中缺乏甘油激酶活性，不能使甘油分解，因此溶于水的甘油直接经血液运送至肝、肾、肠等组织，主要在肝中甘油激酶的催化下，转变为 α - 磷酸甘油，然后脱氢生成磷酸二羟丙酮。肝脏对甘油的代谢能力在维持血糖水平和能量平衡中起着关键作用，它可以将甘油转化为葡萄糖或再合成三酰甘油。甘油的代谢过程见图4.3。

虽然甘油通常不被当作主要能量来源，但其代谢在能量平衡和某些代谢途径中仍然起着重要作用。例如，甘油在糖代谢中可以通过糖异生途径转化为葡萄糖，在高能量需求或低血糖状态下为身体提供能量。

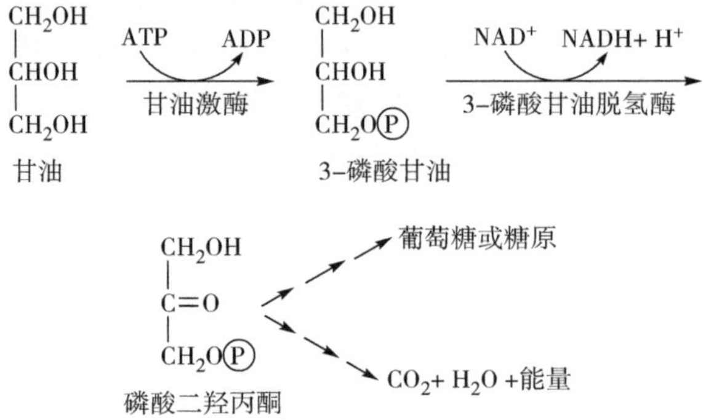

$$\underset{\text{甘油}}{\begin{matrix}CH_2OH\\|\\CHOH\\|\\CH_2OH\end{matrix}} \xrightarrow[\text{甘油激酶}]{ATP \quad ADP} \underset{\text{3-磷酸甘油}}{\begin{matrix}CH_2OH\\|\\CHOH\\|\\CH_2O\text{\textcircled{P}}\end{matrix}} \xrightarrow[\text{3-磷酸甘油脱氢酶}]{NAD^+ \quad NADH+H^+}$$

$$\underset{\text{磷酸二羟丙酮}}{\begin{matrix}CH_2OH\\|\\C=O\\|\\CH_2O\text{\textcircled{P}}\end{matrix}} \begin{matrix}\nearrow \text{葡萄糖或糖原}\\ \\ \searrow CO_2+H_2O+\text{能量}\end{matrix}$$

图 4.3　甘油的代谢

（三）脂肪酸的分解代谢

脂肪酸是构成脂肪的主要组成部分，它们在人体内发挥着重要的生理作用。脂肪酸的分解代谢是指将脂肪酸分解为能量和其他代谢产物的过程。这个过程包括脂肪酸的 β-氧化、三羧酸循环和呼吸链等步骤（图4.4）。

1. 脂肪酸的 β-氧化

脂肪酸的 β-氧化是指脂肪酸在线粒体内被氧化为乙酰辅酶 A 的过程。这个过程需要经过四个反应：脱氢反应、水合反应、脱羧反应和转移反应。在每个反应中，脂肪酸分子中的两个碳原子被氧化为一个乙酰辅酶 A 分子。这个过程会不断循环进行，直到所有的脂肪酸分子被完全氧化为乙酰辅酶 A。

脂肪酸的 β-氧化是脂肪酸的主要分解途径。这个过程在线粒体内进行，主要包括四步反应：脂肪酸的激活、脂肪酸的转运、脂肪酸的 β-氧化和脂肪酸的解酰基。在脂肪酸激活的过程中，脂肪酸与辅酶 A 结合，生成辅酶 A 脂肪酸酰化物。这个过程需要耗费两个高能磷酸键。辅酶 A 脂肪酸酰化物通过穿膜蛋白转运到线粒体内。在线粒体内，辅酶 A 脂肪酸酰化物被解离为脂肪酸和辅酶 A 脂肪酸进入线粒体内部的 β-氧化途径中。

2. 三羧酸循环

乙酰辅酶 A 进入三羧酸循环，参与能量的产生。三羧酸循环是一个重要的代谢途径，它将有机物质转化为能量。在三羧酸循环中，乙酰辅酶 A 经过一系列的反应，最终被氧化为二氧化碳和水。同时，这个过程产生了大量的还原型辅酶和 ATP 分子。这些还原型辅酶和 ATP 分子可以作为细胞内其他代谢途径的重要能量来源。

3. 呼吸链

能量通过呼吸链被释放出来。呼吸链是一个由多个酶和蛋白质组成的复杂系统。在呼吸链中，还原型辅酶和氧分子反应，产生水和能量。这个过程产生的能量是细胞内所有代谢活动的主要能量来源。同时，这个过程也是人体内的重要调节途径，它可以影响细胞的生长、分化和死亡等过程。

第四章　富含不饱和脂肪酸畜禽产品生产技术

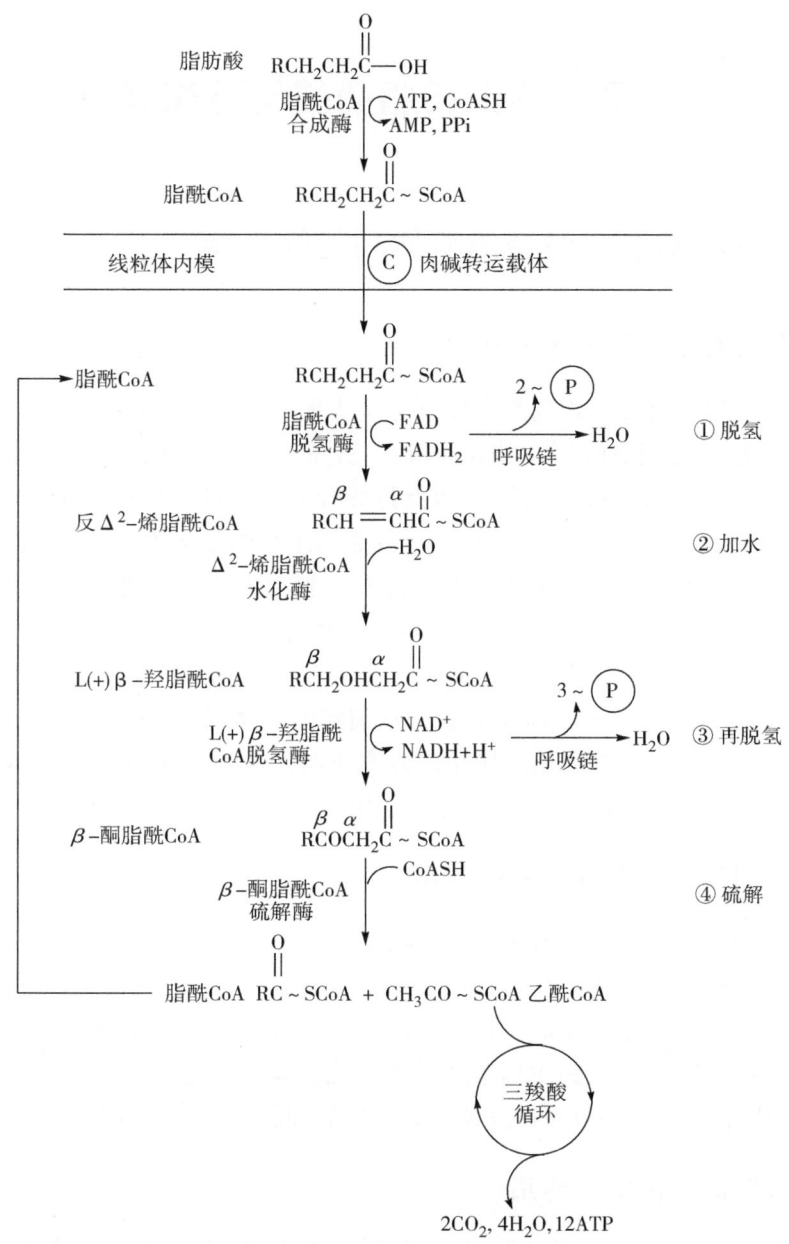

图 4.4　脂肪酸的 β-氧化

脂肪的消化、吸收与代谢是一个复杂而高效的生物过程，对于畜禽生产中富含不饱和脂肪酸的产品的生产至关重要。了解和优化这一过程，能够有效提升畜禽产品中不饱和脂肪酸的含量，从而增强其营养价值。

第三节　不饱和脂肪酸与畜禽健康

一、不饱和脂肪酸对畜禽机体功能的影响

（一）在脂类代谢调控中的作用

不饱和脂肪酸对脂类代谢调控有以下三个方面的作用。一是抑制脂肪合成酶和糖酵解酶基因表达，促进脂肪活化基因的表达，从而抑制脂类的合成，加强脂类的分解。大量研究表明，ω-3 PUFAs 对脂肪酸和脂肪酸合成酶的抑制作用比 ω-6 PUFAs 还要强。二是促进肝脏中脂肪酸的氧化分解，增强脂肪组织中脂肪的动员，从而减少体脂的沉积。研究表明，ω-3 PUFAs 能调节脂肪分配、刺激脂肪氧化利用，从而减少体脂水平。三是抑制极低密度脂蛋白（VLDL）和低密度脂蛋白（LDL）的合成，促进 VLDL 和 LDL 的清除，提高高密度脂蛋白（HDL）的水平。LDL 转运内源性胆固醇，是动脉粥样硬化的危险因子；而 HDL 能将胆固醇从细胞内转移到肝脏中，从而使胆固醇被肝脏代谢掉，具有抗动脉粥样硬化的作用。研究表明，ω-3 PUFAs 具有降低 LDL-胆固醇和 VLDL-胆固醇，增加 HDL-胆固醇的作用。

（二）在调节心血管系统中的作用

ω-6 PUFAs 可促进血小板凝集和血管收缩，而 ω-3 PUFAs 则具有相反的作用。这两种脂肪酸通过不同的代谢途径产生血栓素—凝血恶烷 A 和前列环素 I，对血小板和血管功能及血栓形成起着共同调节作用。过量摄入 ω-6 PUFAs 可能导致血液黏度增加和动脉粥样化，而过多的 ω-3 PUFAs 则可能增加出血风险。此外，ω-3 PUFAs 还具有抗心律失常的作用，主要是通过对钠通道和钙通道的抑制，稳定心肌细胞的电活动。

（三）在降低血糖中的作用

不饱和脂肪酸主要通过增加胰岛素的活性来降低血糖的浓度。与油酸-胰岛素及硬脂酸-胰岛素相比，亚油酸-胰岛素在体内降糖作用的时间延长，并具有较强的抗酶解作用，可能是由于亚油酸更能促进细胞膜的流动性和组装，从而提高亚油酸—胰岛素的细胞亲和性，增强亚油酸—胰岛素的透膜吸收。研究发现，膳食中添加 ω-3 PUFAs 可增加外周组织葡萄糖的利用，改善高脂（主要是高饱和脂肪酸）饮食所造成的胰岛素抵抗状态；骨骼肌细胞膜上 ω-6 PUFAs 与 ω-3 PUFAs 比值越大，机体对胰岛素敏感性越低，说明与 ω-6 PUFAs 相比，ω-3 PUFAs 更能使胰岛素保持较高的敏感性，从而发挥更强的降血糖功能。

综合来看，适量的不饱和脂肪酸有助于畜禽的生长发育，特别是对于肌肉生长、饲料转化率和营养价值的提升有显著影响。在饲料配方中合理控制不饱和脂肪酸的含量和比例，有利于提高畜禽的生长性能和生产效率。

二、不饱和脂肪酸与畜禽免疫功能的关系

不饱和脂肪酸对畜禽免疫功能有着重要的影响。它们在饲料中的含量和比例可以直接影响到畜禽的免疫系统功能，包括对病原微生物的抵抗能力和免疫细胞的活性。ω-6 PUFAs 在膳食中能促进免疫系统并加强炎性反应，而 ω-3 PUFAs 具有免疫抑制作用并降低炎性反应。ω-3 PUFAs 可以在一定程度上抑制免疫细胞活性，降低炎性反应，但也可能减弱机体对细菌的抵抗力，存在利弊两面。

（一）不饱和脂肪酸与免疫功能

1. 免疫细胞活性

适量的不饱和脂肪酸可以调节免疫细胞的炎症反应，有助于维持免疫系统的平衡。不饱和脂肪酸对免疫细胞（如淋巴细胞、巨噬细胞等）的活性和功能有直接影响，可提高它们的抗菌和杀伤能力。

2. 抗氧化和抗炎作用

一些不饱和脂肪酸，尤其是 ω-3 PUFAs，具有显著的抗氧化和抗炎特性，有助于减轻炎症和细胞损伤。

3. 免疫调节和病原抵抗

不饱和脂肪酸可以通过调节免疫系统的反应性来保持免疫稳态，同时提高对病原微生物的抵抗力。一些研究表明，适量的不饱和脂肪酸可以增强畜禽对病原微生物（如细菌、病毒等）的抗性。

4. 免疫系统平衡

适量的不饱和脂肪酸可以帮助维持免疫系统的平衡，降低免疫系统过度激活引起的问题。

（二）优化饲料中的不饱和脂肪酸含量

合理控制饲料中不饱和脂肪酸的含量和比例，可以提高畜禽的免疫功能，减少疾病发生和传播的风险。不过，需要注意不同种类的脂肪酸对免疫系统的影响可能存在差异，因此在饲料配方中需考虑平衡各种不饱和脂肪酸之间的合理比例。

总体而言，不饱和脂肪酸在畜禽的免疫系统中扮演着重要角色，对维持免疫系统功能和提高畜禽的抗病能力具有显著影响。

三、不饱和脂肪酸对畜禽产品质量的影响

膳食中的 ω-6 PUFAs 和 ω-3 PUFAs 直接或间接的都来自农林牧渔产品。富含 α-亚麻酸的油脂有紫苏油、亚麻油、大麻油等，大豆油、菜籽油、核桃油也含有近 10% 的 α-亚麻酸。α-亚麻酸在动物体内能有效地转化为 EPA 和 DHA，鱼油则是 EPA 和 DHA 的最佳来源。富含亚油酸的油脂则有红花油、月见草油、葵花籽油、棉籽油、火麻仁油等。月见草油中 γ-亚麻酸含量最高，其分布广泛，种子产量高，是目前唯一得到开发利用的含 γ-亚麻酸植物。许多微生物资源中的 PUFAs 含量也很高。因此，除了利用现有的生物资源来满足人们对 ω-6 PUFAs 和 ω-3 PUFAs 的膳食需求外，还可以通过饲料中添加相应的原料，生产富含不饱和脂肪酸的畜禽产品，以满足人类膳食需求。饲料中添加适量的不饱和脂肪酸对畜禽产品的质量有着显著影响。这些脂肪酸可以改善畜禽产品的营养价值、口感特性以及保持产品的新鲜度。

（一）对肉类产品的影响

脂肪酸种类多样，不饱和脂肪酸的种类可以改善肉质，使肉类产品更加嫩滑，口感更佳，且更易于消化。同时，脂肪酸的含量和品质也可以影响肉类产品中油脂的含量和品质，而这有助于改善产品的风味和口感。适宜的不饱和脂肪酸比例还可以改善脂肪组织的健康性，降低饱和脂肪酸的含量，有益于人体健康。

（二）对蛋类产品的影响

日粮中添加 ω-3 PUFAs 可以使蛋类产品富含 ω-3 PUFAs，生产相应的功能性鸡蛋产品，提高蛋类的营养价值，对人体健康有益（详见第四节）。同时，蛋黄的颜色和质地与其中脂肪酸的含量和比例相关，通过日粮中脂肪酸的调控，可以改善蛋黄的品质。此外，在饲料中添加不饱和脂肪酸可以提高鹅肝的脂肪含量和质地，改善其口感和风味。合理添加不饱和脂肪酸可以提高畜禽产品的营养价值和口感特性，使得产品更具市场竞争力。不过，需要注意的是，添加脂肪酸的量和比例需要控制在合适的范围内，以避免过度添加可能引起的不良影响。因此，饲料配方需要根据畜禽的生产特性和目标产品质量来进行精确控制。

第四节 主要畜禽产品及其生产技术

目前，市场上富含不饱和脂肪酸的畜禽产品较多，常见的有蛋类、肉类和奶类，例如 DHA 鸡蛋、ω-3 鸡蛋、ω-3 猪肉、CLA 牛奶等，产品丰富多样，对于满足孕妇、儿童、老人以及特殊人群消费具有积极意义。

一、富含不饱和脂肪酸的蛋类

富含不饱和脂肪酸的蛋类主要是指鸡蛋产品。鸡蛋中超过95%的脂类存在于蛋黄中（甘油三酯约66%，磷脂约28%），因此蛋黄是脂肪酸的主要富集部分。普通鸡蛋蛋黄中只含有少量 ω–3 PUFAs，其脂肪酸组成极易受到日粮脂肪酸组成的影响。蛋黄中50%以上的 ALA 和80%以上的 EPA、DHA 直接受日粮中 ω–3 PUFAs 含量调控。因此，在产蛋期蛋鸡日粮中添加亚麻籽或亚麻油（富含 ALA），鱼油（富含 EPA、DHA），以及微藻粉或微藻油（富含 DHA）等，均可显著增加蛋黄中 ω–3 PUFAs 含量，形成富含 ω–3 PUFAs 的鸡蛋。同时，鸡蛋中 ω–3 PUFAs 主要以磷脂形式存在，磷脂型 ω–3 PUFAs 更加稳定也更易被肠道吸收。目前，更多的研究集中在针对 ω–3 PUFAs 在鸡蛋中的富集以及蛋黄色泽、风味口感等方面。

（一）鸡蛋中 ALA 的富集

亚麻籽约含35%的粗脂肪，其中 ALA 含量约占总脂肪酸的52.5%。蛋鸡日粮中添加亚麻籽、亚麻油或其他富含 ALA 的油籽饼粕，均可显著增加鸡蛋中 ω–3 PUFAs 含量，且蛋黄中富集的 ω–3 PUFAs 大部分是 ALA。其中，少量 ALA 经 Δ6-脂肪酸脱氢酶催化，通过 ω–3 PUFAs 脱氢延长途径可转化为 DHA。研究显示，产蛋鸡日粮中添加10%亚麻籽，可使每枚鸡蛋（以50 g计）中 ALA 含量从38.5 mg 提高到306.3 mg，DHA 含量从53.3 mg 提高到83.7 mg，鸡蛋 ALA 含量增加近10倍，DHA 含量约提高57%。鸡蛋中 ω–3 PUFAs 富集量在50～400 mg/50 g，随着亚麻籽添加量增加而显著提高。当亚麻籽添加到一定水平时，鸡蛋中 ω–3 PUFAs 的富集效率会显著降低；同时，由于亚麻籽中含有多种抗营养因子，日粮中添加过多的亚麻籽会抑制蛋鸡采食，降低饲料效率并影响生产性能。因此，亚麻籽作为蛋鸡日粮 ω–3 PUFAs 来源时，会对其进行膨化或压榨等加工。研究表明，在提供等量 ALA 前提下，日粮添加亚麻油（或膨化亚麻籽）在 ω–3 PUFAs 富集上与普通亚麻籽可发挥等同的作用。同时，蛋鸡对膨化亚麻籽和亚麻油具有更好的耐受性，在提高鸡蛋中 ω–3 PUFAs 含量的同时，对蛋鸡生产性能和蛋品质的影响也相对较小。

（二）鸡蛋中 DHA 的富集

EPA 和 DHA 作为 ω–3 PUFAs 中的主要功能性脂肪酸，其在鸡蛋中的富集也更受人们关注。鱼油中的 ω–3 PUFAs 主要是 EPA 和 DHA，蛋鸡日粮添加鱼油后，鸡蛋富集的 ω–3 PUFAs 主要是 DHA。研究显示，产蛋鸡日粮添加5%鱼油可使鸡蛋中 DHA 含量提高近10倍，对蛋黄中 EPA 含量无显著影响。这是由于 EPA 会被蛋鸡体内 Δ9-脂肪酸脱氢酶脱氢延长转化为 DHA，同时，该催化途径在产蛋鸡体内并无特定酶类限制。所以鱼油作为产蛋鸡日粮的 ω–3 PUFAs 来源，可使鸡蛋高效富集 DHA。由于鱼油中 EPA 和 DHA 的不饱和程度更高，不同鱼类脂质存在差异，使鱼油在炼制、保存和添加过程中更易发生氧化，配制日粮后会显著缩短日粮保存时间，使鱼油较难作为一种品质稳定的日粮资源。而氧化的鱼油不仅会影响日粮的质量，也会导致产蛋鸡体内脂质代谢和氧化还原系统紊乱，进而影响生产性能及蛋品质；此外，鱼油的鱼腥味物质也会随蛋鸡脂质代谢沉积在蛋黄内。研究表明，日粮添加鱼油超过1.5%，便会使蛋黄产生不易被人接受的鱼腥味。经微囊包被处理的鱼油虽可消除日粮鱼腥味，但在蛋鸡体内的消化、吸收过程中，则需破坏微囊结构利用鱼油，因此这种方式对添加鱼油导致的蛋黄鱼腥味改善效果并不明显。

随着对DHA资源研究的加深，人们注意到鱼油富含的 ω-3 PUFAs 并非鱼类自身合成，主要来源于海洋微藻。目前应用在蛋鸡日粮中的微藻主要是富DHA型，与亚麻籽和鱼油相比，日粮添加微藻的效果与鱼油相似，可显著提高蛋黄中DHA的富集量。蛋鸡对鱼油和微藻中 ω-3 PUFAs 的转化效率较为接近。当日粮微藻提供的DHA与鱼油提供的EPA+DHA含量相近时，富集到蛋黄中DHA含量均无显著差异。由于微藻中叶黄素、类胡萝卜素等脂溶性色素的存在，饲粮添加微藻使鸡蛋富集DHA的同时，会显著提高鸡蛋蛋黄颜色。在鸡蛋富集等量DHA前提下，微藻对蛋鸡生产性能和鸡蛋风味的不良影响则相对较少。

（三）ω-3 PUFAs 在鸡蛋中的富集规律

（1）蛋鸡的饲喂时间。ω-3 PUFAs 在鸡蛋中的富集大约需要两周的时间，才可达到稳定水平。产蛋鸡饲喂 ω-3 PUFAs 日粮前 14 d 内，蛋黄中 ω-3 PUFAs 富集量随饲喂时间延长而增加，在 14 d 左右鸡蛋中 ω-3 PUFAs 含量达稳定状态，并在后续饲喂时间中维持稳定状态。将 ω-3 PUFAs 日粮更换为普通日粮后，鸡蛋中 ω-3 PUFAs 含量会在一周左右降低 80% 以上，并在第 2 周内恢复至普通水平。

（2）ω-3 PUFAs 的富集量。鸡蛋蛋黄 ω-3 PUFAs 含量在一定范围内会随产蛋鸡日粮中 ω-3 PUFAs 升高而增加，当日粮中 ω-3 PUFAs 添加量达一定水平时，蛋黄 ω-3 PUFAs 含量便不再随日粮原料添加量的升高而增加。以鸡蛋 ALA 和 DHA 富集为例，随日粮添加亚麻籽比例增加，鸡蛋中 ALA 含量会随之增加，当每枚鸡蛋（以 50 g 为例）中 ALA 含量达 400 mg 时，继续提高日粮亚麻籽，蛋黄中 ALA 则不会显著增加，鸡蛋 ω-3 PUFAs 富集效率也会大幅降低；日粮添加鱼油或藻油后，当每枚鸡蛋中 DHA 含量达 200 mg，也会表现出类似的富集规律。

目前，通过调整日粮配方提高 ω-3 PUFAs 含量，使鸡蛋中富集 ω-3 PUFAs 的方式已被普遍认同。但生产 ω-3 PUFAs 富集蛋过程中存在的诸多问题也限制了 ω-3 PUFAs 富集鸡蛋的推广。例如，日粮 ω-3 PUFAs 来源、不同加工方式，都对日粮 ω-3 PUFAs 稳定性有影响；不同品种、不同生理阶段蛋鸡，对日粮 ω-3 PUFAs 富集效率也有影响；抗氧化剂与 ω-3 PUFAs 协同富集，对鸡蛋保质期也有一定的影响。这些都需要进一步探究和优化。如何保证在生产 ω-3 PUFAs 富集鸡蛋时，兼顾蛋鸡生产性能、蛋品质等，生产出质优、价廉的 ω-3 PUFAs 富集鸡蛋是今后的一个重要研究方向。

第四章　富含不饱和脂肪酸畜禽产品生产技术

（四）国内外相关领域的技术现状

鸡蛋是我国消费者最重要的动物性蛋白质来源，提供人类所必需的营养需要，同时鸡蛋也是 ω-3 PUFAs 转化的理想载体。蛋鸡体内脂肪酸组成受日粮脂肪酸组成调控，蛋鸡蛋黄中脂肪酸组成反映原料的脂肪酸组成。鸡蛋中 85% 或 78% 的 DHA 和 EPA 来自它们在日粮中相应的含量，目前 ω-3 PUFAs 的原料来源主要包括三种：一是来源于植物，主要通过亚麻籽油、菜籽油和亚麻籽等中含有的 ALA 在畜禽体内转化成 EPA 和 DHA；二是来源于动物，主要通过吸收鱼油中 ω-3 PUFAs 转化为 EPA 和 DHA；三是来源于海洋微生物，如金藻纲、隐藻纲和硅藻纲等藻类中富含 ω-3 PUFAs。

二、富含不饱和脂肪酸的肉类

（一）ω-3 PUFAs 在猪肉中的富集规律和生产技术

猪是单胃动物，其脂肪酸以乳糜微粒形式直接吸收进入血液，且不会在代谢过程中被氢化而去饱和。这为通过添加不饱和脂肪酸到日粮中以富集到猪肉中提供了生理基础。近年来，各国进行了大量关于富集 ω-3 PUFAs 具体技术方法的研究和推广。研究手段包括向日粮中添加亚麻籽及其副产物、亚麻油、鱼粉、鱼油、海洋藻类等富含 ω-3 PUFAs 的饲料原料。研究的目的是评价不同添加量和配方对富集效果的影响，以及在不同日龄添加和添加持续时间长短对富集效果的影响，以及富含 ω-3 PUFAs 饲料的加工工艺、储藏条件以及对肉质产生的影响。

早在 1972 年，研究就指出，可以通过向猪日粮中添加不饱和脂肪酸富集到猪肉中并提供给人类。研究使用含有亚麻籽油的日粮喂养育肥猪，发现脂肪组织中亚麻酸含量明显增加。不同研究也表明，日粮中添加亚麻籽油或饲料中含有亚麻籽的饲喂，可以在不同组织中显著提高 ω-3 PUFAs 的含量。有研究表明，60 g/kg 亚麻籽饼的添加可降低 ω-6 PUFAs/ω-3 PUFAs 比值，增加 ω-3 PUFAs 的含量，可提高猪肉中 ω-3 PUFAs 的富集效率。

（二）生产中注意的事项

1. 适宜的饲料配方和饲养方式

在猪上的研究表明，ω-3 PUFAs 在富集效率和一致性方面，使用低浓度亚麻籽长期饲喂的方式，在不同个体之间表现不同。因此，富集 ω-3 PUFAs 到猪肉中是一个复杂的技术问题，需要综合考虑饲料配方和饲养方案。

2. 关注多不饱和脂肪酸对肉质的影响

尽管富含 ω-3 PUFAs 的猪肉具有更高的营养价值，但在加工、储存和销售过程中，需要注意肉品质量方面的问题，如加工特性下降、硬度降低和颜色改变。因此，在开发富含 ω-3 PUFAs 的猪肉产品时，必须综合考虑猪肉品质稳定性和市场对产品的

3. 明确 ω-3 PUFAs 在猪体不同组织的沉积规律

当前的研究主要集中在肌肉和皮下脂肪中，但较少涉及其他组织。明确 ω-3 PUFAs 在各种不同组织的沉积规律，是生产高品质 ω-3 PUFAs 猪肉以及功能性猪肉产品的基础。

（三）应用前景

近两个世纪以来，人类饮食结构的剧烈变化，导致了膳食中 ω-3 PUFAs 缺乏的现象。随着老龄化社会的到来，心血管疾病的发病率不断上升，对低饱和脂肪酸、低能量、高 ω-3 PUFAs 含量食品的需求在增加。这使得富含 ω-3 PUFAs 的功能性猪肉在市场上有着广阔的发展前景。

现代饮食中普遍存在 ω-6 PUFAs/ω-3 PUFAs 比例失衡的问题。在过去，人类的饮食结构中这两种脂肪酸的比例更低，但近几个世纪以来，肉类摄入量的急剧增加导致了这种比例失衡。此外，大多数人群难以获得 ω-3 PUFAs，因为其主要来源于深海鱼类、贝类和海藻，而这些食物并不易获取。

在未来市场上，对富含 ω-3 PUFAs 的功能性猪肉的需求将高涨。随着人口老龄化和心血管疾病发病率的增加，对含有营养且能降低心血管疾病风险的猪肉产品的需求将不断增加。对于老年人群体而言，这种富含 ω-3 PUFAs 的猪肉产品也能满足其营养需求，对其健康有益。

三、富含不饱和脂肪酸的奶类

目前，市场上主要的富含不饱和脂肪酸的奶类产品主要是富含共轭亚油酸的牛奶，也有少量的羊奶、水牛奶、牦牛奶等产品。

（一）富含共轭亚油酸的牛奶

共轭亚油酸（conjugated linoleic acid，CLA）是亚油酸（linoleic acid，LA）的衍生物。1999 年，美国油脂化学家协会正式将 CLA 确定为含有共轭双键的亚油酸异构体的英文缩写。CLA 存在多种异构体，但在已知的同分异构体中生物学功能突出的是顺 9-反 -11CLA 和反 -10- 顺 -12CLA。近些年的研究发现，CLA 具有抗癌的作用。此外随着研究的深入，CLA 在增强机体免疫力与调节脂类代谢等方面发挥着有益作用。天然 CLA 主要存在于动物性产品中，尤其是反刍动物来源的动物产品，因此，如何通过营养调控手段提高动物产品中的 CLA 含量，以及通过日粮中添加 CLA 提高动物生产性能方面的研究已成为当前的热点问题。

CLA 在奶牛乳脂中的含量受到多种因素的影响。乳脂中的 CLA 主要来源于奶牛瘤胃微生物的生成和乳腺内源合成。瘤胃中发生的氢化过程以及乳腺组织中的脂肪酸去饱和过程是影响乳中 CLA 含量的关键过程。

1. 饲粮中不饱和脂肪酸含量影响乳中 CLA 含量

亚油酸和多不饱和脂肪酸在瘤胃微生物作用下通过氢化生成 CLA、反式油酸和硬脂酸。增加亚油酸含量可能抑制反式油酸进一步氢化为硬脂酸，提高乳脂中 CLA 含量。添加亚油酸也可特异性地抑制瘤胃内某些细菌的活性。

2. 日粮精粗比影响乳中 CLA 含量

饲喂高精料日粮可能改变瘤胃内菌群结构，抑制氢化过程。青绿牧草的饲喂可能提高乳脂中的 CLA 含量。放牧条件下的奶牛乳脂中的 CLA 含量可能高于全舍饲养条件。

3. 植物提取物、离子载体和微量成分的影响

植物提取物可能抑制乳腺内脂肪酸的氢化，增加乳中 CLA 的生成。离子载体的添加可能影响瘤胃内革兰氏阳性菌的生长，从而影响 CLA 的含量。此外，微量元素如铜的含量与乳脂 CLA 含量可能存在负相关关系。

这些因素共同影响着奶牛乳脂中 CLA 含量的变化，而奶牛饲料结构的不同可能导致不同地区奶牛乳中 CLA 含量的差异。

（二）生产注意事项

1. 饲粮中适当增加脂类底物

研究表明，奶牛饲喂大豆油、葵花油、花生油和亚麻籽油能增加乳中 CLA 含量。亚油酸比亚麻酸能更有效提高乳中 CLA 含量，与亚麻酸相比，亚油酸和 CLA 的关系不太明确。鱼油含有大量长链不饱和脂肪酸，可在瘤胃氢化过程中产生 CLA，相较于植物油，添加鱼油对提高乳脂中 CLA 含量效果更显著。

2. 调整饲粮结构

奶牛饲喂方式对乳中 CLA 含量影响显著。在放牧条件下，乳脂 CLA 含量增加，但总泌乳量降低。日粮中铜含量与乳脂中 CLA 含量呈显著负相关，低铜饲粮有利于提高 CLA 含量。当饲粮中铜添加量达到 40 mg/kg 时，乳脂中 CLA 含量显著降低。

CLA 具有广泛的生物学活性，而牛乳是天然 CLA 的最佳来源。因此，提高牛奶乳脂中 CLA 含量通过营养调控是重要课题。目前，报道较多的方法是增加奶牛饲粮中的脂类物质，但过多添加会影响奶牛采食和瘤胃功能，降低奶牛生产性能。因此，迫切需要一种能显著提高 CLA 含量但不影响奶牛生产性能的营养调控技术，成为新的研究课题。

第五节 富不饱和脂肪酸畜禽产品与人体健康

一、不饱和脂肪酸与人体健康

多不饱和脂肪酸与人体健康密切相关，目前研究较多的主要有以下 3 类：一是

ω-3系多不饱和脂肪酸（ω-3 PUFAs）；二是 ω-6系多不饱和脂肪酸（ω-6 PUFAs），三是共轭亚油酸。它们是组成组织细胞生物膜必不可少的成分，在体内参与磷脂的合成，并以磷脂的形式出现在线粒体和细胞膜中。说起富不饱和脂肪酸畜禽产品对人类健康影响时，ω-6 PUFAs/ω-3 PUFAs 比例平衡很重要。

（一）ω-3 PUFAs 与人体健康

（1）对心血管系统的作用。爱斯基摩人的食物中含有丰富的脂肪，但是其冠心病等心血管疾病的发生率却很低。他们血脂水平相对于其高脂肪食物来说是很低的，原因是他们食用大量的海产鱼，而海产鱼中含有丰富的 ω-3 PUFAs。ω-3 PUFAs 能够促进人体防御系统功能，使血液中的脂肪酸向着对人体健康有利的方向发展，起到降低血脂，抑制血栓形成，防止心肌缺血，抑制动脉粥样硬化等作用，因而对心脑血管疾病有预防效果。

（2）对神经系统的作用。长期缺乏 ω-3 PUFAs，人体视网膜和神经膜中的二十二碳六烯酸（DHA）含量会减少，对光的视觉敏感性、记忆能力和神经膜酶的活性会有所改变。ω-3 PUFAs 还与儿童的生长发育密切相关，缺乏 ω-3 PUFAs 的婴儿，红细胞中 ω-3 PUFAs 水平会降低，视网膜功能会减退。此外，大多数抑郁症患者脂肪组织中 ω-3 PUFAs 水平也偏低。

（3）对炎症类疾病的作用。ω-3 PUFAs 对防治某些炎症疾病，如类风湿性关节炎、牛皮癣和哮喘等，有良好的效果。高水平的 ω-3 PUFAs 能使类风湿性关节炎患者的关节柔软度、清晨僵直、握力和间歇性疲劳等得到改善。

（二）ω-6 PUFAs 与人体健康

关于 ω-6 PUFAs 对人体生理作用的研究相对于 ω-3 PUFAs 要少，人们对于 ω-6 PUFAs 的了解也相对较少。用亚油酸（一种常见的 ω-6 PUFAs）防治皮肤炎症，降低血脂和胆固醇，防治动脉硬化等研究较多。目前已应用于临床上的药物有亚油酸丸、脉通（亚油酸乙酯），月见草油胶丸等。有研究证明，高 ω-6 PUFAs 可抑制肿瘤的发生，而 ω-3 PUFAs 则无此作用。

营养与免疫有着重要的联系，合理摄入多不饱和脂肪酸有助于预防过敏性疾病。在儿童免疫系统发育过程中，增加 ω-3 PUFAs 的摄入，可以增强其抵抗过敏的能力。膳食中 ω-6 PUFAs/ω-3 PUFAs 的比值升高，会导致过敏性疾病增加。西方饮食中因富含 ω-6 PUFAs 而缺乏 ω-3 PUFAs，ω-6 PUFAs/ω-3 PUFAs 的比值达到 10:1 到 30:1，这与过去十几年食物过敏发生率的成倍增长的情况是相一致的，说明食物过敏和 ω-6 PUFAs/ω-3 PUFAs 的严重失调可能存在一定的关系。调节 ω-6 PUFAs/ω-3 PUFAs 水平，对预防过敏性疾病有很好的作用。其中主要的一项就是增加 ω-3 PUFAs 的含量，以达到 ω-6 PUFAs/ω-3 PUFAs 的平衡。

（三）共轭脂肪酸与人体健康

共轭亚油酸（CLA）是一类含共轭双键的 18 碳脂肪酸的总称，是必需脂肪酸亚油酸的异构体，天然亚油酸是顺 -9，顺 -12- 十八碳二烯酸。通常情况下，反式酸和共轭酸（如反油酸和桐酸）对健康有不良影响，而同时含有反式双键和共轭双键的共轭亚油酸却有多种有益的生理功能。在 CLA 的多种异构体中公认效果最明显，并在食物中天然存在的是反 -9，顺 -11- 共轭十八碳二烯酸。

1. 抗癌作用

CLA 被发现在预防癌症方面具有潜在作用。有研究表明，CLA 对人类黑色素肿瘤、结肠直肠癌细胞及乳腺癌细胞培养物有毒杀作用，杀灭率在 20%～80%。在 CLA 多种异构体中，顺 -9，反 -11 异构物能结合到人类乳腺癌细胞的磷脂中，使癌细胞生长受到抑制，抗癌作用最强。此外，反 10，顺 12 异构物还可能影响肠道和乳腺等多种癌细胞的生长，并具有抑制作用。

2. 降低胆固醇

人体摄入富含 CLA 和胆固醇的切达乳酪后，血液中 CLA 含量显著增加，胆固醇含量则无明显变化，说明 CLA 可防止血液中胆固醇浓度的上升。

3. 抑制脂肪积累

CLA 对机体脂肪代谢有显著影响，包括降低前脂肪细胞的增殖和向成熟脂肪细胞的分化、抑制脂肪细胞的有丝分裂、降低脂肪酸及三酰甘油的合成、促进脂肪水解和氧化供能过程，以及抑制脂肪合成酶的形成。有研究证明，给中度肥胖人群饮食中添加 0.5%CLA 一个月，体重和脂肪比例会显著下降，表明 CLA 对人体中脂肪的积累有一定的抑制作用。

4. 对骨骼的影响

食物中补充 CLA 后，骨骼中共轭亚油酸的含量高于其他组织中的。CLA 对骨骼形成的促进作用可能与其对食物摄取效率及身体组成的影响相关联。

5. 免疫调节

CLA 能够对机体免疫功能产生调节作用，有研究发现它能促进淋巴细胞的增殖，并且在日粮中添加 CLA 可以提高肝脏和血清免疫球蛋白（IgG、IgM 和 IgA）的含量。

（四）反式脂肪酸对人体健康的影响

反式脂肪酸是分子中至少含有一个反式构型的双键不饱和脂肪酸，双键位点碳上相连的两个氢原子位于相反方向。由于反式脂肪酸特殊的结构，使得其有更好的刚性，以及很多不同的物理性质，比如更高的熔点和更好的热力学稳定性。油脂经氢化处理或高温处理后，脂肪酸分子的空间结构发生变化，其双键上碳原子所连的氢原子变为在碳原子的两侧，碳链以直链形式构成空间结构，成为其几何异构化分子 - 反式脂肪酸。也有部分产品，如猪油、黄油，在形成脂肪酸过程中就形成反式脂肪酸。

1. 对心血管疾病的影响

过多摄入反式脂肪酸会增加人体患心血管疾病的风险。反式脂肪酸能够提高低密度脂蛋白胆固醇（被认为是坏胆固醇）水平，降低高密度脂蛋白胆固醇（被认为是好胆固醇）水平，促进动脉硬化，同时具有增加血液黏稠度和凝聚力的作用，导致血栓的形成。

2. 对婴儿生长发育的影响

反式脂肪酸对婴幼儿生长发育也有一定的抑制作用。①反式脂肪酸能干扰必需脂肪酸的代谢。婴儿由于生长发育迅速，比成人更容易患上必需脂肪酸缺乏症，影响生长发育。②反式脂肪酸能结合大脑中的脂质，抑制体内长链多不饱和脂肪酸的合成，从而对婴儿中枢神经系统的发育产生不利影响。③反式脂肪酸能抑制母体中前列腺素的合成。母体中的前列腺素通过母乳作用于婴儿，通过调节婴儿胃酸分泌、平滑肌收缩和血液循环等功能而发挥作用，干扰婴儿的生长发育。

二、日常摄入与平衡

（一）摄入要适量

多不饱和脂肪酸摄入过多，会因其结构中的不饱和双键发生过氧化反应，产生过氧化脂质，这是一种自由基，是促进衰老和发生癌症的危险因素之一。人体血液中过氧化脂质的升高，比胆固醇的升高对动脉粥样硬化的形成危害更大。因此，多不饱和脂肪酸摄入并非多多益善，而是应当注意体内各种营养物质的平衡。

（二）比例要平衡

$\omega-3$ PUFAs 的摄入量要与 $\omega-6$ PUFAs 的比例平衡。二者比例失衡，会影响 $\omega-3$ PUFAs 的作用效果，严重时反而不利于健康。$\omega-3$ PUFAs 氧化后，其生理活性就会受到影响，而且有害健康。为防止多不饱和脂肪酸的氧化，添加一些高效的抗氧化剂是必要的。在加工及储藏过程中要尽量避免高温、光照、空气以及金属离子的混入。在摄取时应尽量保证新鲜，同时应补充一些有抗氧化作用的维生素，如维生素 E、维生素 C、胡萝卜素等。

（三）各种多不饱和脂肪酸要混搭

$\omega-3$ PUFAs 包括 $\alpha-$ 亚麻酸、EPA 和 DHA，$\omega-6$ PUFAs 包括亚油酸、$\gamma-$ 亚麻酸和花生四烯酸。一般情况下，花生四烯酸与 EPA，花生四烯酸与 DHA 搭配较好，而当采用亚油酸、$\gamma-$ 亚 EPA、DHA 搭配时，需注意 $\omega-6$ PUFAs 与 $\omega-3$ PUFAs 的比值不宜太低，避免造成花生四烯酸的相互缺乏。

（四）反式脂肪酸的摄入要控制

控制反式脂肪酸的摄入，一方面可以多食用脱脂的牛奶和乳制品，减少全脂乳的摄入量；另一方面可以多吃天然食物，避免过多食用含大量人造奶油的奶油蛋糕、牛油曲奇等工业化食品和近似于工业化加工的洋快餐等。只要每天摄入的反式脂肪酸、饱和脂肪酸不超过总热量的10%，其中反式脂肪酸不超过总热量的1%，就不会对人体的健康产生危害。

三、未来展望

（一）未来营养需求和研究方向

未来可能会越来越关注个体的营养需求差异，以制定更个性化的膳食方案。研究可能会更深入地探索不同人群对不饱和脂肪酸的需求，特别是针对年龄、性别、健康状况和遗传因素的影响。同时，未来的研究可能会更加深入地探索富含不饱和脂肪酸对心血管疾病、炎症性疾病、代谢综合征和神经系统疾病等方面的影响。这可能包括长期研究人群的饮食习惯和健康状况。

（二）畜禽生产方面的发展

饲料、饲养方式和畜禽品种的调整可能会针对性地提高畜禽产品中不饱和脂肪酸的含量，这可能包括培育更适合的动物品种或改进饲料配方。食品加工技术的发展可能会更注重保留不饱和脂肪酸的稳定性和营养价值，以确保畜禽产品的质量。

（三）市场和消费趋势

随着人们对健康饮食的关注增加，富含不饱和脂肪酸的畜禽产品可能会成为功能性食品市场的重要一部分。未来消费者可能更加关注畜禽产品的质量、生产方式和来源，寻求更健康、更可持续的选择。可能会出现更多富含不饱和脂肪酸的新型畜禽产品，例如特定脂肪酸含量标注、添加 ω-3 PUFAs 的家禽产品等。

未来的研究和发展方向将更加专注于了解不饱和脂肪酸对人体健康的确切影响，以及如何在农业和食品生产方面更好地满足人们对富含这些脂肪酸的需求。同时，市场和消费者趋势也将推动着畜禽产品的生产和营销方面的变革。

参考文献

王炜，张伟敏，2005. 单不饱和脂肪酸的功能特性［J］. 中国食物与营养，4：44–46.
燕志，朱江煜，魏继燕，等，2022. n-3/n-6 多不饱和脂肪酸的生理功能与膳食平衡研究［J］. 江苏调味副食品，170：1–3，44.
张洪涛，单雷，毕玉平，2006. n-6 和 n-3 多不饱和脂肪酸在人和动物体内的功能关系［J］. 山东农业科学，2：115–120.

周英焕，刘小平，高玉云，等，2024. 多不饱和脂肪酸的生物学功能及其在畜禽生产中的应用研究进展［J］. 中国畜牧杂志（6）：21-28.

KULKARNI B V, MATTES R D, 2014. Lingual lipase activity in the orosensory detection of fat by humans［J］. American Journal of Physiology- Regulatory, Integrative and Comparative Physiology, 306(12): 879-885.

SAFARINEJAD M R, HOSSEINI, S Y DADKHAH F, et al., 2010. Relationship of omega-3 and omega-6 fatty acids with semen characteristics, and antioxidant status of seminal plasma: A comparison between fertile and infertile men［J］. Clinical Nutrition, 29(1): 100-105.

VERNOCHET C F, DAMILANO A, MOURIER O, et al., 2014. Adipose tissue mitochondrial dysfunction triggers a lipodystrophic syndrome with insulin resistance, hepatosteatosis, and cardiovascular complications［J］. FASEB Journal, 28(10): 4408-4419.

YE Z, CAO C, LI R, et al., 2019. Lipid composition modulates the intestine digestion rate and serum lipid status of different edible oils: A combination of *in vitro* and *in vivo* studies［J］. Food & Function, 10(3): 1490-1503.

第五章 富含矿物元素畜禽产品生产技术

矿物元素尤其是微量元素缺乏一直是人类面临的一项健康问题。我国将微量元素膳食干预作为一项国民健康重点工作，提出要针对特定区域、特定人群和特定阶段实施微量营养素缺乏营养干预，逐步解决居民营养不足与过剩并存问题。在畜禽产品中富集微量元素可以安全高效地实现特定营养素补充，相关研究越来越受到人们的关注。当前，富含矿物元素的畜禽产品主要包括富硒、富锌、富铁等几类畜禽产品，通过动物机体转化，猪肉、鸡蛋以及牛奶是主要的开发对象，且以富硒畜禽产品开发最多。这些功能性畜禽产品的生产一般是通过饲喂富含矿物元素的饲料，实现畜禽产品中特定矿物元素的富集。由于通过动物机体转化后产品中矿物元素主要以有机形态存在，因此会更安全，人体吸收效果会更好。

第一节 主要矿物元素

矿物元素是动物机体组织的重要组成部分，除了维持动物生命、繁殖以外，雌性动物的泌乳也离不开矿物质。人类与动物一样，同样需要矿物元素，组成机体的矿物元素有几十种，其中约有 20 种元素是维持组织生产、机体代谢、生理功能所必需。前文提到，按照矿物元素在体内的占比，可以分为常量元素和微量元素，常量元素主要包括钙、磷、镁、钠、钾、氯和硫 7 种元素，微量元素主要有铁、铜、锌、锰、碘、钴、钼、硒和铬 9 种元素。

虽然矿物质在动物体内的总量比较低，只占体重的 4% 左右，也不能提供能量，但是它们在体内不能自行合成，必须由外界环境供给，并且在动物体组织的生理作用中发挥重要的功能。矿物质是构成机体组织的重要原料，如钙、磷、镁是构成骨骼、牙齿的主要原料；钙是凝血酶的活化剂，锌是多种酶的组成成分；碘是甲状腺素、铁是血红蛋白等特殊生理功能物质的组成部分；酸性（氯、硫、磷）和碱性（钾、钠、镁）无机盐适当配合，加上重碳酸盐和蛋白质的缓冲作用，维持着机体的酸碱平衡和正常渗透压；钾、钠、钙、镁是维持神经肌肉兴奋性和细胞膜通透性的必要条件等。

在动物体的新陈代谢过程中，每天都有一定数量的矿物质通过粪便、尿液、汗液、皮毛等途径排出体外，因此必须通过饲料予以补充，一般常量矿物质添加剂有碳酸钙、氯化钠、硫酸镁和磷酸盐等，其中以磷酸盐类用得最多。但是，由于某些微量元素在体内的生理作用剂量与中毒剂量较为接近，因此过量摄入也会对动物的正常生长造成危害。

第二节　主要矿物元素代谢

矿物元素按照不同来源可分为有机与无机两类。有机矿物元素最早是指葡萄糖酸锌、富马酸亚铁等有机酸类，随着化学工艺和生物技术进步，出现金属氨基酸螯（络）合物、金属蛋白盐、多糖复合物、酵母型矿物元素等。无机矿物元素是指无机盐或无机盐包被物。无机矿物元素在畜禽养殖生产中的应用较为广泛，其优势在于价格低廉、使用方便，但其缺点也很明显，就是转化效率低，容易造成环境污染、破坏生态、易中毒等。以蛋鸡为例，无机矿物元素在养殖中具有吸收率低、易造成潜在的弊端。除碘、硒外，其他矿物元素的吸收率均较低，绝大部分低于10%；部分微量矿物元素的吸收率不足1%。而且无机矿物质元素对肠道黏膜和神经性损伤同样较为严重，造成肠道黏膜破损，引起感染性风险，甚至会造成肠道出血和生理功能失调等中毒性症状。不同形态的矿物元素在畜禽体内的消化、吸收和代谢不尽相同。

一、有机矿物元素代谢

相对于无机态矿物质，有机矿物元素消化吸收效率更高，络合态、螯合态以及微生物发酵类矿物元素在畜禽养殖生产中应用较为常见，比如柠檬酸态、枸橼酸态、延胡索酸态、葡萄糖酸态、乙二胺四乙酸态等。

有机微量元素的吸收主要取决于与之结合的配体，配体吸收效率高，微量元素的吸收效率就高。研究表明，小分子肽比氨基酸更容易，也更快地被畜禽机体吸收利用，而且不受抗营养因子的影响。与游离氨基酸相比，小分子肽的吸收不仅速度较快，而且吸收效率高。

有机矿物元素，如氨基酸螯合矿物元素可完整转运至小肠上皮细胞内，并非利用小肠无机离子转运通道，金矿物元素被螯合物包裹在中心，其矿物元素螯合物是以整体的形式通过氨基酸转运机制或胞吞转运至细胞内。有机矿物元素复合物，如蛋白盐可以附着在肠肽转运蛋白上，这种蛋白是一种二肽与三肽转运体，转运体没有过度特异性，还以转运包括二肽与三肽在内的很多其他分子。

有机矿物元素的消化、吸收和代谢途径通常认为有两种，第一种是进入畜禽肠道后分解为无机离子，并通过离子通道吸收；第二种是利用相应配体的吸收通道被小肠直接吸收。与无机矿物元素相比，有机矿物元素在机体内的吸收途径更为广泛、吸收速率更加高效，这也可能是有机微量元素在畜禽中利用率较高的原因之一。例如，与无机硒相比，有机硒和生物活性硒具有较高的抗氧化活性、生物利用率和沉积效率，且硒的结构和形态更符合畜禽和人体结构，因此更容易被机体吸收和利用。硒在人体中的形态主要有甲基硒代半胱氨酸（MeSeCys）、硒代胱氨酸（Se-Cys2）和硒代蛋氨酸（Se-Met）等十多种，而有机硒毒性小，营养价值较高，易在人体内吸收利用。

以前认为金属复合物或螯合物必须是可溶性的才具有生物学活性，近年来发现这一观点是不正确的。目前已有大量的研究表明，不完全可溶的有机微量元素远比其他可溶的有机微量元素更具有生物学效价。除非考虑肠胃中的消化过程和水环境中pH值变化，否则单纯评估有机微量元素的可溶性几乎没有任何意义。实际应用结果表明，有机矿物质只需要使用无机矿物质1/3～1/2的剂量，即可满足养殖动物的需求。

二、无机矿物元素代谢

微量元素进入消化系统后被胃肠道上皮细胞吸收，进入血液后才能供组织细胞利用，进入胃肠道的微量元素主要被小肠吸收，部分可以被胃和其他肠段吸收。动畜禽体内常见的无机矿物元素铁、铜、锰和锌等的主要吸收部位在肠道，通过肠道黏膜上的各种转运蛋白以及离子通道吸收转运。

（一）铜

铜的吸收大都发生在小肠，当Cu^{2+}穿过肠腔进入门静脉循环系统，随血液运输至肝脏，肝脏是分配机体Cu^{2+}利用与代谢的重要枢纽，一部分Cu^{2+}在肝脏中会被动员至外周组织，另一部分则会被分泌到胆汁中排泄至体外。在肠道黏膜细胞外侧存在Reductase蛋白，可将Cu^{2+}还原为Cu^+，小肠黏膜上皮细胞中的特异性铜转移蛋白对Cu^+有高亲和力，将Cu^+转运至小肠上皮细胞内，Cu^+会与铜依赖性酶结合或通过Cu^+转运P型蛋白ATP7A从细胞膜外侧转运在血液中。铜通过门静脉转运至肝脏，再通过体循环和未知蛋白转运至外周组织，过量的铜会通过胆汁排出体外。

（二）铁

Fe^{3+}主要在十二指肠绒毛的上半部分肠上皮细胞中吸收，饲料中的铁主要以不易溶解的Fe^{3+}的形式存在，在转运前通过铁还原蛋白细胞色素氧化酶还原为溶解度更高的Fe^{2+}形式，还原后的Fe^{2+}主要通过二价金属离子转运体转运至细胞内。哺乳动物对于过量铁元素的代谢并未有清晰的生理机制，机体中铁元素的排出可通过黏膜细胞的脱落和失血等方式排出，动物机体全身的铁稳态主要通过调节小肠对铁元素的转运实现。目前所知动物机体唯一排泄铁的转运蛋白是铁转运蛋白，发挥作用时受肝素的调节，在维持机体铁平衡中起关键作用，当畜禽机体铁原蛋白（FPN）基因表达异常时，会导致机体铁积累过量，从而造成机体损伤。

（三）锰

锰元素在动物饮食中存在形式主要是 Mn^{2+}，Mn^{2+} 在小肠中的吸收转运机制尚未完全清晰。目前已知 Mn^{2+} 转运蛋白主要有 ZIP8（SLC29A8）、ZIP14（SLC39A14）和 ZNT10（SLC30A10），动物机体锰稳态主要依靠肠、肝中存在的以上3种转运体。

（四）锌

锌以二价阳离子形式存在时，在细胞膜转运过程不需要氧化还原反应，其转运方式与 Cu^{2+}、Fe^{2+} 相似。锌离子转运蛋白在锌的转运与调控中起关键作用，锌的吸收与排泄依靠两类锌离子转运蛋白。肠上皮细胞吸收的锌有可能是通过转运蛋白转运至门静脉，进入血液循环系统。研究发现，无论日粮中添加蛋氨酸锌还是硫酸锌都会增加蛋鸡小肠、肝脏、十二指肠和空肠中锌元素含量，这表明锌元素的不同结构和来源都会增加机体吸收，其中肝脏锌元素含量最高、十二指肠锌元素含量最低，这可能是不同器官对锌的转运不同导致。

（五）硒

与无机硒相比，有机硒和生物活性硒具有较高的抗氧化活性、生物利用率和沉积效率，且硒的结构和形态更符合畜禽和人体结构，因此更容易被机体吸收和利用。硒在人体中的形态主要有甲基硒代半胱氨酸（MeSeCys）、硒代胱氨酸（Se-Cys2）和硒代蛋氨酸（Se-Met）等十多种，而有机硒毒性小，营养价值较高，易在人体内吸收利用。

总之，相对于无机矿物质，有机矿物质元素易吸收、效果佳，将有机矿元素与氨基酸等具有复杂空间结构的有机物进行螯合形成有机态矿物元素，叫作氨基酸螯合态，该类矿物质吸收较强、生物作用更好。此外，矿物元素通过微生物发酵技术，可利用微生物强大的分解能力和合成能力，将无机态矿物元素转变为有机合成态矿物元素。

第三节　矿物元素与畜禽健康

矿物质虽然不是能量的直接供体，但是它对蛋白质、碳水化合物、脂肪等物质的代谢以及组织构成有密切的联系和巨大的影响，有的矿物元素以盐的形式组成骨和牙齿等，有的矿物元素则是酶的组成成分和激活剂，有的则是激素的组成成分，它们是保证畜禽健康、生长发育等生命过程中所必需的物质。近年来，畜禽饲养户发展很快。圈养的畜禽，笼养的家禽，矿物元素缺乏症经常发生。为了解决这些问题，通常会以添加剂形式进行补充。本节简要介绍几种主要矿物元素对畜禽健康的影响。

第五章 富含矿物元素畜禽产品生产技术

一、矿物元素对畜禽生理机能的作用

矿物元素对畜禽生长、发育、免疫和繁殖等生命活动起着至关重要的作用，缺乏矿物元素会导致畜禽生长缓慢、发育迟缓、免疫缺陷及繁殖障碍等，严重影响着畜禽养殖效益。矿物质在畜禽体内起重要作用，主要体现在：一是畜禽体内重要的结构物质。比如，钙、磷是构成骨骼、牙齿的主要成分，磷在畜禽脏器中含量较多，参与畜禽体内各个生化反应。锰、锌、铜、铁、碘、钴等元素是酶或激素的辅基，在畜禽生理活动中发挥重要作用；二是可调节体液，保持细胞内液、淋巴液、血液间渗透压的稳定，保证机体内细胞获得必需的营养物质，从而维持生命活动；三是维持血液的酸碱平衡。无机盐类（重碳酸盐与磷酸盐）是血液中的重要缓冲物质；四是可影响其他物质在畜禽体内的溶解度，氯是形成胃液和胃酸的原料，并能促进消化酶的活动，使饲料变为可溶解状态，提高饲料利用率，同时由于它对消化液的酶有催化作用，可提高消化效率，改善日粮的适口性，增加畜禽食欲。

二、主要矿物元素对畜禽健康的影响

（一）钙、磷与畜禽健康

1. 钙、磷含量与生理功能

钙和磷是动物体内必需的矿物元素，在畜禽配合饲料中用量较大。动物体内，钙和磷可占体重的 1%～2%，其中 98% 以上的钙和 80% 以上的磷存在于骨骼和牙齿中。骨中钙约占骨灰的 36%，磷约占 17%。正常的钙：磷是 2：1 左右，但随年龄和营养状况不同，钙磷比也有一定变化。体内钙磷代谢密切相关，日粮高磷影响钙的吸收与排泄，增加钙的需要量。所以应该注意保持日粮钙、磷比例适宜。

钙是构成畜禽骨骼和牙齿的主要成分。在机体内，钙参与血液凝固、肌肉收缩全过程，参与维持体液酸碱平衡和心肌正常功能，发挥维持神经系统的正常传导功能。畜禽钙缺乏时，首先发生软骨病，危害严重。但是，畜禽对高钙的耐受性较差，过量的钙会抑制日粮中的二价金属离子铜、铁、锰、锌的吸收，导致生长发育减慢。畜禽对钙的需要量差别较大，肉用畜禽对钙的需求低于蛋用家禽，种畜禽对钙的需要也较高。此外，在高温或高能条件下，日粮钙水平应适当提高。石粉、贝壳粉和磷酸氢钙等均是钙的良好来源。

磷也是构成畜禽骨骼的主要成分。在所有矿物质元素中磷的生物功能最多。第一，与钙一起参与骨、齿结构组成；第二，参与体内能量代谢和氧化磷酸化过程，是 ATP 和磷酸肌酸的组成成分；第三，以磷脂的方式促进脂类物质和脂溶性维生素的吸收；第四，以磷脂形式构成细胞膜，保证生物膜的完整性；第五，作为遗传物质 DNA、RNA 和一些酶的结构成分，参与许多生命活动过程，对于生命的发生、发育和生长具有重要作用；第六，以磷酸盐的形式作为缓冲物质，参与维护机体酸碱平衡。磷缺乏时，会出现生长缓慢、食欲减退、骨质松脆、产蛋降低等症状。磷源有脱氟磷酸盐、骨粉、磷酸钙等，是常用的含磷饲料，但一般均同时含有钙的成分。在植物性饲料中植酸磷是磷的重要存在形式。植酸磷不能被畜禽消化利用，一般需要在饲料中添加一定量的植酸酶，用来提高磷的利用率。

2. 缺乏和过量

钙和磷一般常见的缺乏症是表现为食欲降低，异食癖；生长减慢，生产力和饲料利用率下降；骨生长发育异常，已骨化的钙、磷也可能大量游离到骨外，造成骨灰分降低、骨软化，严重的不能维持骨的正常形态，从而影响其他生理功能。动物典型的钙、磷缺乏症有佝偻病、骨疏松症和产后瘫痪。

佝偻病是幼龄生长动物钙、磷缺乏所表现出的一种典型营养缺乏症。其表现为动物行走步态僵硬或脚跛，甚至骨折，骨骼生长发育明显畸形，长骨末端肿大，骨矿物质元素含量减少，血钙、血磷或两者含量下降。由日粮低钙高磷引起血钙降低、血磷正常的佝偻病叫低钙佝偻病，由日粮低磷高钙引起血磷降低、血钙正常的佝偻病叫低磷佝偻病；日粮钙磷都低引起血钙血磷的佝偻病叫真佝偻病。生长牛主要出现低磷佝偻病，而出现低钙佝偻病较少；生长猪两者均可能出现。

骨软化症是成年动物钙、磷缺乏所表现出的一种典型营养缺乏症。日粮钙、磷、维生素 D_3 缺乏或不平衡，高产动物（产奶、产蛋等）过多动用骨中矿物元素均可引起此病。患骨软化症动物的肋骨和其他骨骼因大量沉积的矿物质分解而形成蜂窝状，容易造成骨折、骨骼变形等。

骨松症是成年动物的另一种钙、磷营养代谢性疾病。患骨松症的动物，骨中矿物质元素含量均正常，只是骨中的绝对总量减少而造成的功能不正常。引起骨松症的根本原因大致有两个方面。一是骨基质蛋白质合成障碍，减少矿物元素沉积，使骨的绝对总量减少；二是长期低钙摄入，使骨的代谢功能减弱、骨总灰分减少和骨强度降低。

产后瘫痪，又名乳热症、低钙血症，是高产奶牛因缺钙引起内分泌功能异常而产生的一种营养缺乏症。在分娩后，产奶对钙的需要突然增加，甲状旁腺素降钙素的分泌不能适应这种突然变化，在缺钙时则引起产后瘫痪。

（二）钠、钾、氯与畜禽健康

三种元素主要分布在体液和软组织中。钠主要分布在细胞外，大量存在于体液中，少量存在于骨中。钾主要分布在肌肉和神经细胞内。氯在细胞内外均有。钠离子、钾离子和氯离子都够维持畜禽体内的渗透压和酸碱平衡，维持肌肉正常功能。钠还能促进食欲，调节心脏活动。钾还是维持神经和肌肉兴奋的重要因子，能够传递兴奋。日粮缺钠时，心肌功能易发生障碍，肌肉收缩无力，生长停滞，产蛋下降。缺氯时食欲下降，生长缓慢。缺钾时，肌肉收缩无力，运动失调。通常，食盐过量易发生中毒。国产鱼粉中食盐含量较高，应防止中毒事件发生。日粮中一般要适当补充食盐，不过饲料中一般不缺钾。

各种动物饲料钠都较缺乏，其次是氯，钾一般不缺乏。但在实际生产中，当育肥肉牛饲喂精料或非蛋白氮物质比例过高或高产奶牛大量使用玉米青贮等饲料时也可能出现缺钾症。三个元素中任何一个缺乏均可表现食欲差、生长慢、失重、生产力下降和饲料利用率低等，同时可导致血浆中含量和粪尿中含量降低。因此，粪尿中钠、钾、氯元素含量下降可以敏感地反映三种元素的缺乏。奶牛缺钠初期有严重的异食癖，对食盐特别有食欲，随着时间延长，缺钠时间延长则产生厌食、被毛粗糙、体重减轻、产奶量下降、奶脂肪率和奶钠含量下降等症状。猪缺钠可导致相互咬尾。产蛋鸡缺钠，易形成啄癖，同时也伴随着产蛋率下降和蛋重减轻，但不同品种鸡生产力下降程度不同。猪和羔羊缺钾，食欲明显变差。一般情况下，动物能自身调节钠摄入，食盐任意采食也不会有害，各种动物耐受食盐的能力都比较强，在供水充足时耐受力更强。但较长时间缺乏食盐的动物，任意采食食盐可导致中毒，其表现症状为腹泻、极度口渴、产生类似于脑膜炎样的神经症状。日粮中钾过量，会降低镁的吸收率，因此当牧草大量施钾肥时可引起反刍动物低镁性"痉挛"。

（三）镁与畜禽健康

动物体内各组织器官中均含有镁离子，约占动物体的 0.05%，其中 60%～70% 存在于骨骼中。骨镁 1/3 以磷酸盐形式存在，2/3 吸附在矿物质元素结构表面。在非反刍动物中一般经小肠吸收。镁作为必需矿物元素之一，有如下功能：一是参与骨骼组成；二是作为酶的活化因子或直接参与酶组成或辅酶，如磷酸酶、氧化酶、激酶、肽酶和精氨酸酶，参与体内转氨基、脱氨基等作用；三是参与 DNA、RNA 和蛋白质合成；四是调节神经肌肉兴奋性，保证神经肌肉的正常功能。

动物缺镁主要表现为厌食、生长缓慢、心跳加快、呼吸频率提高、神经肌肉高度兴奋等现象，严重的导致昏迷死亡。与猪鸡等动物相比，反刍动物镁需求量高，一般是非反刍动物镁需要量的 4 倍左右，而且饲料中镁含量变化大和吸收率低，容易出现缺乏症。也可能出现肾钙沉积和肝中氧化磷酸化强度下降，外周血管扩张和血压体温下降等症状。实际生产条件下可能出现的缺乏症是产奶母牛在采食大量生长旺盛的青草后出现的"草痉挛"，主要是由于成年产奶牛体镁储存量低、青草中的镁含量和吸收率低引起。其主要表现为神经过敏、肌肉发抖、呼吸弱、心跳过速、抽搐和死亡。痉挛与缺钙的临床表现近似，但血镁含量有差异。"乳热症"牛血镁正常，血钙、血磷和可溶性钙含量大幅度下降，而出现"草痉挛"，牛血钙、血无机磷正常，血镁下降。镁过量引起动物中毒，主要表现为采食量下降，生产力降低，昏睡，运动失调和腹泻，严重可引起死亡。

（四）硫与畜禽健康

动物体内约含 0.15% 的硫，少量以硫酸盐的形式存在于血液中，大部分以有机硫形式存在于肌肉组织、骨以及蛋白质中。有机硫在动物营养中有重要意义，是蛋白质的组成成分之一，对蛋白质分子结构的稳定性起十分重要的作用。以硫作为主要成分的物质中，蛋氨酸通常是畜禽的必需氨基酸，硫胺素是体内必需的营养素，许多种酶的结构中含有巯基对生化反应起调节作用，畜禽毛发中胱氨酸、半胱氨酸含量丰富，对维持毛发的韧性和弹性产生作用。

畜禽硫缺乏时，表现为身体消瘦，爪、毛、羽、角、蹄生长缓慢。动物缺硫表现消瘦，角、蹄、爪、毛、羽生长缓慢，反刍动物利用纤维素的能力降低，采食量下降。如果利用非蛋白氮作氮源，当日粮氮硫比例过大时，可能引起硫缺乏。

（五）铁与畜禽健康

铁是重要的营养素。动物不同的组织和器官分布差异很大，60%～70%分布于血红蛋白质中，2%～20%分布于肌红蛋白质中，0.1%～0.4%分布在细胞色素中，约1%存在于转运载体化合物和酶系统中。肝、脾和骨髓是主要的贮铁器官。在畜禽体内，铁主要有两方面的营养生理功能。第一，铁是组成血红蛋白的成分之一，承担着为机体输送氧气的任务。第二，铁是各种氧化酶的组成成分，参与细胞氧化和磷酸化过程。缺乏铁时，发生营养性贫血，血液中血红蛋白含量和红细胞压积显著降低。

缺铁的典型症状是贫血。其临床症状表现为生长慢、昏睡、可视黏膜变白、呼吸频率增加、抗病力弱，严重时死亡率高。血红蛋白质的含量可以作为判定贫血的标识。不同的动物表现不同形式的贫血。猪、禽缺铁常表现低色素小红细胞性贫血，犊牛可能产生正常色素小红细胞性贫血。

（六）铜与畜禽健康

肝是体铜的主要贮存器官。消化道各段都能吸收铜，但主要吸收部位在小肠。铜的主要营养生理功能有三个方面。第一，作为金属酶组成部分直接参与体内代谢。这些酶包括细胞色素氧化酶、尿酸氧化酶、氨基酸氧化酶、酪氨酸酶、过氧化物歧化酶和铜蓝蛋白质等。第二，铜与铁发挥协同作用，共同促进血红蛋白合成和红细胞成熟。第三，作为骨细胞、胶原和弹性蛋白形成不可缺少的元素，参与骨的形成。

铜缺乏时，会对畜禽采食量、生长速度、毛和羽毛生长等产生影响。缺铜可常常引起猪和禽骨折或骨畸形，而牛和羊则少见。幼龄生长动物或胎儿缺铜可表现出成骨细胞形成减慢或停止；一些地区缺铜可因含铜胺氧化酶活性降低影响神经胺代谢而出现神经症状，羔羊表现共济失调。猪、禽、牛缺铜，因含铜赖氨酰氧化酶活性降低，使心血管弹性蛋白质弹性下降，甚至引起血管破裂而死亡。除猪外，动物缺铜可因含铜多酚氧化酶减少而表现出毛、羽，特别是黑色和灰色毛、羽脱色；绵羊缺铜，毛弯曲度消失。牛缺铜可引起腹泻。牛、羊均可因缺铜而降低繁殖性能。

（七）锰与畜禽健康

动物体内含锰低，为0.2～0.3 mg/kg。骨及内脏中含量较高，肌肉中含量较低。锰的主要营养生理作用是在碳水化合物、脂类、蛋白质和胆固醇代谢中作为酶活化因子或组成部分，参与细胞氧化磷酸化、脂肪合成等生化反应。此外，锰是维持大脑正常代谢功能必不可少的物质。

动物缺锰可导致采食量下降、生长减慢、饲料利用率降低，骨异常、共济失调和繁殖功能异常等。骨异常是缺锰典型的表现。家禽缺锰时，雏鸭腿骨粗短，关节肿大，易发生脱腱症，猪缺锰产生骨异常的表现是脚跛、后踝关节肿大和腿弯曲缩短。绵羊和小牛表现站立和行走困难、关节疼痛和不能保持平衡。山羊出现跗骨小瘤，腿变形。谷物籽实、饼粕类饲料中均含有一定量的锰元素，硫酸锰是常用的无机含锰离子添加剂，蛋氨酸锰、甘氨酸锰是有机微量添加剂产品。

（八）锌与畜禽健康

锌在体内的分布不均衡，骨骼肌中占体内总锌的50%～60%，骨骼中约占30%，其余分布于皮毛和内脏器官中。动物缺锌可产生食欲、采食量和生产性能下降等问题，皮毛损害、雄性生殖器官发育不良、繁殖性能降低等症状。皮肤不完全角质化症是畜禽缺锌的典型表现。出现此症的动物，皮肤变厚角化，但上皮细胞和细胞核未完全退化。猪缺锌，在四肢下部、眼、嘴周围和阴囊最易出现此症。生长鸡缺锌，表现严重皮炎，脚和爪较为明显。动物性饲料、饼粕类饲料和糠麸中含有丰富的锌。硫酸锌、蛋氨酸锌、甘氨酸锌等产品是畜禽日粮常用的锌补充剂。

（九）硒与畜禽健康

动物体内含硒为 0.05～0.2 mg/kg，肌肉中总硒含量最多，肾肝中硒浓度最高，体内硒一般与蛋白质结合存在。硒的最重要的吸收部位是十二指肠。硒最重要的营养生理作用是参与谷胱甘肽过氧化物酶的组成，能够催化细胞内的氧化还原反应，清除代谢产生的自由基，对细胞内的生物活性物质和细胞膜具有保护作用。肝中此酶活性最高，骨骼肌中最低。硒与维生素E在防治肌肉萎缩与渗出性素质病方面有协同作用，可以相互补偿。

实际生产中，缺乏硒可单独出现肝坏死，也可以与肌肉营养不良或白肌病以及桑葚心同时出现，鸡缺硒主要表现渗出性素质和胰腺纤维变性，表现为生长慢、死亡率高。牛羊缺硒主要表现为肌肉营养不良或白肌病。硒缺乏还会明显影响繁殖性能，母猪产仔数减少、种鸡产蛋下降，母羊不育，母牛产后胎衣不下。

（十）碘与畜禽健康

碘分布于全身组织细胞中，其中70%～80%存在于甲状腺内。碘在消化道各部位都可吸收，以碘化物形式存在的碘吸收率较高。碘作为必需微量元素，最主要功能是参与甲状腺素的生成。此外，参与体内的能量代谢、维持神经肌肉的基本功能、促进皮肤与羽毛的生长发育，对繁殖、生长、发育、红细胞生成和血液循环等起调控作用。缺碘时，甲状腺合成甲状腺素的能力受阻，甲状腺发生代偿性实质增生而表现肿大。

第四节　主要畜禽产品及生产技术

目前，富含矿物元素的畜禽产品主要包括富硒类、富铁类、富锌类，也有少量以锶、锰等作为研发和销售的畜禽产品。其中富硒功能性畜禽产品研发和市场消费最多。

一、富硒畜禽产品

当前，不少专家认为畜禽产品中硒含量超过普通畜禽产品硒含量的20%以上才可认为是富硒畜禽产品。据此计算，畜禽产品硒含量达到0.20 mg/kg以上才可称为富硒产品，但富硒产品的标准并不一致，针对每一类富硒畜禽产品需要依据不同的标准而定。在富硒畜禽产品生产中，亚硒酸钠、酵母硒、蛋氨酸硒、蛋氨酸硒羟基类似物、胱氨酸硒、半胱氨酸硒、半胱氨酸甲基硒以及纳米硒等是常见的硒源。以亚硒酸钠为代表的无机硒的毒性较高，机体耐受剂量较低，传统上亚硒酸钠作为治疗硒缺乏疾病的对症药物，且也作为富硒畜禽产品的硒源，但使用无机硒存在较大的安全风险。不过，经生物体转化后，生产的富硒畜禽产品中绝大部分是以有机硒形式存在，因此通过动植物机体转化实现农产品中硒的富集，是目前消费者更认可的硒的补充方式。相比于植物性食物，动物性食物中硒含量更高。通常，植物性富硒食物大多通过在富硒土壤上种植或喷洒硒肥来实现富集的目的，富硒畜禽产品生产主要通过饲喂富硒饲料实现硒的富集。

（一）富硒猪肉

猪肉是人们日常生活的必需品，我国是猪肉消费大国，每年消费了全球近一半的猪肉。富硒猪肉则是重要的功能性畜禽产品，不仅营养丰富，而且能够以更优质的品质为消费者提供重要的微量元素硒。在生产上，富硒猪肉的生产方式主要是通过在饲料中添加不同的硒源来喂养生猪，经过机体代谢后沉积在猪肉中。富硒酵母、纳米硒、硒代蛋氨酸、硒代蛋氨酸羟基类似物等是常用的硒源，亚硒酸钠使用得较少。实践中发现，饲料中硒的添加量在0.25 mg/kg以上时，才能在猪肉中取得较好的富硒效果。

众多研究表明，有机硒相较于无机硒对于提升猪肉中硒的富集量效果更好。饲料中硒由血液进入组织，通过在组织中与蛋白质结合而被动物机体利用，主要分布在肾、肝、胰和脾中，少量蓄积在肌肉、骨髓和脑中，血液中最低。张迁等通过给肥育猪饲料中分别添加0.3 mg/kg的富硒酵母和0.3 mg/kg的亚硒酸钠，饲养40 d后，发现富硒酵母组猪肌肉中的硒富集平均值为0.342 mg/kg，而亚硒酸钠处理组则为0.121 mg/kg。Zhang等发现，与亚硒酸盐（0.25 mg/kg）相比，饲喂有机硒源（硒代蛋氨酸0.25 mg/kg和甲基硒代半胱氨酸0.25 mg/kg）的猪的背最长肌硒含量显著增加了75.4%和29.5%。以上研究均表明，相对于无机硒（亚硒酸钠、硒酸钠），有机硒（酵母硒、硒代蛋氨酸和甲基硒代半胱氨酸）具有更高的吸收利用率，能在更大程度上提高生长猪肌肉组织中的硒富集量。赵世锋研究显示当亚硒酸钠添加量在 0～0.2 mg/kg 时，肌肉硒含量随着硒添加浓度的增加而提高，添加浓度在 0.2～1.0 mg/kg 时肌肉硒含量随着硒添加量的增高变化并不显著。而 Zhang 等研究表明，给饲料中添加不同量的硒代蛋氨酸（0.25 mg/kg、0.5 mg/kg、2.5 mg/kg），育肥猪背最长肌中硒的富集量分别为 0.314 mg/kg、0.536 mg/kg 和 2.038 mg/kg，即肌肉中的硒含量随着添加的硒代蛋氨酸含量的增加呈线性增长，可能的原因是亚硒酸钠属于无机物，而硒代蛋氨酸是有机硒，而猪对两种硒源的代谢机理存在差异所致。我们可以看到，富硒猪肉的生产主要是通过添加外源硒而实现的，有机硒相较于无机硒对于提升猪肉中硒的富集量效果更好。

除了外源添加硒源外，也有在育肥猪饲料中使用天然的富硒植物，探索对育肥猪组织中硒的富集以及生长性能的影响。相较于人工合成的硒源，Mattioli 等认为天然的富硒植物对于动物来说更加安全和健康。陈阳楼等研究发现，湖北恩施州作为天然富硒区，当地的养殖户在生猪养殖过程中，即使不特意添加富硒饲料，生猪出栏经屠宰加工的猪肉硒含量依然高达 0.31 mg/kg。可见，利用天然的富硒玉米等来生产富硒猪肉是可行的，也是符合天然富硒地区发展要求的，天然富硒环境、天然有机富硒饲料，为生产出天然富硒猪肉提供了良好的环境和饲养模式。

（二）富硒鸡蛋

鸡蛋是富硒畜禽产品的理想产品，不仅营养丰富、硒的沉积率高，而且还是人们日常消费的必需品，大多数国家鸡蛋价格合理，是消费者日常不可或缺的畜禽产品。市面上富硒鸡蛋的生产方式主要是通过在饲料中添加不同的硒源来喂养母鸡，再经过母鸡体内的生命代谢活动使得硒转移并沉积在鸡蛋中。实践发现，饲料中硒的添加量在 0.30 mg/kg 以上时，才能在鸡蛋中取得较好的富硒效果。

1. 富硒饲料对蛋硒含量的影响

亚硒酸钠以及酵母硒均能提高蛋硒含量已经被众多研究者证明，而鸡蛋中硒含量水平、蛋清与蛋黄硒含量水平、蛋硒含量何时稳定却存在不同的研究结果。胡华峰等研究发现酵母硒较之亚硒酸钠转化效率更高，蛋硒含量随试验天数增加始终处于上升状态，至试验 38 d 未达含量稳定期。Jing 等研究发现日粮中添加 0.3 mg/kg 的亚硒酸钠、酵母硒和硒代蛋氨酸（以硒计），均能提高鸡蛋中的硒含量，蛋黄硒含量极显著高于蛋清硒含量，蛋黄硒含量可达 0.8 mg/kg，试验 60 d 前亚硒酸钠和酵母硒组蛋黄硒含量差异不显著，蛋黄硒含量于试验第 5 天即达稳定期，蛋清中硒含量于试验第 15 天达高峰。蔡娟等也发现酵母硒效果优于亚硒酸钠，且随酵母硒浓度的增加而蛋硒含量显著增加。Payne 等得到了同样的结果。但是，也有不同研究结果。Skřivan 等以 24 周龄 ISA 褐色蛋鸡为对象分别添加 0.3 mg/kg 酵母硒、亚硒酸钠与富硒小球藻发现蛋清硒含量极显著高于蛋黄硒含量。Słupczyńska 等发现相同剂量的酵母硒和亚硒酸钠在提高蛋硒含量方面两者差异不显著，而硒代蛋氨酸较之上述两者差异极显著。钟永生等采用高效液相色谱 - 原子荧光联用仪分析方法得出结论：富硒鸡蛋中的硒主要是以有机硒 Se-Met 的形态存在。综上所述，有机硒尤其是酵母硒，无论在蛋黄还是蛋清中的硒富集效果均显著优于亚硒酸钠，用酵母硒生产富硒理论上可行，效果更好，富硒鸡蛋中的硒主要是以有机硒 Se-Met 的形态存在。

此外，除了在饲料中添加硒源，饲喂高硒含量的植物也可以富硒，湖北恩施、陕西安康等地是富硒地区，对于生产富硒产品和发展富硒产业具有一定优势。权群学等利用天然富硒玉米生产富硒鸡蛋，发现当富硒玉米配比为 9.6% 和 14.5% 时，蛋鸡持续饲喂 14 d 以上鸡蛋中的硒含量将会稳定在 0.30～0.31 mg/kg 和 0.49～0.50 mg/kg，达到了富硒鸡蛋的地方标准。

2. 富硒饲料对蛋鸡生产性能的影响

硒是一些重要抗氧化酶和硒蛋白的组成部分，具有抗氧化、抗应激、调节机体免疫力等生物学功能。目前，研究者对酵母硒和亚硒酸钠对蛋鸡生产性能的研究结果各异。蔡娟等在 30 周龄海兰褐蛋鸡中添加 0.3 mg/kg 的亚硒酸钠和酵母硒均未对蛋鸡生产性能产生影响。Payne 等以 70 周龄来航鸡为研究对象，发现亚硒酸钠和酵母硒对蛋鸡产蛋率、日产蛋重、料蛋比无显著影响，但酵母硒组脏蛋和软破蛋率更高。Skřivan 等以 24 周龄 ISA 褐色蛋鸡为对象，仅发现酵母硒组较之亚硒酸钠组蛋重显著提高（$P<0.05$），其余生产性能指标无显著差异。孙庆艳等也未发现亚硒酸钠、酵母硒显著影响 18～26 周龄海兰灰蛋鸡的生产性能。杨玉等研究发现在含 0.2 mg/kg 亚硒酸钠基础上添加酵母硒可以显著提高 69 周龄蛋鸡产蛋率，降低料蛋比。以上研究中，亚硒酸钠和酵母硒对蛋鸡产蛋高峰期和产蛋后期生产性能影响差异较大，说明硒在提高蛋鸡产蛋后期健康状况方面可能作用更大。

3. 富硒饲料对鸡蛋蛋品质的影响

富硒饲料对蛋鸡蛋品质的影响存在着不同研究结果。蔡娟等在 30 周龄海兰褐蛋鸡中添加 0.3 mg/kg 的亚硒酸钠和酵母硒均未对鸡蛋蛋品质产生影响。孙庆艳等也未见亚硒酸钠、酵母硒对 18～26 周龄海兰灰蛋鸡蛋品质产生显著影响。但是，杨玉等研究发现在含 0.2 mg/kg 亚硒酸钠基础上添加酵母硒可以显著提高蛋白高度、蛋黄色泽，并有提高蛋壳强度的趋势。Skřivan 等发现 0.3 mg/kg 酵母硒能够降低褐色蛋鸡中蛋黄比例。Słupczyńska 等发现 0.3 mg/kg 的酵母硒和亚硒酸钠能显著提高蛋黄色泽。上述研究发现，酵母硒在提高鸡蛋哈氏单位、蛋黄色泽方面可能存在积极作用。这可能与硒在机体内通过含硒酶或硒蛋白调节机体的抗氧化能力密切相关。哈氏单位是鸡蛋新鲜度的重要指标，而蛋黄色泽与蛋黄中色素有关，硒作为抗氧化系统重要组成部分，可能在阻止蛋黄中色素氧化方面存在作用，从而有利于维持鸡蛋新鲜度和改善蛋黄色泽。

4. 富硒饲料对储存期蛋品质的影响

诸多研究发现，储存对鸡蛋蛋品质具有显著影响，随着储存时间的延长蛋品质下降明显，其中蛋重、蛋白高度、哈氏单位、气室直径等指标下降最为显著。在 27℃、相对湿度 70% 左右，一般鸡蛋第 12 天即可部分出现散黄现象，至第 18 天几乎全部鸡蛋出现散黄现象。冷藏储存对于鸡蛋蛋品质下降具有明显改善作用。硒具有抗氧化能力，有研究发现硒能够改善储存期鸡蛋蛋品质。Pan 等研究发现添加不同剂量的富硒益生菌对新鲜鸡蛋的蛋品质无显著影响，但均能减缓储存 6 d 时的鸡蛋哈氏单位降低，显著提高鸡蛋中谷胱甘肽过氧化物酶活性。Payne 等也发现酵母硒有利于减缓储存期哈氏单位的降低。因此，富硒鸡蛋货架期蛋品质的哈氏单位、蛋白高度、蛋黄色泽可能优于普通鸡蛋，富硒蛋鸡货架期较长。

5. 富硒鸡蛋消费现状

目前，人们对富硒蛋的认识参差不齐，市场消费端表现一般。富硒蛋的生产国内外均较多，但在人们日常生活中的普及程度较低。一方面与人们的消费意识和消费水平有关，另一方面也与富硒蛋本身的技术水平、质量有关，还与行业规范程度和产品标准相关。很长一段时间，我国畜禽产品生产的主要目标是产量，因此禽蛋以高产鸡蛋产品为主，且人们喜欢选择价格低廉的禽蛋产品。随着人们生活水平的提高，对特色优质畜禽产品的需要有了明显提高，但受制于产品质量不过硬、标准规范不全面、推广普及力度小，以及人们对产品的不信任等因素，功能性产品的大众消费量依旧不大。

当前，所用的硒源从无机硒发展到了有机硒，硒源的安全性、利用率有了很大提高。无机硒主要为亚硒酸钠（Na_2SeO_3），存在诸多弊端，比如生产富硒蛋的效率较低，亚硒酸钠也存在自氧化现象，并且畜禽无法吸收的亚硒酸钠也存在污染环境的可能。与此同时，亚硒酸钠具有很强的毒性，对畜禽的安全性存在威胁，有机硒对动物以及人类更加友好安全。此外，富硒鸡蛋生产技术还包括其他配套技术，其不仅需要富含硒元素，更需要鸡蛋品质、风味、口感等综合技术的提高。因此，研究抗氧化剂、矿物元素、碳水化合物以及其他饲料添加剂对蛋壳厚度、蛋白比例、口感、蛋黄颜色的影响，生产出口感、色泽、营养更好的富硒蛋也非常重要。

（三）其他富硒畜禽产品

除了富硒猪肉和富硒鸡蛋外，也有富硒羊肉、富硒鸭肉以及富硒牛奶的生产，但总体来看，此类富硒畜禽产品产量较少，市场上更是鲜见。

1. 羊肉产品

在富硒羊肉生产方面，同样发现有机硒较之无机硒更有优势，且在肌肉组织和各器官中的沉积效率更高。这可能与肠道是消化吸收硒的主要场所，小肠以主动吸收的方式摄取食物中的有机硒，以被动转运的方式吸收无机硒有关。无机硒被动物摄入后，仅有少数硒合成体蛋白，相对于无机硒，硒代蛋氨酸在动物体内周转速率更慢，从而提高了硒的吸收率，同时，硒代蛋氨酸可以替代蛋氨酸进行代谢，这可能是有机硒更有利于动物硒沉积的原因。白雪等比较了日粮中添加酵母硒和亚硒酸钠对育肥湖羊组织硒含量、抗氧化能力、肉品质及货架期的影响，研究发现，与对照组相比，添加酵母硒和亚硒酸钠均可显著提高湖羊血清总抗氧化能力（T-AOC），显著降低血清丙二醛（MDA）含量，并显著增加背最长肌和毛发的硒含量；添加酵母硒还可显著提高湖羊肝脏、肾脏和心脏的硒含量，但显著抑制谷胱甘肽过氧化物酶 2（GPx2）基因在肌肉中的表达；添加亚硒酸钠还可显著上调谷胱甘肽过氧化物酶 3（GPx3）和谷胱甘肽过氧化物酶 4（GPx4）基因在肌肉中的表达，但会缩短肌肉货架期。他们认为，在生产富硒湖羊肉产品时，酵母硒相对亚硒酸钠在增加机体脏器硒含量、肉质保鲜储存方面效果更佳。施力光等研究也发现，波尔山羊日粮中添加 0.3 mg/kg 的硒，显著增加了全血、血清及组织中硒的含量。康永刚等研究表明，酵母硒组和亚硒酸钠组肌肉中硒沉积量均比对照组高。鞠耿越等研究认为，日粮中添加硒代蛋氨酸组的鹅胸肌硒含量高于亚硒酸钠组，且硒含量随着硒添加水平的增加而显著增高。康永刚同样发现，添加 0.5 mg/kg 硒代蛋氨酸组的硒含量高于添加 0.3 mg/kg 硒代蛋氨酸组，且高于其他组，当添加 0.3 mg/kg 硒代蛋氨酸时，肌肉中硒含量为 0.37 mg/kg，已达到相关富硒食品标准，说明硒代蛋氨酸的代谢途径能影响肌肉中硒的沉积，日粮中添加硒代蛋氨酸比添加酵母硒、亚硒酸钠更有利于硒在组织中沉积。

2. 水禽产品

硒也可以在鸭和鹅等机体内沉积，用于生产富硒的鸭肉和鹅肉等。与其他富硒产品类似，有机硒的富集效果更好，添加剂量也通常为 0.3 mg/kg 以上。鞠耿越等研究了日粮中添加不同水平有机硒和无机硒对 29～70 日龄鹅生长性能、屠宰性能、肉品质和胸肌硒含量的影响。结果发现，不同硒源和硒添加水平及其互作效应对鹅生长性能、屠宰性能均无显著影响，不同硒源和硒添加水平及其互作效应对鹅胸肌剪切力、pH 值和肉色值无显著影响。硒添加水平为 0.3 mg/kg 和 0.4 mg/kg 时，日粮添加硒代蛋氨酸组的鹅胸肌硒含量显著高于日粮添加亚硒酸钠组，与无机硒相比，有机硒能提高鹅胸肌硒含量和肉品质。李红英等研究日粮添加不同水平有机硒（酵母硒形式）对 1～48 d 肉鸭生长性能、胴体品质、组织硒含量及抗氧化性能的影响，研究发现，0.3 mg/kg 酵母硒组较对照组和 0.45 mg/kg 酵母硒组显著提高了 48 d 肉鸭的体重，0.3 mg/kg 和 0.45 mg/kg 有机硒组显著降低了肌肉的 pH 值。随着日粮有机硒添加水平的升高，血清 GSH-Px 活力和硒水平表现为显著升高，血清、肝脏、粪和肌肉中硒的水平显著升高。有机硒可以显著提高肉鸭血清、肝脏和肌肉中的硒含量以及血清 GSH-Px 活力，且以添加 0.3 mg/kg 硒（酵母硒）较优。

3. 奶类产品

富硒牛奶也是一种富硒畜禽产品。与富硒鸡蛋和富硒肉不同，富硒牛奶的获得有饲料添加富硒饲料和乳中添加硒原料等两种方法，即生物转化和人工调制两种方式。在生物转化方面，大量研究表明，在一定范围内随着硒采食量的增加，奶牛乳硒含量呈线性增加。Juniper 等报道，给 4 组奶牛分别补饲不同量的酵母硒，使日粮总硒含量分别达到 0.15 mg/kg、0.27 mg/kg、0.33 mg/kg、0.40 mg/kg 干物质，结果显示乳硒含量呈线性增加，分别为 19.4 μg/L、27.8 μg/L、40.3 μg/L、53.7 μg/L。Maus 等通过一系列研究表明，硒采食量从 2 mg/d 增加到 6 mg/d 时，乳硒含量从 10 ng/mL 线性增加到 50 ng/mL，硒采食量超过 6 mg/d 时，乳硒含量则会相对稳定。此外，不少研究表明，日粮中添加的硒源不同对乳硒含量有显著影响，酵母硒比无机硒有效地提高乳硒含量。Knowles 等在奶牛日粮中添加等量的硒，硒源分别亚硒酸钠和酵母硒，结果乳硒含量均高于对照组，但酵母硒组显著高于亚硒酸钠组。Ortman 等报道研究了日粮中添加相同硒含量的硒酸钠、亚硒酸钠和酵母硒对乳硒含量的影响，结果显示，乳硒含量分别为 16.4 μg/L、

16.4 µg/L 和 31.2 µg/L，酵母硒硒源的乳硒沉积效率显著高于无机硒源。此外，在生鲜乳以及乳制品中人工添加硒也可以生产功能性乳产品，硒营养强化的量可以实现精准定量控制，但与饲料添加硒源相比，此方式硒的富集没有经过生物转化过程，这可能会影响人类硒摄入的有效性、安全性和功能性，但对于经过生物转化的硒营养强化畜禽产品与人工调制的硒营养强化产品的不同，仍需进一步研究。

二、其他富矿物元素畜禽产品

锌和铁也是畜禽产品中重要的矿物元素，不少肉蛋奶生产商和经销商也会突出宣传产品中的锌、铁含量，以此来显示畜禽产品的营养价值，促进产品销售。不过，当前以富锌和富铁为核心或卖点的畜禽产品，无论是养殖端还是消费端都较少。生产富锌和富铁畜禽产品同样主要通过在饲料中添加富含锌和铁的添加剂实现，与富硒相同，有机锌源和铁源的富集效果会更好。

1. 富含锌的畜禽产品

锌在畜禽产品中主要集中在内脏、肌肉和骨骼中。在鸡蛋中，蛋黄是锌的主要储存部位。目前，关于富锌鸡蛋的标准较少，一般认为鸡蛋中的锌含量要高于 11 mg/kg。锌的富集主要通过饲料添加高锌来实现，随着饲喂时间和添加剂量的升高而增加，但是锌的富集效率并不高，甚至有的学者认为通过控制日粮锌水平调节蛋锌含量并无多大意义。李在强研究了日粮中添加不同锌源对蛋中锌含量和蛋品质的影响，结果发现，无论是添加羟基蛋氨酸锌还是富锌酵母，对照组的蛋黄和全蛋中锌含量在第 10、第 20 和第 30 天三个时间段都显著低于高浓度组（添加了 240 mg/kg 锌的羟基蛋氨酸锌）。添加羟基蛋氨酸锌的中浓度组在第 30 天时，蛋黄和全蛋中锌含量也显著高于对照组。添加富锌酵母中浓度组的蛋黄中锌的含量在整个试验期间均显著高于对照组。这说明添加富锌酵母来生产富锌鸡蛋，锌沉积效率更高。刘虎等（2017）研究表明日粮添加 70 mg/kg 的氨基酸络合锌能够显著提高蛋黄锌含量。王芳（2011）研究了日粮添加 100 mg/kg（以锌计）的硫酸锌、小肽锌和葡萄糖酸锌等对乳锌和血浆锌含量的影响，结果发现，日粮中添加葡萄糖酸锌能显著提高奶牛的产奶量，乳锌含量达到 5.95 µg/mL，血浆锌含量达到 1.70 µg/mL，显著高于对照，但是添加硫酸锌和小肽锌却不能显著影响乳锌和血浆锌含量。所以奶牛日粮中添加葡萄糖酸锌是一种有效的方法。

2. 富含铁的畜禽产品

铁是动物身体组织和血液的极重要的组成物质。对人体而言，铁是人体中必需的矿物元素中含量最高的一个，约占人体总重量的 0.006%。铁在动物体中主要分布于血红细胞中，占总铁量的 60%～70%。在铁蛋白和肌红蛋白中，铁则分别占总铁量的 7%～15% 和 3%～5%。铁不仅是血液中交换与输送氧气所必需的，而且又是某些酶（如过氧化氢酶、过氧化物酶、苯丙氨酸羟化酶等）和许多氧化还原体系所不可缺少的元素，在生物催化、呼吸链上传递电子等方面都起着重要的作用。目前，关于富铁鸡蛋的标准也较少，普通鸡蛋中铁含量一般在 12 mg/kg 左右，按照营养强化畜禽产品特定营养素高于普通产品 25% 计算，富铁鸡蛋中的铁含量要高于 15 mg/kg。李在强同样研究了日粮中添加不同铁源对蛋中铁含量。在日粮添加甘氨酸亚铁对芦花鸡蛋品质和蛋中铁含量的影响试验中，随机选用 160 只 36 周龄、健康的芦花蛋鸡，随机分为 4 组，每组 4 个重复，每个重复 10 只，以基础日粮饲喂对照组，试验组在基础日粮中分别添加 250 mg/kg（低浓度组）、500 mg/kg（中浓度组）和 750 mg/kg（高浓度组）铁的甘氨酸亚铁。连续饲喂 28 d，结果发现高浓度组的蛋黄和全蛋中的铁含量显著高于对照组与低、中浓度组，但添加不同浓度的血红素铁对蛋黄和全蛋中铁含量均无显著影响。

第五节　矿物元素与人体健康

一、硒与人体健康

（一）硒的摄入量及主要膳食来源

1. 硒的参考摄入量

硒是生物体必需的微量元素，主要以硒代半胱氨酸形式插入硒蛋白中发挥生物学作用。部分国家对硒的参考摄入量如表 5.1 所示，对于 18 岁以上的成年人，大部分国家的参考摄入量在 50 ~ 75 μg/d。我国成年人硒的推荐摄入量也在一直完善变化中。《中国居民膳食营养素参考摄入量（2000 版）》中，成人硒的参考摄入量为 50 μg/d，主要依据为人体摄入硒时，血浆谷胱甘肽过氧化物酶活性达到饱和，并设定一定的变异系数计算出我国成人的参考摄入量。之后，随着对血浆硒蛋白 P 作为机体硒水平敏感指标的认识，2001 年和 2007 年在四川省低硒地区进行硒干预研究，结果证明使人血浆硒蛋白含量达到饱和的最小硒摄入量为 49 μg/d，因此，我国《中国居民膳食营养素参考摄入量（2013 版）》中，成人硒的参考摄入量调整为 60 μg/d，并一直沿用至今。同时，国家卫生和计划生育委员会 2017 年发布了卫生行业标准《中国居民膳食营养素参考摄入量　第 3 部分：微量元素（WT/T 578.3—2017）》，该标准规定成人硒的参考摄入量为 60 μg/d。

表 5.1　我国居民各阶段硒摄入量推荐值　　单位 μg/d

年龄/阶段	EAR	RNI	UL	年龄/阶段	EAR	RNI	UL
0 岁~	—	15（AI）	55	30 岁~	50	60	400
0.5 岁~	—	20（AI）	80	50 岁~	50	60	400
1 岁~	20	25	80	65 岁~	50	60	400
4 岁~	25	30	120	75 岁~	50	60	400
7 岁~	30	40	150	孕早期	+4	+5	400

续表

年龄/阶段	EAR	RNI	UL	年龄/阶段	EAR	RNI	UL
9岁~	40	45	200	孕中期	+4	+5	400
12岁~	50	60	300	孕晚期	+4	+5	400
15岁~	50	60	350	乳母	+15	+18	400
18岁~	50	60	400				

注：1）表示在相应年龄段成年女性推荐量基础上增加的需要量；2）数据参考中国营养学会2023 DRIs；3）EAR表示平均需要量，RNI表示推荐摄入量，UL表示可耐受最高摄入量。下表同。

2. 我国居民膳食硒实际摄入量

我国有2/3的地区属于缺硒地区，1/3为严重缺硒地区，这使我国居民硒摄入普遍不足。从中国营养学会的推荐标准来看，全国居民日均硒摄入量平均为44 μg，仅为推荐量的2/3，北京地区同样如此，与推荐量相差16～21 μg，京津冀地区部分文献资料见表5.2。2010—2013年，中国疾病预防控制中心营养与健康所组织实施了中国居民营养与健康状况监测重大医改项目，对全国开展了调研，形成了覆盖31个省（自治区、直辖市）约25万人群具有全国代表性的膳食营养和健康数据库。结果发现，我国不同地区居民平均摄入量为44.4 μg/d，城市居民平均摄入量为46.9 μg/d，农村居民平均硒摄入量为42.1 μg/d。2015—2017年中国疾病预防控制中心营养与健康所继续实施国家卫生健康委员会医改重大项目"中国居民营养与健康状况监测（2015—2017年），采用多阶段整群随机抽样的方法，调查对象为18岁及以上成人和孕妇。结果发现，我国不同地区居民平均摄入量为41.6 μg/d，城市居民平均摄入量为45.0 μg/d，农村居民平均硒摄入量为39.3 μg/d，同时区域间也有差异，东部地区居民平均摄入量为48.2 μg/d，中部和西部地区居民平均摄入量均为37.3 μg/d。前后两次调研结果显示，无论是城市还是农村，东部还是西部，我国居民平均硒摄入量始终低于推荐摄入量60 μg/d的标准。此外，亚健康、三高患者、癌症患者以及其他特殊人群的硒日均推荐摄入量普遍在100～200 μg，这一人群的硒日均摄入量更为缺乏。

表5.2 京津冀地区居民鸡蛋与硒日均摄入情况

地区	日均摄入量（μg/人）	与AI差值（μg）	日鸡蛋摄入量（g/人）	参考文献
北京郊区	44	16（21）	46.33	龙锦等，2017
北京顺义（农村）	47.9	12.1（17.1）	39.9	陈东宛等，2017
北京顺义（城区）	44.9	15.1（20.1）	45.1	
北京顺义（全部）	46.9	13.1（18.1）	41.6	
河北	41.6	18.4（23.4）	39.04	张建等，2010
天津	57.95	2.05（7.05）	—	李静等，2016

注：括号内为当前硒摄入量与孕妇适宜硒摄入量的差值。

3. 主要膳食硒含量

食物是人体硒的主要来源,食物的种类和产地对食物中硒含量影响很大。几种主要食物中硒含量见表5.3。我国土地类型包括富硒区和贫硒区,湖北恩施州、陕西安康市等地是富硒区域,另外从我国东北到云贵高原有一条贫硒带,区域不同会导致食物中的硒含量存在较大差异。在我国居民膳食中,谷物和肉类是居民硒摄入贡献最高的两类食物。在谷物方面,小麦和大米及相关制品是最主要的两类食物。西北农林科技大学刘慧等在2008—2011年,连续对我国不同小麦产区的73份春小麦和582份样品进行了调研,利用离子体质谱仪对总硒含量进行了测定,结果发现,小麦样品平均硒含量为6.46 μg/100 g,春小麦和冬小麦籽粒平均硒含量分别为6.75 μg/100 g和6.42 μg/100 g,小麦籽粒硒含量在不同区域表现为北部高于南部、西部高于东部。在动物性食物方面,《中国食物营养成分表(2009)》中指出,猪肉(肥瘦)、鸡蛋黄、牛肉(瘦)中硒含量分别为11.97 μg/100 g、27.01 μg/100 g、10.55 μg/100 g,硒含量整体高于植物性食物。中国农业大学张薛勤等调研我国10个代表城市畜产品硒含量,发现采自恩施的猪肉硒含量最高(23.43 μg/100 g),采自西安的猪肉中硒含量较高(17.73 μg/100 g),其他地区猪肉中硒含量集中在7～12 μg/100 g,鸡肉中硒含量主要分布在3.6～7.3 μg/100 g、14～16 μg/100 g两个区间。

此外,在膳食硒含量数据库方面,不少国家都将食物硒含量进行了收录,例如美国农业部国家营养标准参考数据库和英国食品标准局等类似机构均收录了一些食物中硒含量数据信息。近年来,我国也分别于2002年、2004年、2009年、2017年定期对食物中营养成分进行抽样调查监测,中国疾病预防控制中心营养与食品安全所也陆续编写出版了《中国食物成分表》。

表5.3 几种主要食物中硒含量(μg/100 g可食部分计)

动物性食物	硒含量	植物性食物	硒含量
猪肉(肥瘦)	11.97	小麦	4.05
牛肉(瘦)	10.55	小麦粉	7.1
羊肉(肥瘦)	32.2	稻米	2.83
鸡蛋黄	27.01	玉米(鲜)	1.63
猪肝	19.21	大麦	9.8
猪肾脏	156.77	马铃薯	0.47
猪蹄筋	10.27	黄豆	6.16
鸭肝	57.27	大白菜	0.57
小黄花鱼	55.2	大蒜(白皮、鲜)	3.09
牡蛎	86.64	红菜薹(紫菜薹)	8.43

(二)硒与人体健康

1. 硒与流行病

人体患病情况与硒的摄入密切相关,缺硒容易出现硒缺乏症。有研究表明,当血硒浓度低于 100 μg/L 时,硒主要用于提高谷胱甘肽过氧化物酶活性,当浓度在 100～120 μg/L 时,增加的硒主要用于增加硒蛋白的含量,增强机体向外周转运硒的能力。众多流行病学调查表明,许多慢性疾病发生率与膳食硒摄入量密切相关。

Schrauzer 等于 1977 年面向 27 个国家和地区,对人体 17 个主要部位癌症死亡率与膳食硒摄入量的关系进行了流行病学调研,结果发现,在大肠癌、直肠癌、前列腺癌、乳腺癌、卵巢癌、肺癌和白血病中观察到显著的负相关,与胰腺癌、皮肤癌和膀胱癌的发病率呈弱负相关。对于上述的癌症死亡率,从美国和其他国家的健康献血者采集的全血中硒的浓度之间也发现了类似的负相关关系。这样的结果支持硒对人体有防癌作用的假设,改变饮食以增加膳食硒的供应被认为是降低人类癌症风险的一种可能手段。Joachim 等(2008)在美国"第三次国家健康与营养监测调研"(1988—1994 年)项目中,对成人血清硒含量进行了测定,该项目连续 12 年的随访,研究了血清硒浓度与全因死亡率、癌症及心血管疾病死亡率的关系,发现平均血清硒浓度约为 125.6 μg/L,血清硒浓度与全因死亡率和癌症死亡率呈非线性关系,血清硒浓度为 130 μg/L 时死亡率最低,低于 130 μg/L 时全因死亡率与血清硒水平呈负相关,高于 150 μg/L 时全因死亡率会增加。中国医学科学院于树玉等随机检测了我国 8 个省 24 个地区居民的血硒水平,揭示癌症总的标化死亡率与当地人群血硒水平也呈负相关($P<0.01$),其中以食管癌、胃癌和肝癌最为相关。Sun 等(2016)前瞻性地评估了上海女性健康研究和上海男性健康研究参与者的全因、心血管疾病和癌症死亡风险与膳食硒摄入量的关系,女性健康研究平均随访 13.90 年,男性健康研究平均随访 8.37 年,其间 5 749 名女性和 4 217 名男性死亡,调研发现女性和男性的平均膳食硒摄入量为 45.48 μg/d 和 51.34 μg/d,膳食硒摄入量与女性和男性的全因死亡率和心血管疾病死亡率呈负相关。

2. 硒与机体健康

上文提到,硒摄入与许多疾病相关,包括癌症、心血管疾病等,但是克山病和大骨节病等地方性疾病更被明确与缺硒密切相关,在临床中,硒补充摄入通常是治疗克山病和大骨节病的手段。硒作为人体必需的微量元素,影响人体健康,归根到底是由于硒对人体代谢和生长发育发挥着重要作用。

(1)硒蛋白。目前,一般认为硒对动物发挥重要功能是通过硒蛋白来实现的,硒蛋白对于动物体和人体健康具有十分重要的作用。至今,硒共价结合在蛋白质中仅发现有硒半胱氨酸(selenocysteine,Sec)和硒甲硫氨酸(selenomethionine,Se-Met)两种形式。Se-Met 进入蛋白质可能是一随机事件,而 Sec 则是由密码子 UGA 介导的翻译行为,之后插入蛋白质多肽中形成硒蛋白。通常,把含有 Sec 的蛋白质称为硒蛋白,而把其他结合硒的蛋白质称为含硒蛋白。已发现的硒蛋白大多数是具有重要作用的酶,又称为硒酶

(selenoenzyme)，在硒蛋白特别是硒酶的活性中心发现含有 Sec，目前认为硒蛋白是硒在机体内存在的主要功能形式，Sec 被称为是生物合成和参入蛋白质分子中的第 21 种氨基酸。

在哺乳动物中至少已发现并分离有 30 多种硒蛋白，其中功能比较明确的硒蛋白是：谷胱甘肽过氧化物酶家族（glutathione peroxidase，GPx1、GPx2、GPx3、GPx4、GPx6）、脱碘酶家族（iodothyroninedeiodinases，ID1、ID2、ID3）、硫氧还蛋白还原酶家族（thioredoxin reductases，TR1、TR2、TR3）、硒磷酸化物合成酶（selenophosphate synthetase，SPS2）、精子线粒体膜硒蛋白（sperm mitochondrial capsule selenoprotein，MCS）、34 ku 精子 DNA 结合硒蛋白（34 ku DNA-bound spermatid selenoprotein）、15 ku 前列腺上皮硒蛋白（15 ku prostate epithelial selenoprotein）和人淋巴细胞硒蛋白（15 ku human lymphocytic selenoprotein）、硒蛋白 P（selenoprotein P）、硒蛋白 W（selenoprotein W）等。这些硒蛋白具有防止膜结构及生物大分子的氧化损伤，合成并调节活性甲状腺素 T3 水平，参与 DNA 合成并调节 DNA 表达，促进精子生成、发育、成熟及其活力的维持，保护内皮细胞和维护肌肉组织的正常功能等广泛的生理作用。

（2）硒摄入不足。硒摄入不足会直接导致硒蛋白合成降低，影响其生理功能的发挥，存在较大的健康风险，甚至会出现缺乏症。国内外大量临床试验证明，人体缺硒可引起某些重要器官的功能失调，导致许多严重疾病发生，全世界 40 多个国家处于缺硒地区，我国数亿人口都处于缺硒或低硒地带，这些地区的人口肿瘤、肝病、心血管疾病等发病率相对较高。克山病就是一种可能主要因硒缺乏而引起的地方性心肌病，大骨节病是一种引起关节畸形的关节炎，也与饮食硒缺乏有极大相关性。上述两种地方病，经合理补硒后，取得了良好的治疗效果。我国克山病、大骨节病病带和非病带地理生态系统物质硒含量平均值见表 5.4。

克山病是一种以心肌损伤为主要病变的地方性心肌病，1935 年我国首先在黑龙江省克山县发现，死因不明、死亡率极高，这一疾病主要分布在我国黑龙江、吉林、辽宁、河北、内蒙古、山西、山东、河南、陕西、甘肃、四川、云南、西藏和湖北等 14 个省、自治区。大骨节病为一种病因未明的地方性、多发性、变形性骨关节病，主要分布于黑龙江、吉林、辽宁、内蒙古、河北、山东、北京、陕西、山西、河南、四川、宁夏、甘肃、青海和西藏等 15 个省（区、市）。通过对全国主要克山病和大骨节病的调查采样分析，1973 年证实病区粮食硒含量普遍偏低，且病区的土壤、头发中含硒量也偏低。在此基础上，根据硒的化学地理特征，并随之提出了低硒带的概念，并在 1976 年证实我国存在一条自然环境低硒带，其分布与克山病、大骨节病分布相吻合。自然环境低硒带呈东北—西南走向，在纬度上跨度较大，主要分布在东北到西南的温带、暖温带，属半干旱、半湿润气候，主要为棕、褐土系列环境，低硒带内土壤及母质（母岩）、粮食、水和人体中硒含量显著低于其他地区。

表5.4 20世纪70年代我国克山病、大骨节病病带和非病带地理生态系统物质硒含量平均值（μg/g）

区带	玉米（n）	大米（n）	小麦（n）	人发（n）	土壤（n）
西北非病带	0.049（69）	0.087（25）	0.106（25）	0.389（371）	0.19（79）
东南非病带	0.053（16）	0.064（256）	0.052（71）	0.378（245）	0.23（77）
病带	0.016（253）	0.021（50）	0.018（259）	0.128（1 412）	0.13（80）

（3）硒摄入过量。硒摄入超量也会带来潜在的健康风险。Stranges研究报道，高硒摄入与代谢性疾病之间也有关联性，在一项营养预防癌症试验中，给予干预组受试者200 μg/d 酵母硒，连续7.7年随访，按基线硒浓度进行三分位，调研发现，三分位较低的两组，对照组和干预组患Ⅱ型糖尿病风险无显著差异；三分位高的组，干预组患Ⅱ型糖尿病风险高于对照组。这说明对基线较高的人群补硒增加了患Ⅱ型糖尿病风险。模式动物上，高硒摄入引Ⅱ型糖尿病发生的结果证据相对比较充足。康奈尔大学雷新根教授综述了高硒摄入引发小鼠、大鼠和猪Ⅱ型糖尿病的相关研究，认为高硒摄入主要是通过提高谷胱甘肽过氧化物酶活性，降低机体肝脏、肌肉及胰岛活性氧水平，影响活性氧信号的正常传导，导致胰腺功能及机体糖脂代谢紊乱，引发Ⅱ型糖尿病的发生。

硒摄入过量还可能导致中毒。中国大多数地区膳食中硒的含量是足够而安全的。临床所见的硒过量而致的硒中毒分为急性、亚急性及慢性。最主要的中毒原因就是机体直接或间接地摄入、接触大量的硒，包括职业性、地域性原因，饮食习惯及滥用药物等。急性硒中毒通常是在摄入了大量的高硒物质后发生，每日摄入硒量高达400～800 mg/kg体重可导致急性中毒。主要表现为运动异常和姿势病态、呼吸困难、胃胀气、高热、脉快、虚脱并因呼吸衰竭而死亡。致死性中毒死亡前大多先出现直接心肌抑制和末梢血管舒张所致顽固性低血压。慢性硒中毒往往是由于每天从食物中摄取硒2 400～3 000 μg，长达数月之久才出现症状，表现为脱发、脱指甲、皮肤黄染、口臭、疲劳、龋齿易感性增加、抑郁等，慢性硒中毒的主要特征是脱发及指甲形状的改变。

二、其他矿物元素与人体健康

（一）锌与人体健康

1. 锌的推荐摄入量

锌也是人体必需的微量元素，广泛存在于人体各部位，参与人体的生长发育、免疫、内分泌、生殖遗传等过程，对人体健康具有重要的调控功能。《中国居民膳食营养素参考摄入量（2023版）》中，男性锌的推荐摄入量为12.0 mg/d，女性锌的推荐摄入量为8.5 mg/d。各生长阶段锌的推荐摄入量和最高摄入量见表5.5。

表 5.5　我国居民各阶段锌的参考摄入量和最高摄入量　　　　　　　　　　单位：mg/d

年龄/阶段	EAR 男性	EAR 女性	RNI 男性	RNI 女性	UL
0 岁~	—	—	1.5（AI）		—
0.5 岁~	—	—	3.2(AI)		—
1 岁~	3.2		4		9
4 岁~	4.6		5.5		13
7 岁~	5.9		7		21
9 岁~	5.9		7		24
12 岁~	7	6.3	8.5	7.5	32
15 岁~	9.7	6.5	11.5	8	37
18 岁~	10.1	6.9	12	8.5	40
30 岁~	10.1	6.9	12	8.5	40
50 岁~	10.1	6.9	12	8.5	40
65 岁~	10.1	6.9	12	8.5	40
75 岁~	10.1	6.9	12	8.5	40
孕早期	—	+1.7	—	+2	40
孕中期	—	+1.7	—	+2	40
孕晚期	—	+1.7	—	+2	40
乳母	—	+4.1	—	+4.5	40

注：1）表示在相应年龄段成年女性推荐量基础上增加的需要量；2）数据参考中国营养学会 2023 DRIs。

2. 锌的膳食摄入

人体中所需的锌来源广泛，存在于多种食物中，但动物性食物和植物性食物之间，锌的含量和吸收利用率差别很大。动物性食物含锌丰富且吸收率高，植物性食物含锌量相对少，吸收率相对低。

动物性锌元素主要存在于海产品、动物内脏中，如牡蛎、海参、鲥鱼、肉类、肝脏、蛋类等。植物性含锌元素的植物主要有大白菜、黄豆、白萝卜、稻米（糙）、小麦、小麦面、小米、玉米面、玉米、高粱面、扁豆、马铃薯、胡萝卜、紫皮萝卜、蔓菁、萝卜缨、南瓜、甜薯干等。

动物性富锌食物(如动物内脏、鱼类、海产品等) 中，肉类含锌质量分数一般为 20 ~ 60 mg/kg，鱼类一般为 15 mg/kg 以上，锌含量比植物性的高。对于婴幼儿应该采用母乳喂养，食用含锌量高的辅食。人体除了直接食用含锌食物外，还可以通过锌强化食品来补充锌。科学研究显示，食品强化是一种有效、安全和经济的补充锌的方式。我国卫生健康委员会已经批准在植物、动物及其他食物再加工过程中，可以将锌作为食品添加剂加入其中，以满足人体锌营养需求。

3. 锌与人体健康

虽然锌在人体中的含量很少，但其对人体的重要性不可小视，锌是人体必需的微量元素之一，广泛存在于人体各部位，参与人体的生长发育、免疫、内分泌、生殖遗传等过程，对人体健康具有重要的调控功能，被人们称为"智慧之源"和"生命之花"。锌是人机体中 200 多种酶的组成部分，人体内重要的含锌酶有碳酸酐酶、胰羧肽酶、DNA 聚合酶、醛脱氢酶、谷氨酸脱氢酶、苹果酸脱氢酶、乳酸脱氢酶、碱性磷酸酶、丙酮酸氧化酶等。他们分别在组织呼吸及蛋白质、脂肪、糖和核酸等代谢中有重要作用。锌还具有促进机体生长发育及组织再生的作用，它可以调节基因表达，是调节 DNA 复制、转译和转录的 DNA 聚合酶的必需组成部分，因此缺锌的突出症状是生长、蛋白质合成、DNA 和 RNA 代谢等发生障碍。孕妇在妊娠期间不能够缺锌，否则会导致胎儿的骨骼、大脑、心脏、眼、胃肠道和肺发生先天性畸形，胎儿的死亡率也会增加。对于儿童或是成人，缺锌会引发缺锌性侏儒症。此外，锌对于促进性生殖器官和维护性机能的正常也至关重要。人体缺锌会推迟性成熟，致使性生殖器官发育不全，性机能降低，精子减少，第二性征发育不全，月经不正常或停止，如及时补锌进行治疗，这些症状都会好转或消失。另外，无论成人或是儿童缺锌都能使创伤的组织愈合困难。锌不仅对于蛋白质和核酸的合成而且对于细胞的生长、分裂和分化的各个过程都是必需的。此外，锌还参与人体免疫，保护皮肤健康，促进食欲。

锌作为必需的微量元素存在于人体的各个组织和器官中。以成年人为例，锌在人体内的总量为 1.5～2.5 g，在肝脏、肾脏、肌肉中的含量最高。锌对人体的免疫功能、消化功能、生长发育和物质代谢等方面均有影响，是人体很多金属酶的组成成分或酶激活剂，锌对这些酶的活性具有调控功能，如核糖核酸聚合酶和碱性磷酸酶等。同时，锌还是细胞膜的重要组分，在脑细胞膜中，锌水平的高低直接影响细胞结构及生理功能，进而影响人体的智力和生长发育。研究表明，锌对于孕妇及新生儿极为重要，大多数的孕妇可能因为锌摄入不足，由缺锌导致自然流产、早产、胎儿先天性畸形等。缺锌影响消化功能，可能导致癌症及增加妇科肿瘤的发病率；缺锌还可能会降低视力，加速人体老化。

过量补锌同样会对人体造成危害。当成人一次性摄入量超过 2 g 时，会发生锌中毒，导致腹痛、呕吐。长期大量摄入锌还可能会引起慢性中毒，导致贫血。锌是参与人体免疫功能的重要元素，当大量的锌存在时，会抑制吞噬细胞的活性及杀菌力，导致人体免疫功能下降。锌缺乏与锌过量对人体都会造成一定危害，所以应合理补锌，调节人体营养均衡，促进人体健康。

（二）铁与人体健康

1. 铁的推荐摄入量

铁是人体的必需微量元素。正常人体内的铁含量随年龄、性别、营养状况和健康状况等不同而异，人体铁缺乏仍然是世界性的主要营养问题之一。正常人体内含铁总量为 3～5 g，其中 60%～75% 的铁存在于血红蛋白。铁在人体的分布以肝、脾含量最高，其次为肾、心、骨骼肌和脑。《中国居民膳食营养素参考摄入量（2023版）》中，成年男性铁的推荐摄入量是 16.0 mg/d，女性铁的推荐摄入量为 18.0 mg/d。女性孕期和哺乳期铁的推荐摄入量需要增加。各生长阶段铁的推荐摄入量和最高摄入量见表 5.6。

表 5.6　我国居民各生长阶段铁的推荐摄入量和最高摄入量　　　　　　　　　单位：mg/d

年龄/阶段	EAR 男性	EAR 女性	RNI 男性	RNI 女性	UL
0 岁~	—	—		0.3（AI）	—
0.5 岁~		7		10	
1 岁~		7		10	25
4 岁~		7		10	30
7 岁~		9		10	35
9 岁~		12		10	35
12 岁~	12	14	16	18	40
15 岁~	12	14	16	18	40
18 岁~	9	12	12	18	42
30 岁~	9	12	12	18	42
50 岁~	9	8（无月经）/12（有月经）	12	10（无月经）/18（有月经）	42
65 岁~	9	8	12	10	42
75 岁~	9	8	12	10	42
孕早期	—	+0	—	+0	42
孕中期	—	+7	—	+7	42
孕晚期	—	+10	—	+11	42
乳母	—	+6	—	+6	42

注：1）表示在相应年龄段成年女性推荐量基础上增加的需要量；2）数据参考中国营养学会 2023 DRIs。

2. 铁的膳食摄入

铁元素在人体内可以反复利用和储存，混合膳食中铁的平均吸收率为 10%～20%。健康成年男性每天损失大约 1 mg；而健康成年女性每天损失大约 1.5 mg，月经期间每日损失大约 2 mg，故每日铁的参考摄入量应高于健康成年男性，这也是中国营养学会推荐成年女性铁摄入量高于成年男性的原因。

铁的膳食来源的评价同样是综合性的，既要考虑铁的含量，又要考虑吸收率。例如猪肝的铁含量和吸收率都较高，那么猪肝就是铁的良好膳食来源；菠菜的铁含量高，但是吸收率低，那么菠菜就不是铁的良好膳食来源。日常生活中，有喝红糖水补铁、吃菠菜补铁的说法，但其实不然。红糖里面虽然含有一定量的铁元素，但是含量较少，从补铁的角度大量饮用红糖水并不适宜。此外,菠菜的铁含量确实很高,每100 g食部的菠菜含铁量可达到26 mg左右,但是由于菠菜含有较多的鞣酸,会与铁形成铁盐,影响铁的吸收,因此进食菠菜的补铁效果并不好。对于婴幼儿应该采用母乳喂养,食用含铁量高的辅食。人体除了直接食用含铁食物外,还可以通过铁强化食品来补充。几种含铁较高的常见膳食来源铁含量见表5.7。

表5.7 几种常见食物中膳食铁含量 单位:mg/100 g

食物	含量	食物	含量
猪瘦肉	3.0	鸭肝	23.1
牛后腿	3.3	猪肝	22.6
羊后腿	2.7	扇贝	7.2
鸡	1.4	生蚝	5.0
鸡蛋	2.0	河蟹	2.9
鸡蛋黄	6.5	河虾	4.0
草鱼	0.8	蛏子	33.6
鲈鱼	2.0	河蚌	26.6
鲫鱼	1.3	海参	13.2
鸡血	25	藕粉	41.8
鸭血	30.5	黑木耳(干)	97.4
羊血	18.3	紫菜(干)	54.9

3. 元素铁与人体健康

铁主要在十二指肠和空肠上段吸收、血浆转铁蛋白将大部分铁转运到骨髓,用于合成血红蛋白,小部分运到组织细胞用于合成含铁蛋白或储存。人的机体对铁的排泄能力有限,通常经消化道上皮细胞脱落或汗液和皮肤脱落细胞排出。

铁是人体中血红蛋白的主要成分,缺铁可引起贫血。由于无法供给细胞足够的氧气,从而导致身体出现各种不适,如呼吸急促、心跳加速、乏力、易疲劳、食欲减退以及嗜睡等。铁缺乏还可引起心理活动和智力发育的损害及行为改变。缺铁性贫血是长期膳食中铁供给不足的最主要疾病,多见于婴幼儿、孕妇及乳母。生活中儿童铁缺乏以营养性缺铁性贫血最为常见,以6~24个月婴幼儿发病率最高,严重危害小儿健康,是我国重点防治的小儿常见病之一。营养性缺铁性贫血除皮肤黏膜苍白、易疲乏等一般表现外,还可引起肝脾肿大,食欲减退、少数异食癖、口腔炎、舌炎、萎缩性胃炎等消化系统症状,还可波及神经系统,表现为烦躁不安或萎靡不振、精神不集中、记忆力减退、智力低于同龄儿,由此影响儿童之间的交往,以及模仿和学习成人的语言和思维活动的能力,以致影响心理正常发育。若贫血加重时心率增快、心脏扩大,重者发生心力衰竭。

铁在体内储存过多也会中毒。铁中毒有急性和慢性之分。急性铁中毒的发生多见于儿童，多因误服铁制剂造成很高的死亡率。慢性中毒则是长期过量服用铁制剂或从食物中摄取了过多的铁造成的。

参考文献

白雪，寇宇斐，郭涛，等，2022. 酵母硒和亚硒酸钠对育肥湖羊组织硒含量、抗氧化能力、肉品质及货架期的影响[J]. 动物营养学报，34（1）：442-456.

蔡娟，卢建，施寿荣，等，2014. 酵母硒和亚硒酸钠对蛋鸡生产性能、蛋品质和蛋硒含量的影响[J]. 动物营养学报，26（12）：3793-3798.

陈东宛，李勇，李永进，等. 2017. 2015年北京市顺义区居民膳食营养摄入状况调查[J]. 中国食品卫生杂志，29（3）：339-344.

陈阳楼，石忠志，宋万杰，2011. 利用天然资源进行富硒猪肉的生产与推广[J]. 肉类工业，5：13-15.

陈有亮，杨玉爱，1999. 功能性鸡蛋[J]. 广东微量元素科学，6（8）：1-4.

高珊，衡诺，吕学泽，等，2021. 饲粮中添加生物活性硒对蛋鸡生产性能、蛋品质和蛋黄中硒含量的影响[J]. 浙江大学学报（农业与生命科学版），47（2）：261～267.

哈特菲尔德，2018. 硒：分子生物学与人体健康[M]. 北京：科学出版社.

鞠耿越，万晓莉，杨海明，等，2019. 不同硒源和硒添加水平对鹅生长性能、屠宰性能、肉品质和胸肌硒含量的影响[J]. 动物营养学报，31（2）：662-668.

康永刚，廖云琼，洛桑卓玛，2022. 硒代蛋氨酸与酵母硒对济宁青山羊生长性能、肉品质及硒沉积的影响[J]. 中国饲料（15）：74-78.

李海蓉，杨林生，谭见安，等，2017. 我国地理环境硒缺乏与健康研究进展[J]. 生物技术进展，7（5）：381-386.

李红英，欧阳清芳，储玉双，2018. 酵母硒添加水平对肉鸭胴体品质、组织硒含量及抗氧化性能的影响[J]. 中国饲料，18：43-47.

李静，常改，潘怡，等，2016. 天津城乡居民膳食微量营养素摄入及与高血压关系的研究[J]. 中华疾病控制杂志，20（5）：460-463.

李静，井婧，李绍钰，等，2009. 硒和铬对蛋鸡脂质代谢及鸡蛋硒含量的影响[J]. 动物营养学报，21（4）：540-545.

李在强，2019. 日粮添加有机锌、有机铁对芦花鸡蛋品质及蛋中锌、铁含量的影响[D]. 天津：天津农学院.

刘虎，陈思佳，周水岳，等，2017. 不同锌源及水平对蛋鸡生产性能、蛋品质、血液生化指标以及蛋锌含量的影响[J]. 饲料工业，38（19）：22-26.

刘慧，杨月娥，王朝辉，等，2016. 中国不同麦区小麦籽粒硒的含量及调控[J]. 中国农业科学，49（9）：14.

龙锦，侯彩云，朱海，等，2017. 北京市郊区居民膳食结构特征与变化[J]. 中国食物与营养，23（11）：81-85.

第五章 富含矿物元素畜禽产品生产技术

权群学，陈少谋，胡登明，2016. 利用天然富硒玉米生产富硒鸡蛋试验［J］. 黑龙江畜牧兽医，12：2.

施力光，杨茹洁，岳文斌，等，2009. 蛋氨酸硒和纳米硒对波尔山羊种公羔生长及血液、组织硒含量的比较［J］. 家畜生态学报，30（1）：68-72.

孙庆艳，武书庚，张海军，等，2016. 饲粮中添加不同硒源对产蛋鸡生产性能和抗氧化能力的影响［J］. 动物营养学报（4）：9.

汤超华，赵青余，张凯，等，2019. 富硒农产品研究开发助力我国营养型农业发展［J］. 中国农业科学，52（18）：3122-3133.

王芳，2011. 通过营养调控手段提高牛奶中共轭亚油酸、硒、维生素 E 和锌含量的研究［D］. 重庆：西南大学.

徐伟伟，殷运菊，闫昭明，等，2023. 单胃动物微量矿物元素铁、铜、锰、锌吸收机制研究进展［J］. 畜牧与兽医，55（11）：132-137.

杨玉，孙煜，孙宝盛，等，2018. 酵母硒对产蛋后期蛋鸡生产性能、蛋品质、抗氧化与脂代谢及其相关基因表达的影响［J］. 动物营养学报，11：4397-4407.

于冬梅，赵丽云，琚腊红，等，2021. 2015—2017 年中国居民能量和主要营养素的摄入状况［J］. 中国食物与营养，27（4）：5-10.

于树玉，诸亚君，刘秋燕，等，1983. 硒对艾氏腹水癌生长的抑制作用及对癌细胞线粒体呼吸及氧化磷酸化的影响［J］. 中华肿瘤杂志，5（1）：8-11.

张健，何玉伏，刘佳，等，2010. 2007 年河北省居民膳食营养摄入状况调查研究［J］. 中国公共卫生管理，26（6）：647-649.

张敏，张海军，齐广海，等，2020. 功能性蛋的研究进展与展望［J］. 粮食与食品工业，27（1）：43-50.

张迁，庞雅婷，董婕，等，2018. 酵母硒添加水平对育肥猪硒元素消化率和沉积量影响［J］. 畜牧兽医杂志，37（2）：17-19，22.

张薛勤，梅晓宏，袁长梅，等，2018. 中国不同地区畜禽水产品硒含量分析［J］. 中国食物与营养，24（6）：15-19.

赵世锋，2017. 亚硒酸钠与酵母硒在猪营养代谢中的比较研究［J］. 陕西农业科学，63（2）：3.

钟永生，万承波，林黛琴，2019. 富硒鸡蛋中微量元素硒的形态分析［J］. 江西化工，4：3.

BAJ J, FLIEGER W, TERESIŃSKI G, et al., Magnesium, calcium, potassium, sodium, phosphorus, selenium, zinc, and chromium levels in alcohol use disorder: A review［J］. Journal of clinical medicine, 9(6): 1901.

BLEYS J, NAVAS-ACIEN A, GUALLAR E, 2008. Serum selenium levels and all-cause, cancer, and cardiovascular mortality among US adults［J］. Arch Intern Med, 168(4): 404-410.

DUFFIELD A J, THOMSON C D, HILL K E, et al., 1999. An estimation of selenium requirements for New Zealanders［J］. American Journal of Clinical Nutrition, 5: 896-903.

HAN X J, QIN P, LI W X, et al., 2017. Effect of sodium selenite and selenium yeast on performance, egg quality, antioxidant capacity, and selenium deposition of laying hens［J］. Poultry Science, 96(11):3973-3980.

HU T, HUI G, LI H, et al., 2020. Selenium biofortification in Hericium erinaceus (Lion's Mane mushroom) and its *in vitro* bioaccessibility［J］. Food Chemistry, 331: 127287.

JING C L, DONG X F, WANG Z M, et al., 2015. Comparative study of DL-selenomethionine vs sodium selenite and seleno-yeast on antioxidant activity and selenium status in laying hens [J]. Poultry Science, 94(5): 965-975.

JUNIPER D T, PHIPPS R H, JONES A K, et al., 2006. Selenium supplementation of lactating dairy cows: Effect on selenium concentration in blood, milk, urine, and feces [J]. J Dairy Sci, 89(9): 3544-3551.

KNOWLES S O, GRACE N D, WURMS K, et al., 1999. Significance of amount and form of dietary selenium on blood, milk, and casein selenium concentrations in grazing cows [J]. J Dairy Sci, 82(2): 429-437.

LEI X G, 2012. Selenium and diabetes - evidence from animal studies [J]. Free Radical Biology and Medicine, 53: 19-20.

MATTIOLI S, ROSIGNOLI P, D'AMATO R, et al., 2020. Effect of feed supplemented with selenium-enriched olive leaves on plasma oxidative status, mineral profile, and leukocyte DNA damage in growing rabbits[J]. Animals : an Open Access Journal from MDPI, 10(2):274.

MAUS R W, MARTZ F A, BELYEA R L, et al., 1980. Relationship of dietary selenium to selenium in plasma and milk from dairy cows [J]. Journal of Dairy Science, 63(4): 532-537.

ORTMAN K, PEHRSON B, 1999. Effect of selenate as a feed supplement to dairy cows in comparison to selenite and selenium yeast [J]. Journal of Animal Science, 7(12): 3365-3370.

PAN C, ZHAO Y, LIAO S F, et al., 2011. Effect of selenium-enriched probiotics on laying performance, egg quality, egg selenium content, and egg glutathione peroxidase activity [J]. Journal of Agricultural and Food Chemistry, 59(21): 11424-11431.

PAYNE R L, LAVERGNE T K, SOUTHERN L L, 2005. Effect of inorganic versus organic selenium on hen production and egg selenium concentration [J]. Poultry Science, 84(2): 232-237.

RACHEL H, ARMAH C N, DAINTY J R, et al., 2010. Establishing optimal selenium status: results of a randomized, double-blind, placebo-controlled trial [J]. American Journal of Clinical Nutrition, (4): 923.

SCHRAUZER G N, WHITE D A, SCHNEIDER C J, 1977. Cancer mortality correlation studies--Ⅲ: statistical associations with dietary selenium intakes [J]. Bioinorg Chem ,7(1): 23-31.

SKŘIVAN M, ŠIMÁNĚ J, DLOUHÁ G, et al., 2011. Effect of dietary sodium selenite, Se-enriched yeast and Se-enriched Chlorella on egg Se concentration, physical parameters of eggs and laying hen production[J]. Czech Journal of Animal Science,51(4): 163-167.

STRANGES S, 2007. Effects of long-term selenium supplementation on the incidence of type 2 diabetes: A randomized trial [J]. Annals of Internal Medicine, 147(4): 217.

SUN J, SHU X, LI H, et al., 2016. Dietary selenium intake and mortality in two population-based cohort studies of 133 957 Chinese men and women [J]. Public health nutrition, 19(16): 2991-2998.

SŁUPCZYŃSKA M, JAMROZ D, ORDA J, et al., 2018. Long-term supplementation of laying hen diets with various selenium sources as a method for the fortification of eggs with selenium [J]. Journal of Chemistry, 2018: 1-7.

THIRY C, RUTTENS A, TEMMERMAN L D, et al., 2012. Current knowledge in species-related bioavailability of selenium in food [J]. Food Chemistry, 130(4):767-784.

WEN Y,LI R,PIAO X,et al., 2022. Different copper sources and levels affect growth performance,copper content, carcass characteristics,intestinal microorganism and metabolism of finishing pigs［J］.Animal Nutrition,8（1）：321-330.

ZHANG K, ZHAO Q, ZHAN T, et al., 2020. Effect of different selenium sources on growth performance, tissue selenium content, meat quality, and selenoprotein gene expression in finishing pigs.［J］. Biological trace element research, 196(2): 463–471.

第六章　其他功能性畜禽产品

除了富含不饱和脂肪酸和富含矿物元素这两类功能性畜禽产品外，富含虾青素、叶黄素等类胡萝卜素的畜禽产品，以及富含叶酸、牛磺酸和活性肽等功能性成分的产品研发也较多，这是因为人们十分关注抗氧化、延迟衰老等健康问题，以及注重特定营养素的补充，用以预防特定阶段、特定人群的相关缺乏症。同时，低胆固醇也是一类功能性畜禽产品，它是将肉、蛋、奶中的胆固醇含量减少。日常生活消费中，叶黄素鸡蛋、叶酸鸡蛋也有一定的市场，具备较好的消费潜力。本章针对叶酸、叶黄素以及虾青素、番茄红素等类胡萝卜素功能性成分，以及其相关畜禽产品生产技术作一阐述。

第一节　富叶酸畜禽产品

一、叶酸及其生理功能

前文提到，叶酸是一种水溶性维生素，因绿叶中含量丰富而得名。叶酸为黄色结晶，微溶于水，但其钠盐极易溶于水。不溶于乙醇。在酸性溶液中易破坏，对热也不稳定，在室温中很易损失，见光极易被破坏。在自然界中叶酸有几种存在形式，主要是二氢叶酸、四氢叶酸等，其母体化合物是由蝶啶、对氨基苯甲酸和谷氨酸3种成分结合而成，四氢叶酸是生物体内最活泼的形式，因为四氢叶酸是多谷氨酰化的最适底物。

叶酸是体内生化反应中一碳单位转移酶系的辅酶，起着一碳单位传递体的作用，其主要功能包括参与核酸合成，参与氨基酸代谢，参与血红蛋白及重要的甲基化合物合成，参与神经递质的合成，预防恶性贫血，提高免疫力等。叶酸是细胞生长繁殖的必需物质，还可防止可能导致癌症的基因突变。叶酸缺乏可能会导致巨幼红细胞贫血、胎儿神经管畸形以及脊柱裂、无脑等中枢神经系统发育异常等。孕妇叶酸摄入不足容易导致流产、胎儿神经管畸形等，叶酸在人体内不能合成，只能从食物中摄取。成年人每天摄入叶酸含量需达 400 μg，孕妇为 600 μg。

二、富叶酸畜禽产品生产

富叶酸畜禽产品主要是指叶酸鸡蛋的生产，鲜有叶酸猪肉和牛奶的报道。叶酸鸡蛋主要是通过在饲料中添加叶酸或者富含叶酸的饲料原料而实现，其中通过添加人工叶酸实现叶酸鸡蛋的生产是可行的。鸡蛋叶酸含量随日粮中叶酸添加量的增加而增加，但并非呈线性增加，而是存在饱和期，达到饱和期的日粮叶酸添加量为 2～16 mg/kg。不同研究人员报道的鸡蛋叶酸含量结果差异较大，普通鸡蛋叶酸含量为 35 μg/枚以下，富叶酸鸡蛋为通常在 40 μg/枚以上，叶酸鸡蛋中叶酸含量为普通鸡蛋的 2～3 倍。这种差异可能与原料类型及来源、蛋鸡品种及日龄、检测方法等有关。鸡蛋中叶酸的主要形式为 5-甲基四氢叶酸（5-methyltetrahydrofolate，5-MTHF），是人和动物体内的活性形式，且主要存在于蛋黄。

日粮中添加的叶酸经肠道吸收后，在肠上皮细胞经二氢叶酸还原酶的作用转化为四氢叶酸后经门静脉进入肝脏，转化为各种形式参与机体物质代谢，其中 5-MTHF 从肝细胞进入血液后，随血液循环到机体各个组织器官发挥重要作用。5-MTHF 转运至鸡卵巢后，经胞吞作用进入卵黄而达到富集作用。已有研究显示，鸡蛋中叶酸含量随着日粮中叶酸添加量的增加而增加，但到达一定量后不再增加。叶酸在肠道吸收受到限制可能是导致鸡蛋中叶酸含量存在平台期的一个因素。不同品种蛋鸡对叶酸的敏感度可能不同。白来航鸡日粮中添加 2 mg/kg 叶酸时，蛋黄叶酸含量达到饱和；海兰蛋鸡生产富叶酸鸡蛋时，日粮中叶酸适宜添加量均为 4 mg/kg。以京红蛋鸡为研究对象，蛋黄叶酸含量在日粮叶酸添加量为 3 mg/kg 时趋于饱和，在叶酸添加量为 6 mg/kg 时达到最高。

由于蛋黄自形成到从卵巢排出需要 10 d 左右，因而蛋黄中叶酸富集并达到平衡需要一定时间。Hoey 等研究显示，日粮添加叶酸第 3 周，鸡蛋叶酸含量达到饱和；Dickson 等研究表明，蛋鸡高峰期（25～28 周龄）饲喂添加 4 mg/kg 叶酸日粮 4 周后，全蛋及蛋黄叶酸含量达到最高值。

三、膳食摄入与人体健康

（一）叶酸的摄入量

叶酸是人体必需的一种水溶性维生素，对于人体健康十分重要。美国自 1998 年起实施强制性叶酸强化政策，中国目前尚未执行叶酸强制补充政策。中国居民膳食指南推荐了叶酸摄入量，从出生至成年叶酸推荐摄入量逐渐增多，18 岁以上的成年人的推荐摄入量为 400 μg 膳食叶酸当量（DEF）/d。相比于普通成年人，孕妇的叶酸需要量进一步增加，美国、澳大利亚、新西兰孕妇叶酸 RNI 为成年妇女叶酸 RNI 增加 200 μg DFE/d，日本增加 240 μg DFE/d，韩国增加 220 μg DFE/d，我国也在成年妇女基础上建议增加 200 μg DFE/d。哺乳期女性的叶酸摄入量同样需要增加，美国、澳大利亚、新西兰、日本乳母叶酸 RNI 为成年妇女叶酸 RNI 增加 100 μg DFE/d，韩国增加 150 μg DFE/d，我国则建议增加 150 μg DFE/d。我国各阶段居民膳食叶酸推荐摄入量见表 6.1。据《2023—2028 年中国叶酸行业发展分析与投资前景预测报告》和相关研究显示，我国居民叶酸膳食平均摄入量为 180.9 μg DEF/d，与人体需要量相差较多，尤其是孕妇和哺乳期女性，额外补充叶酸具有积极作用。居民膳食叶酸参考摄入量见表 6.1。

表 6.1 中国居民膳食叶酸参考摄入量

项目	EAR（μg DEF/d）	RNI（μg DEF/d）	UL（μg/d）
0～6 月龄	—	AI:65	—
7～12 月龄	—	AI:100	—
1～3 岁	130	160	300
4～6 岁	160	190	400
7～8 岁	200	240	500
9～11 岁	240	290	650
12～14 岁	310	370	800
15～17 岁	320	400	900
18 岁以上	320	400	1 000
孕妇	520	600	1 000
乳母	450	550	1 000

注：数据来源于《中国居民膳食营养素参考摄入量（2023 版）》；EAR，平均需要量；RNI，推荐摄入量；UL，可耐受最高摄入量（叶酸的 UL 指每日合成叶酸摄入量上限，不包括天然食物来源的叶酸量）；AI，适宜摄入量；DFE，膳食叶酸当量。

（二）主要膳食来源

叶酸广泛存在于各种动、植物性食物中，如菠菜、甜菜、硬花甘蓝等绿叶蔬菜，在动物性食品（肝脏、肾、蛋黄等）、水果（柑橘、猕猴桃等）和酵母中也广泛存在，但在根茎类蔬菜、玉米、米、猪肉中含量较少。此外，育种家还通过过表达叶酸合成限速酶 DHFS 技术，将玉米和番茄、叶用莴苣、菜豆的叶酸含量分别提高了 2 倍、2.1～8.5 倍和 3 倍，通过联合过表达技术，将水稻、大豆叶酸的含量提高了 15～100 倍。此外，全球有 68 个国家还通过强化叶酸的主食补充叶酸。我们研发并生产富叶酸畜禽产品的目的，也是增加人们的叶酸摄入，提高居民健康水平。

（三）叶酸与人体健康

1. 叶酸的吸收

叶酸在体内有主动吸收和扩散被动吸收两种方式，吸收部位主要在小肠上部。还原型叶酸的吸收率较高，谷氨酰基越多吸收率越低，葡萄糖和维生素 C 可促进吸收。吸收后的叶酸在体内存于肠壁、肝、骨髓等组织中，在 NADPH 参与下被叶酸还原酶还原成具有生理活性的四氢叶酸,参与嘌呤、嘧啶的合成。因此叶酸在蛋白质合成及细胞分裂与生长过程中具有重要作用,对正常红细胞的形成有促进作用。缺乏时可致红细胞中血红蛋白生成减少、细胞成熟受阻,导致巨幼红细胞性贫血。

2. 叶酸的代谢

进入机体的叶酸在二氢叶酸还原酶作用下转变为二氢叶酸,进而转化为四氢叶酸;在丝氨酸羟甲基转移酶的作用下,四氢叶酸活化为 5,10-亚甲基四氢叶酸,该反应是可逆的;在亚甲基四氢叶酸还原酶的作用下,5,10-亚甲基四氢叶酸转化为 5-甲基四氢叶酸;同型半胱氨酸、维生素 B_{12},在蛋氨酸合成酶作用下,5-甲基四氢叶酸为其提供甲基,合成蛋氨酸。

3. 叶酸与相关疾病

叶酸作为机体细胞生长和繁殖必不可少的维生素之一,缺乏会对人体正常的生理活动产生影响。许多文献报道,缺乏叶酸与神经管畸形、巨幼细胞贫血、唇腭裂、抑郁症、肿瘤等疾病有直接关系。

神经管畸形(NTDs)是胚胎在发育过程中神经管闭合不全而引起的一组缺陷,包括无脑儿、脑膨出、脊柱裂等,是最常见的新生儿缺陷疾病之一。世界范围内 NTDs 发病率为千分之零点五至千分之二。我国是 NTDs 的高发国家,每年约有 10 万例 NTDs 患儿出生,发病率高达千分之二点七四。NTDs 给家庭和社会带来沉重的压力和负担。NTDs 的发病主要由基因与环境的相互作用导致。1991 年,英国医学研究委员会首次证实了妊娠前后补充叶酸可预防 NTDs 的发生,降低 50%～70% 的发病率。叶酸对 NTDs 的预防作用已被认为是 20 世纪后期最令人激动的医学发现之一。1995 年,我国卫生部提倡新婚和准备生育的妇女服用叶酸增补剂,使"九五"期间我国 NTDs 的发生率下降 50%。2000 年,中国营养协会建议育龄妇女每日膳食中叶酸的推荐摄入量为 400 μg,各阶段的产妇为每天 600 μg。叶酸的每日最高允许摄入量均为 1 000 μg。

巨幼细胞贫血(MA)是由于缺乏叶酸或维生素 B_{12} 而引起的脱氧核糖核酸合成障碍导致的一种贫血,以婴孩与孕妇多见。正常发育的胎儿要求母亲体内有大量的叶酸储备,如果在临产或产后早期叶酸储备耗尽,导致胎儿和母亲巨幼细胞贫血。补充叶酸后,本病可迅速恢复和治愈。

唇腭裂(CLP)是最常见的先天性出生缺陷畸形之一,尤其是在中国的发病率高达千分之一点八二,我国平均每年有 4 万～5 万唇腭裂患儿出生。唇腭裂的发病原因还不明确,事实证明母孕早期补充叶酸可预防唇腭裂儿的出生。有学者研究了 179 例唇腭裂家庭和 204 例对照家庭,发现未补充叶酸或者低叶酸饮食的母亲,生出唇腭裂孩子的风险比正常补充叶酸的家庭大约高 6 倍。

此外,叶酸缺乏还可能会引起习惯性流产、早产、婴儿出生体重过低、胎儿消化不良及生长迟缓等问题。

第二节 富叶黄素畜禽产品

一、叶黄素及其生理功能

叶黄素又名植物黄体素,作为含氧类胡萝卜素,具有抗氧化性。叶黄素是脂溶性物质,易溶于苯、二氯甲烷、醚类等有机溶剂,几乎不溶于水,在碱性溶液中较为稳定,对热和紫外线不稳定。叶黄素19世纪初在胡萝卜中发现,20世纪中期科学家发现叶黄素是视网膜黄斑区的重要成分。叶黄素在紫外和可见光区有特殊的吸收峰,能过滤蓝光,可以有效减少光对视网膜的损害、降低白内障发病率、保护视力。但叶黄素在人体无法合成,必须通过外源摄入来满足人体对叶黄素的需求。

二、富叶黄素畜禽产品生产

人们生产富含叶黄素的畜禽产品主要是指富叶黄素鸡蛋,鲜有富叶黄素的肉和奶的产品。鸡蛋中的叶黄素存在于脂质复合体中,例如甘油三酯、磷脂、胆固醇等。研究表明,鸡蛋中的叶黄素比植物中叶黄素在人体中的利用率高1倍左右。目前国内生产叶黄素强化品牌鸡蛋的企业也陆续增多,包括正大、德青源等蛋鸡养殖头部企业。

生产叶黄素鸡蛋主要通过在饲料中添加富含叶黄素的添加剂实现,万寿菊提取物是最常用的物质,玉米蛋白粉、苜蓿草粉、小球藻、菠菜中也含有大量的叶黄素。Wu等在蛋鸡上的研究表明,给蛋鸡饲喂来源于游离的叶黄素和叶黄素酯的含15 mg/kg的叶黄素日粮,血清中的叶黄素含量随着时间的增加而升高,到第14天时,血清中分别含2.19 μg/mL和2.14 μg/mL的叶黄素,且游离叶黄素和叶黄素酯在蛋鸡体内的利用率无明显差异。鸡蛋中叶黄素的沉积量会随着日粮中的叶黄素含量增加而增大,超过一定添加量后,鸡蛋中的叶黄素沉积量趋于稳定。在40 mg/kg以内,添加小球藻比添加苜蓿或叶黄素提取物的沉积效率低,但超过40 mg/kg后沉积效率是否相同还需要进一步研究。从前人研究结果可见,当日粮中的叶黄素达到一定程度后,鸡蛋中的叶黄素含量逐渐趋于稳定,不再成倍增加,这极大地影响了叶黄素的富集效率。因此,若要在鸡蛋中大量富集叶黄素,需要进一步研究促进叶黄素沉积的方式。叶黄素除了能在鸡蛋中富集之外,还有提高蛋鸡产蛋率,改善蛋黄颜色,增强机体的免疫功能及抗氧化能力的作用。

在食品标签制定方面,加拿大有成熟的经验,虽然在叶黄素富集方面尚无标准,但其认为食品标签能声称"富含"某微量元素或维生素的食物中的该营养素至少能提供日常需要量的25%,马来西亚对食品的维生素和微量元素的强化声称要求,每100 g添加不低于每日需要量的30%。其他关于叶黄素的标准和规定主要是在奶粉方面,FAO/

WHO 食品添加剂联合专家委员会规定蛋制品中液蛋、冷冻蛋或蛋干粉中叶黄素最高添加 4 mg/kg，不过对生物转化强化产品的标准比较缺乏。

三、膳食摄入和人体健康

（一）叶黄素的摄入量

对于叶黄素的摄入量，中国营养学会通过对国内外相关研究进行分析，并参考叶黄素作为膳食补充剂在食品中使用量的要求，以及部分国家人群叶黄素的建议摄入量，建议我国成人叶黄素改善视觉功能、预防心血管疾病的特定建议值为 10 mg/d。综合人群干预试验结果，将叶黄素的可耐受最高摄入量定为 60 mg/d。

（二）叶黄素的膳食来源

人体不能合成叶黄素，只能通过食物获得。叶黄素在自然界广泛存在，但其存在形式有差别。在植物性食物和水果中，椰菜、青豆、绿豌豆、菜豆、甘蓝、菠菜、莴苣、蜜露等绿色蔬菜以及水果中存在的叶黄素以游离非酯化形式存在；在芒果、木瓜、桃子、李子、南瓜、笋瓜和橘子等黄色和橙色水果、蔬菜中也存在大量叶黄素，但这些果蔬中叶黄素是以与肉豆蔻酸、月桂酸、棕榈酸等脂肪酸酯化形式存在的。摄入这些食物后，叶黄素酯水解为游离叶黄素后才被吸收和代谢。在动物性食物中，蛋类和奶类中含有一定量的叶黄素，虽然普通蛋和乳制品的叶黄素含量不高，但是其生物学利用率是蔬菜的 3 倍。母乳是婴幼儿的叶黄素主要来源。此外，相关科研团队还选育出了高叶黄素玉米、高叶黄素小麦等植物性产品以及富叶黄素鸡蛋等功能性产品，这对于叶黄素的膳食摄入具有积极意义。常见食物中叶黄素的含量见表 6.2。

表 6.2 常见食物中叶黄素的含量（mg/100 g 可食部分计）

食物	含量	食物	含量
万寿菊	18.74	豌豆苗	3.21
韭菜	18.23	油麦菜	2.54
苋菜	14.45	蒜黄	1.65
甘栗南瓜	13.27	结球甘蓝（绿）	1.63
菠菜	6.89	黄瓜	1.59
小白菜	6.7	芦笋，茎	1.43
空心菜	5.32	蒜薹	1.32
生菜	3.82	胡萝卜	0.81
西兰花	3.51	鸡蛋黄	0.79
开心果	3.34	橘子	0.12

注：数据来源于《中国居民膳食营养素参考摄入量（2023 版）》。

(三)叶黄素与人体健康

1. 抗氧化作用

叶黄素具有较强的抗氧化作用,能抑制活性氧自由基的活性,阻止活性氧自由基对正常细胞的破坏。有关试验证明,活性氧自由基可与 DNA、蛋白质、脂类发生反应,削弱它们的生理功能,进而引发慢性病的发生。叶黄素可通过物理或化学淬灭作用灭活单线态氧,从而保护机体免受伤害,增强机体的免疫能力,对防治慢性病具有积极意义。

2. 叶黄素与眼部健康

叶黄素是人眼视网膜黄斑色素的主要组成部分,对视网膜中的黄斑有重要保护作用。缺乏时易引起黄斑退化和视力模糊,进而出现视力退化、近视等症状。叶黄素是维生素 A 的前体,在人体内可转化为维生素 A。叶黄素对眼睛的主要生理功能是作为抗氧化剂和具有光保护作用。叶黄素的抗氧化作用可抑制有害自由基的形成。

蓝光在所有能达到视网膜的可见光中能量最高,对黄斑区的损伤作用最强,而叶黄素可以起到滤除蓝光的作用;高能量的蓝光还可诱导产生自由基,损伤视神经细胞,而叶黄素可以淬灭单线态氧和捕获活性氧自由基,起到抗氧化作用。叶黄素能够避免蓝光对眼睛造成的伤害,保护视网膜组织、增强视力、使视力更精准、保护视网膜、降低白内障的发生、预防视网膜色素变性。叶黄素高度地集中在黄斑区,可以显著提高血管抵抗力,恢复血管内外渗透压失去的平衡,降低血管渗透性,抑制血管中物质渗漏,保证眼睛血管的完整性,让眼睛得到充足的血液供应。同时可以防止自由基和眼睛胶原蛋白结合造成损害,加强视网膜胶原结构,从而提高各种视网膜疾病以及黄斑退化的治疗率,改善、恢复因此导致的视力丧失。

3. 叶黄素与心血管疾病

叶黄素具有良好的抗氧化能力,研究表明,其能有效抑制动脉粥样硬化进程中的氧化应激反应,从而减轻炎症反应和减少组织细胞的氧化损伤。流行病学研究显示,低密度脂蛋白(LDL)水平和颈动脉主干道血管中层内膜厚度的变化与血清叶黄素含量成反比,血液中叶黄素含量较低,极易引起动脉血管壁增厚,随着叶黄素含量的逐渐增加,动脉壁增厚趋势降低,动脉栓塞也显著降低,动脉壁细胞中的叶黄素还可降低 LDL 胆固醇的氧化性。膳食叶黄素的摄入量、血中或脂肪组织中叶黄素的水平与心血管疾病发生风险呈负相关。

第三节 富番茄红素和虾青素畜禽产品

番茄红素和虾青素都属于天然类胡萝卜素,均具有较强的抗氧化能力。目前,两者在人类健康和动物健康中的研究越来越多,相关的功能性畜禽产品研发也日益增多。

一、番茄红素和虾青素

（一）番茄红素

番茄红素是一种天然类胡萝卜素，由多聚烯烃链构成，具有不饱和开环结构的碳氢化合物，属于脂肪族、异戊二烯类化合物，分子式为 $C_{40}H_{56}$，相对分子质量为 536.85，由 11 个共轭双键和 2 个非共轭双键组成，以细长针状的结晶体存在，主要为全反式异构体。番茄红素对光和氧不稳定，遇铁变成褐色，容易发生异构化，由全反式异构体变成单一或者多异构体，顺式与反式异构体存在明显的不同，顺式异构体的颜色较暗，熔点较低，消光系数较小，更易溶解于油或者苯、氯仿、二氧化硫等有机溶剂中。番茄红素于 1876 年被首次提取得到。Mascio 等报道番茄红素通过参与多种化学反应，可以预防脂质、蛋白质和 DNA 的降解。之后有研究表明番茄红素也有抑制人类和动物中癌细胞的作用。在农业生产和食品加工中可用作色素，也常用作抗氧化保健食品的原料。

（二）虾青素

虾青素，作为一种类胡萝卜素，也是类胡萝卜素合成的最高级别产物，呈深粉红色或称为褐红色。当前认为虾青素具有非常强的抗氧化性，但也存在不同观点。动物体内不能合成虾青素，只能来源于植物和藻类。虾青素广泛存在于生物界，特别是虾、蟹、鱼、藻体、酵母和鸟类的羽毛中含量较高，是海洋生物体内主要的类胡萝卜素之一。

虾青素化学名称为 3,3′- 二羟基 -4,4′- 二酮基 β,β′- 胡萝卜素，分子式 $C_{40}H_{52}O_4$，分子量为 596.86。由于两端的羟基（-OH）旋光性原因，虾青素具有 3S-3'S、3R-3'S、3R-3'R（也称为左旋、内消旋、右旋）这 3 种异构型态，其中人工合成虾青素为 3 种结构虾青素的混合物（左旋占 25%、右旋占 25%，内消旋 50% 左右），抗氧化活性较低，与鲑鱼等养殖生物体内的虾青素截然不同。酵母菌源的虾青素是 100% 右旋（3R-3'R），有部分抗氧化活性；上述两种来源虾青素主要用在非食用动物和物资的着色上。藻源（主要为雨生红球藻）的虾青素是 100% 左旋（3S-3'S）结构，具有最强的生物学活性。

二、功能与作用机制

饲料中添加类胡萝卜素的主要目的包括抗氧化和着色两种作用。从对人体健康的角度来看，增加畜禽产品中的类胡萝卜素含量，主要是为了通过提高人体摄入抗氧化活性成分的含量，提高人体抗氧化能力，以改善机体健康。

（一）氧化的化学基础

生物体内与氧化有关的分子包括自由基、单线态氧、过氧化物等。

自由基是具有未配对电子的分子（用 A° 表示），有些自由基非常稳定，如二价自由基 O_2，但大多数自由基很不稳定，很活泼。通常，自由基需要从其他分子获得电子以便使其与未配对电子配对，如果自由基从其他分子获得电子，那么，被夺取电子的分子也成为自由基（A° +B. → A.+B°），并引起一连串的链式反应（B° +C. → B.+C°）。如果自由基与另一自由基共用电子对，链式反应终止（AI° +BI° → AB°°）。自由基是由正常的需氧代谢产生的，是生命活动所必需的，但过量的自由基对生物体是有害的。自由基可因化合物（如多不饱和脂肪酸）丢失单个电子而形成，也可因辐射、吸烟、农药污染、除草剂污染或食品加工（如深度油炸）等产生。自由基可损害细胞脂质、蛋白质和DNA。

我们日常呼吸的氧为基态氧（可表示为 $^3O_2$），它有两个未配对电子，是一种二价自由基。分子外层电子对平行旋转的称为三重态，反平行旋转的称为单线态；基态氧为三重态，其反应活性较低，三重态氧获得能量可转化为单线态氧（$^1O_2^*$），后者处于激发态，化学性质活泼，单线态氧是正常代谢产生的。

三重态氧接受一个电子可转为较为活泼的还原态，称为过氧化物（$O_2^{°-}$），过氧化物也是一种自由基，过氧化物既可作为氧化剂又能作为还原剂。过氧化物在生物体内的反应活性较低，它本身对生物体的氧化损害不大，但它是其他活泼分子（如单线态氧、过氧化硝酸盐）的前体；同样，过氧化物也参与正常的生命活动如抵御微生物、作为信号分子调节细胞活动等。在生物体内，过氧化物的主要反应是与自身反应产生过氧化氢和氧，这一反应称为过氧化物歧化反应，它可自发进行，也可在过氧化物歧化酶(SOD)的催化下进行，过氧化氢进一步形成反应活性很高的氢氧自由基（HO°）；过氧化物还可与一氧化氮（NO°）反应生成活泼的过氧化亚硝酸盐（$OONO^-$）。

氧化对生物体的损害主要表现在对脂质、蛋白质和核酸的破坏。脂质因自由基的链式反应受到破坏，导致生物膜结构功能发生改变；蛋白质对氧化也是很敏感的，尤其是其中的含硫氨基酸；DNA 分子中的碱基和戊糖都是易氧化的位置，氧化可导致 DNA 断裂、碱基降解以及与蛋白质交联，使得遗传物质发生变异或导致细胞死亡。

（二）抗氧化机理

1. 淬灭单线态氧

类胡萝卜素通过物理方式淬灭单线态氧，单线态氧额外的能量转移到类胡萝卜素，类胡萝卜素接受能量成三重态（$^3Car^*$），然后通过放热的方式释放额外的能量转到基态（^1Car），这是一个物理过程，类胡萝卜素的结构未发生改变，可继续淬灭单线态氧。化学反应的速度可用速度常数（k）来描述，反应越快，速度常数越大。类胡萝卜素淬灭单线态氧的速度也可用速度常数（kq）来描述，类胡萝卜素 kq 值的大小反映其抗氧化性的潜在效力，kq 值越大，它与单线态氧的反应越快，因为类胡萝卜素在淬灭单线态氧的过程中不被破坏，kq 值越大，一定量类胡萝卜素在单位时间内淬灭的单线态氧就越多；当然，kq 值的大小与试验条件（如温度、溶剂、光敏剂种类、测定方法）密切相关，所以，比较类胡萝卜素的 kq 值大小，其试验条件一定要相同。DiMascio 等比较了几种类胡萝卜素和其他抗氧化剂在溶剂中的抗氧化潜力,结果表明:类胡萝卜素淬灭单线态氧的能力与其共轭双键的数目有关,末端紫罗酮环作用不明显;4,4′羰基(虾青素和角黄质)能提高淬灭单线态氧的能力,番茄红素淬灭单线态氧的能力最强,是 α-生育酚的 100 倍,而谷胱甘肽的反应速率只有 α-生育酚的 1/125,但是生物体内的环境与试验条件大不相同,化学试验的结果并不能反映生物体内的真实情况。为了模拟生物环境,人们用脂质体、培养细胞和动物来进行试验,其结果也因氧化剂种类、生物环境以及与其他物质之间的相互作用不同而异,如类胡萝卜素在脂质环境(像生物膜)中的抗氧化能力就比水溶性抗氧剂(硫辛酸、谷胱甘肽)的抗氧能力强,而后者在胞质中的抗氧化方面起着重要的作用。

2. 清除自由基

类胡萝卜素既能给自由基提供电子,又可与自由基结合形成加合物,终止链式反应,避免细胞组分(脂质、蛋白质、核酸等)受到自由基的伤害。同样,不同类胡萝卜素清除自由基的能力因自由基的种类和其所处的环境不同而异。

三、畜禽产品生产

(一)番茄红素与畜禽产品生产

FAO/WHO 食品添加剂联合专家委员会(JECFA)2006 年认可番茄红素可作为色素和营养素补充剂使用。我国已批准合成番茄红素作为食品着色剂和畜禽生产的着色剂。

1. 在家禽生产中的应用

番茄红素具有改善家禽生产性能、降低家禽热应激反应、提高家禽繁殖性能的作用,同时在禽蛋中也可以进行富集。Sahin 等研究了富含番茄红素的鹌鹑产蛋生产及其对人类抗氧化状态的影响。90 只日本鹌鹑被随机分配,分别饲喂每千克含有 0 mg、100 mg 和 200 mg 的番茄红素日粮,为期 90 d。15 名不吸烟的男性志愿者(30~40 岁)连续 10 周每天在早餐中吃两个鹌鹑蛋。试验发现,对照组鹌鹑蛋黄中未检测到番茄红素水平;饲粮添加番茄红素后,鹌鹑蛋黄番茄红素含量呈剂量依赖性增加;日粮中添加番茄红素可提高鸡的采食量和鸡蛋产量,改善蛋黄颜色,降低蛋黄丙二醛(MDA)含量。他认为,日粮中添加番茄红素改善了鹌鹑的生产性能和蛋品质。通过添加了番茄红素的鹌鹑蛋输送番茄红素,可以提高人血清番茄红素水平,这表明通过功能性农产品生产向人类提供番茄红素是可行的。Sahin 等研究还表明,在热应激建立的肉鸡氧化模型中,日粮中添加番茄红素(200 mg/kg、400 mg/kg)提高了肌肉中 $Nrf2$ 基因的表达以及血清中超氧化物歧化酶、谷胱甘肽过氧化物酶的活性,可以缓解氧化应激。王晓娟等研究表明,在低温条件(5℃左右)下鸡精液稀释液中添加 0.1 mg/mL 番茄红素,能显著延长精子活力。此外,研究表明,日粮中添加 200 mg/kg 番茄红素可以降低蛋鸡血清甘油三酯、总胆固醇含量,以及肝脏、胸肌肌肉和蛋黄胆固醇含量。

2. 在反刍动物中的应用

在反刍动物中，日粮中添加番茄红素主要是提高种畜精子质量和精液保存效果，而非生产功能性的产品。研究发现，番茄红素可以显著提高精液冻融后公牛精子的线粒体活性和山羊精子活率，顶体、质膜完整率和线粒体活性，其适宜添加水平为 1.0 mg/mL。Tvrdaa 等研究表明，在亚铁抗坏血酸诱导牛精子氧化应激模型中，日粮中添加番茄红素（0.25 mmol/L、0.50 mmol/L、1.00 mmol/L、2.00 mmol/L）能有效清除活性氧以及提高抗氧化酶活性，从而保护精子的活性。其机制可能是番茄红素利用脂溶性迅速通过生物膜进入细胞和防止细胞膜、脂蛋白免受抗氧化损伤。然而，研究表明，随着日粮中番茄红素添加水平的增加，冷冻保存效果下降，可能是番茄红素进入细胞后内部浓度过高，对精子产生了毒性或者高浓度的番茄红素在溶液中聚集或结晶，改变了精子细胞渗透压从而损伤细胞。此外，研究表明，日粮中添加番茄红素可以改善巴美肉羊的生长发育、促进产肉性能及改善肉质和风味，其适宜添加水平为 100 mg/kg，作用机制可能是通过调节肉羊的内分泌缓解饲养过程中的氧化应激，改善甲状腺功能从而提高了动物的食欲。

番茄红素在猪生产中的应用较少。

（二）虾青素与畜禽产品生产

虾青素在人体内无法合成，只能通过膳食摄取。美国食品和药品监督管理局（FDA）禁止化学合成虾青素作为膳食补充剂用于食品生产，但是批准其作为着色剂在动物及水产饲料和日化领域中使用，欧盟委员会批准天然虾青素作为食品着色剂在食品行业应用。除化学合成的虾青素外，其余天然虾青素可以作为膳食补充剂用于食品生产。在欧盟，虾青素被批准为新食品资源［EC（No.）258/97］，随之被认可作为膳食补充剂的原料。自 1997 年开始，欧盟国家已经有五种食品中使用了虾青素。每种产品中虾青素原料都做了与已批准的虾青素新食品资源的实质等同认证。在我国，虾青素被批准为饲料添加剂，可以作为水产动物、观赏鱼以及犬猫的着色剂使用。

虾青素在国内外作为着色剂使用具有显著的效果，尤其是在家禽和水产生产中。在家禽养殖业中，因其具有独特的着色功能，可以增加肉鸡的皮肤、脚、喙的颜色，改变蛋鸡蛋黄色泽，从而提高禽肉和禽蛋的商品价值。例如在蛋禽饲料中添加红法夫酵母，由于虾青素在蛋黄中的沉积，可加深蛋黄颜色。Elwinger 等试验表明，蛋鸡日粮中添加来源于雨生红球藻的天然虾青素（0.5～3.0 mg/kg），能显著地增加蛋黄的色度，最高的可达到 12 个罗氏比色单位。Lee 等试验表明，在蛋鸡日粮中添加 6 mg/kg 虾青素 15 d 后，蛋黄色度可达到 10.75 罗氏比色单位。Johnson 和 Lewis 等（1980）研究发现，对鹌鹑蛋黄的着色，虾青素的效果明显好于万寿菊。并且，蛋鸡饲料中加入 2.95% 的红法夫酵母，蛋黄的最大吸光度从 571 nm 提高到 593 nm，而加入 10.85% 的黄玉米时，仅提高到 575 nm。蛋鸡日粮中添加虾青素还可以提高产蛋率和孵化率，延长鸡蛋的货架期，改善母鸡的健康状况，增强鸡只对沙门菌感染的抵抗力。肉禽饲料添加虾青素后，皮肤、脚、喙呈现出金黄色，Lignell 等研究表明，雨生红球藻粉可以增加肉仔鸡肝脏、脂肪组织和胸肌中类胡萝卜素的含量，提高鸡的生长速度，增加胸肌重量，提高饲料利用率，降低卵黄囊炎症引起的死亡率。

富含虾青素畜禽产品的生产具有一定技术要求。一方面作为着色剂使用的虾青素以人工合成的居多，此类虾青素生物活性较低；另一方面相关规定不允许人工合成的虾青素用以生产营养强化畜禽产品。因此，富含虾青素的畜禽产品只能通过饲喂天然富含虾青素的饲料原料进行，以磷虾粉、磷虾油以及藻类、酵母等为主。

四、膳食摄入与人体健康

（一）番茄红素的摄入与人体健康

1. 番茄红素的摄入量

目前，缺乏对番茄红素摄入量的全面系统研究。不过，科研人员对番茄红素的抗氧化作用研究较多，并且发现番茄红素在预防心血管疾病和前列腺疾病方面具有显著作用。2013年中国居民膳食营养素摄入指南，基于一项番茄红素对血脂的研究，将番茄红素的特定建议值制定在18 mg/d。近些年来，基于番茄红素与心血管疾病、血脂和血压的相关Meta分析，15 mg/d的番茄红素摄入即可发挥降低血压和心血管疾病的作用，故在最新版的指南中，将我国番茄红素的特定建议值定为15 mg/d。同时，基于相关动物试验和人群干预试验，参考国外相关规定，我们将番茄红素的可耐受最高摄入量定为70 mg/d。

目前，有限的研究表明我国成人每日番茄红素摄入水平为0.36～2.42 mg，主要来源为水果。对山东济宁市134名居民的类胡萝卜素摄入调查表明，春夏秋冬四季番茄红素的平均摄入量分别为0.75 mg、2.42 mg、0.54 mg和0.36 mg。2008—2013年的"广州营养与健康研究（GNHS）"得到50～75岁居民膳食中番茄红素的摄入量为1.69 mg/d。欧美国家部分调查所得的成年人平均摄入量范围为1.00～9.10 mg/d。

2. 番茄红素的膳食来源

番茄红素主要存在于成熟的红色植物，果实中含量较高，以番茄、西瓜、胡萝卜、木瓜、番石榴以及红色葡萄柚等更为丰富，少量存在于柿子、甘蓝、辣椒（红）等水果和蔬菜中。番茄红素在番茄中的含量随品种和成熟度的不同而异。成熟度越高，其番茄红素含量亦越高。

3. 番茄红素的吸收、代谢和排泄

体外消化模型研究结果显示，番茄红素随膳食进入体内后在胃中基本无变化，进入小肠被肠黏膜细胞吸收后可掺入乳糜微粒中，由淋巴循环进入血液。在血浆中与低密度脂蛋白结合转运。胆汁酸盐可使其吸收提高约4倍，而胰酶缺乏可降低其吸收。吸收后的血浓度在24～48 h内达到峰值。随着摄入量的增加，血清番茄红素水平非线性升高。

番茄红素在人体内主要分布于睾丸和肾上腺，肝脏、脂肪组织、前列腺及卵巢中也分布较多。脑组织中未能检出番茄红素，提示其可能无法透过血—脑屏障。血中与组织中的番茄红素在一定浓度范围内呈正相关。天然存在的番茄红素绝大部分是全反式构型，加工后顺式构型增多；而在人体组织中大部分为顺式构型，且体内番茄红素顺式构型所占比例并不随食物中番茄红素构型的差异而改变。此外，研究表明经热处理后的番茄红素比未加工的番茄红素更易吸收。

目前对番茄红素的体内代谢过程和其产物还了解甚少，仅在人的血清、皮肤及乳汁中检测到两种氧化代谢物，即 1,5- 二羟基 -2,6- 环氧番茄红素和 5,6- 二羟基 -5,6 二氢番茄红素，未被吸收的番茄红素主要通过粪便排泄，分布在皮肤中的番茄红素可因表皮的角化、脱落而丢失。

4. 番茄红素的功能与人体健康

（1）抗氧化作用。番茄红素的分子结构富含不饱和双键，在体外自由基清除试验和体外细胞试验中均表现出良好的抗氧化作用；在动物试验中也有提高抗氧化酶活性和减少脂质过氧化物生成的作用。以血清抗氧化水平和脂质氧化为观察指标的人体研究中，番茄红素对机体抗氧化应激能力的增强效应不完全一致，但提示其对脂质氧化产物的减少有一定作用。

（2）降低心血管疾病风险。现有研究结果表明，补充番茄红素对预防心血管疾病有一定作用。以番茄红素制品为主的干预研究发现，其对血压、血脂均有一定的改善作用。欧美国家一些较大规模的前瞻性研究发现，体内番茄红素水平与冠心病、脑卒中等心血管疾病的发生风险呈负相关。番茄红素降低心血管疾病风险的机制可能涉及其对体内生物大分子的抗氧化作用和对炎症相关因子的调节作用，包括降低血清中 C 反应蛋白水平、抑制一氧化氮生成和白细胞介素 –6（IL-6）释放等。

（3）对前列腺癌的影响。番茄红素与前列腺癌的关联研究较多。1989 年美国教会人员进行的健康队列研究表明，前列腺癌发生与番茄摄入量呈负相关。此后较长一段时间内发表的人群流行病学研究大多支持番茄红素摄入对前列腺癌具有保护作用，机制可能与降低前列腺特异性抗原、抗氧化和调节炎症因子等作用相关。

（二）虾青素的膳食摄入与人体健康

1. 虾青素的摄入量和膳食来源

目前，我国尚无关于虾青素的摄入量指南。人类虾青素的膳食来源也主要为虾蟹等水产品种，此外也有富含虾青素的畜禽产品及其食品等，也可以作为虾青素的膳食来源。在虾青素的来源方面，主要来源为雨生红球藻、红法夫酵母、南极磷虾和人工合成虾青素，另外还有部分富含虾青素的虾油产品。研究人员通过分析测定不同生物资源中虾青素的含量发现，雨生红球藻是天然虾青素的良好来源，其中虾青素占藻粉干重的 4%～5%，为 4 000～5 000 mg/kg；红法夫酵母中虾青素约占干重的 0.12%，约 1 000 mg/kg；南极磷虾体内总虾青素的含量约为 120 mg/kg，对虾和甜虾为 30～60 mg/kg，梭子蟹约为 30 mg/kg，三文鱼为 15～20 mg/kg。

2. 虾青素与人体健康

（1）抗氧化作用。正如上文所述，虾青素的重要性质在于它的抗氧化性。研究表明，淬灭活性氧能力随着共轭双键数的增加而增加，虾青素的猝灭能力是最强的，其猝灭分子氧的能力比具有相同结构的β-胡萝卜素、维生素E、α-胡萝卜素、叶黄素和番茄红素都高。整合进膜系统的虾青素通过对脂质体的保护作用，抑制脂质过氧化，还可以保护细胞及DNA免受氧化反应的伤害，保护细胞内的蛋白质，使细胞有效进行新陈代谢，从而使细胞内的蛋白质更好地发挥功能。这种抗氧化作用表现在延长低密度脂蛋白被氧化的时间，从而降低动脉粥样硬化的发生。另外，试验表明，虾青素可以增加抗氧化酶活性和蛋白质表达，不同剂量虾青素使细胞内过氧氢化酶和超氧化歧化酶的蛋白表达均有显著增加，其生物学活性也有明显提高，而这些物质在体内均起到较好的抗氧化作用。

（2）在抗肿瘤中的作用。对膳食类胡萝卜素摄入量和癌症发病率或死亡率间关系的调查发现，癌症总发病率或死亡率与类胡萝卜素的摄入量呈显著负相关。比较各种类胡萝卜素抗肿瘤活性，以虾青素的作用效果最强。虾青素的抗肿瘤活性可能与它在细胞间的信号传导，与异型物质代谢酶的诱导生成，以及与肿瘤细胞相关的免疫反应调节有关。研究表明，虾青素具有抑制黄曲霉素B_1、苯丙芘（BaP）、二乙基亚硝酸（DEN）、亚硝胺和环磷酰胺等引起的致突变作用，虾青素预防肿瘤的作用可以在肿瘤生成的不同阶段起作用。如通过抑制腐胺产生，并降低精胺和亚精胺等游离多胺浓度，减少肿瘤诱发物形成；通过抗氧化作用保护皮肤免受紫外线的损害，阻止皮肤的光老化和防止诱发皮肤癌；通过加强正常细胞间的连接能力，把致癌物诱发的细胞放在一个扩展的通信网络中，使其中的正常细胞占据优势，孤立癌细胞，减少癌细胞间的联系，控制其生长，防止肿瘤转化；虾青素还对癌细胞增殖有较强的抑制作用，高浓度的虾青素能杀伤肿瘤细胞。

（3）增强免疫力。虾青素能明显增强机体局部和全身的免疫能力，这种免疫调节特性与抗氧化性相结合，在防止疾病的发生与传播中发挥重要作用。试验表明，类胡萝卜素可以减缓由衰老引起的免疫能力下降，提高机体免疫器官功能，增强对恶劣环境的抵抗力。更重要的是虾青素能增强体内T细胞的功能，增加嗜中性白细胞、自然杀伤细胞的数目，参与机体细胞免疫；虾青素还可以增加免疫系统中B细胞的活力，消灭外源入侵的病原体，通过协助产生抗体并提高其他免疫组分的活性发挥作用，如促进免疫球蛋白的产生，增加IgG（免疫球蛋白G）、IgA（免疫球蛋白A）和IgM（免疫球蛋白M）的生成量，增强体液免疫反应能力，提高免疫力。

参考文献

何宇纳，王竹，赵丽云，等，2017.2010—2012年中国居民膳食维生素摄入状况［J］.营养学报，39

（2）：4.

蒋红琴，2015. 番茄红素对巴美肉羊肉品质的影响及其抗氧化机理研究［D］. 北京：中国农业大学.

汤超华，赵青余，张凯，等，2019. 富硒农产品研究开发助力我国营养型农业发展［J］. 中国农业科学，52（18）：3122-3133.

DICKSON T M, TACTACAN G B, HEBERT K, et al. 2010. Optimization of folate deposition in eggs through dietary supplementation of folic acid over the entire production cycle of Hy-Line W36, Hy-Line W98, and CV20 laying hens – ScienceDirect［J］. Journal of Applied Poultry Research, 19(1): 80–91.

DUFFIELD A J, THOMSON C D, HILL K E, et al., 1999. An estimation of selenium requirements for New Zealanders［J］. American Journal of Clinical Nutrition (5): 896–903.

HOEY L, MCNULTY H, MCCANN E M E, et al., 2008. Laying hens can convert high doses of folic acid added to the feed into natural folates in eggs providing a novel source of food folate［J］. The British Journal of Nutrition, 101(2): 206–212.

JING C L, DONG X F, WANG Z M, et al. 2015. Comparative study of DL-selenomethionine vs sodium selenite and seleno-yeast on antioxidant activity and selenium status in laying hens［J］. Poultry Science, 94(5): 965–975.

第七章　功能性畜禽产品生产配套技术

畜禽产品的生产是多项综合技术的集成与应用，功能性畜禽产品的生产同样如此，并且要在原料选用、饲料配伍、品质检测等方面更加重视，以确保生产出达标的畜禽产品。本章在前面介绍的几种主要功能性畜禽产品基础上，对饲料配制、环境卫生和生物安全防控、健康养殖、产品加工储存与运输、活性成分检测以及产品品质评价等配套技术进行了分述，以便读者能够加深功能性畜禽产品生产的各项技术。

第一节　畜禽饲料配制与加工技术

一、畜禽饲料的基本知识

（一）畜禽饲料的基本概念

在现代化饲料工厂中，参照畜禽饲养标准制定出饲料配方，并依据配方生产的均匀一致、符合畜禽营养要求的大批量饲料产品，即为配合饲料。在畜禽饲养中，饲料质量直接影响畜禽的健康和生产水平。采用先进的设备进行饲料产品的工厂化生产，能及时融入动物营养科学研究的最新成果，使生产的产品优质化、规格化，为进行现代化、集约化的高效畜禽生产提供坚实的基础。功能性畜禽饲料就是近年来逐渐兴起的生产优质功能性畜禽产品的专用配合饲料。

（二）畜禽配合饲料的优点

配合饲料的优点可概括为以下五个方面。

（1）配合饲料是按不同畜禽种类、性别、年龄、生产目的的需要和生理特点配制的饲料，能够满足畜禽的营养需要，最大限度地发挥畜禽的生产潜力。

（2）配合饲料是根据畜禽营养需要，按照饲料配方，用多种原料配制而成，由于营养平衡，其饲料原料之间很好地达到了营养成分互补，因而可提高饲料利用率。实践证明，用配合饲料代替单一饲料，可使饲料转化率提高20%～30%，猪的饲养周期缩短1～2个月，蛋鸡产蛋率可提高30%左右。

（3）配合饲料是工厂化生产，它可将饲料添加剂等微量成分与饲料原料混合均匀，既满足畜禽的营养需要，又可防止营养缺乏症的产生。

（4）配合饲料是采用先进的生产工艺制成的，能及时应用饲养科学研究的最新成就。同时，配合饲料严格执行了标准化设计、流程化组织、专业化生产、专门化检测等一系列现代工业化生产的流程和控制，具有饲用安全、方便的特点，显著提高了饲养业的劳动生产率和经济效益的效果。

（5）配合饲料中可添加抗氧化剂、抗黏结剂等多种饲料保藏添加剂，从而延长饲料的保存期，且其体积小，便于运输，可降低保藏、运输等费用。

（三）配合饲料的分类

配合饲料的分类，可按照营养成分及用途、饲料的物理形态或饲养对象进行。按饲养对象，可以分为猪、鸡、鸭、鹅、奶牛、肉牛、羊、水生动物用配合饲料等。每一类均可再进行细分，如猪用配合饲料中有母猪饲料（空怀期、妊娠前期、妊娠后期、哺乳期）、种公猪饲料、生长肥育猪料等。

1. 按营养成分和用途分类

（1）添加剂预混料。是由一种或多种具有生物活性的微量组分（维生素、微量矿物质元素、合成氨基酸、非营养性添加剂）组成，将其吸附在一种载体上或用某种稀释剂稀释，并经搅拌机充分混合的产品。它是浓缩饲料或配合饲料的一种重要组分。生产饲料添加剂预混料的目的，是将添加量极微的添加剂经过稀释扩大，使其中有效成分能均匀地分布在浓缩饲料或配合饲料中。通常要求添加剂预混料的添加比例为最终产品的1%或更高。若添加比例较低，必须在生产配合饲料之前，再进行第二次预混、扩大，以确保微量组分在最终产品中均匀分布。

（2）浓缩饲料。浓缩饲料是指配合饲料中除去能量饲料的剩余部分。主要由蛋白质饲料、常量矿物质饲料（钙、磷）和添加剂预混料三部分构成，是配合饲料工厂生产的半成品。浓缩饲料中，除能量指标外，其余营养成分浓度很高，一般为全价配合饲料的3～4倍；需按一定比例与能量饲料混成配合饲料，才可用于饲喂畜禽。

（3）配合饲料。营养全面，除供应充足的饮水以外，不需要再添加任何营养物质就能满足畜禽生长或生产的营养需要，可直接用于饲喂畜禽的饲料。

（4）精料补充料。这类饲料主要是为草食家畜（羊、牛等）生产，是用多种原料按一定比例配制的一种饲料；用于补足粗饲料与青饲料中的营养缺额，须与粗饲料、青饲料配合使用，共同组成配合饲料，满足草食家畜的生产需要。

2. 按配合饲料的物理形态分类

（1）粉状饲料。是目前仍普遍使用的料型。是先将各种原料粉碎至要求的细度，然后称重配料，混匀即成。这种饲料的生产设备和工艺流程较简单，耗电少，加工成本低，但饲喂时动物易挑食而造成浪费。如喂鸡浪费6%～10%；另外，在运输过程中容易产生分级现象。

（2）颗粒饲料。是将粉状饲料加水或通入蒸汽，或加入黏结剂，而后在颗粒机中压制成的颗粒状饲料。形状一般为小圆柱形和角状形两种，尤其适合喂肉鸡、蛋鸡，有时也用于饲喂猪、羊、兔。其密度大、体积小、饲喂方便，可防止畜禽挑食，确保采食的全价性和减少饲料浪费；运输过程中能保证饲料的均匀性、通透性；由于制粒过程中温度升高，故有一定的杀菌作用，可减少霉变发生，有利于贮存运输。但制作成本较高，加热加压时还易使一部分维生素和酶等耐热性较差的营养成分失去活性。

颗粒饲料产品的颗粒直径因畜禽种类、年龄而异，我国一般采用的直径范围是：肉仔鸡 $1\sim 2.5$ mm，成年鸡 4.5 mm，仔猪 $4\sim 6$ mm，肥育猪 8 mm，成年母猪 12 mm，小牛 6 mm，成年牛 15 mm。颗粒的长度一般为其直径的 $1\sim 1.5$ 倍。

（3）膨化饲料。向已混合均匀的配合饲料中喷入饱和蒸汽，使其中淀粉糊化，并通过成型机以强大的压力挤出，使之迅速膨化发泡而形成的饲料产品。在膨化过程中原料的淀粉部分熟化，提高了畜禽的适口性和消化率。这种饲料主要用于幼畜、水生动物、宠物等。

此外，还有液体饲料、破碎料、压扁饲料和块状饲料等。

二、日（饲）粮配合技术

（一）日粮、饲粮配合的概念

（1）日粮。日粮是指为满足 1 只（头、羽）畜禽一昼夜所需各种营养物质而饲喂的饲料的总量。选择适当的饲料原料，按饲养标准规定的每日每只（头、羽）畜禽所需营养物质的数量进行搭配，即可制得 1 只（头、羽）畜禽的日粮。

（2）饲粮。饲粮是按日粮中各原料组分的百分含量和畜禽群体中"典型畜禽"的营养需要（即营养物质浓度）而配制的配合饲料。在当今畜牧生产中，除极少数畜禽仍保留个体单独以日粮饲养外，均采用群饲。特别是集约化畜牧业生产中，为便于饲料生产工业化及饲养管理操作机械化、标准化，多配制成能满足一定生产水平群体畜禽营养需要的配合饲料。

（二）配合日（饲）粮的意义

各种天然饲料和工农业副产品所含营养物质均有其优势或不足，单独使用时不能满足畜禽的营养需要。在粗放饲养条件下，畜禽生产水平不高，所处的生活环境不佳，却有较大的生存空间，使其可通过寻觅、采食，一定程度上进行营养物质摄取的自我调控。在此种饲养方式下，对供给的营养物质种类及数量都不甚苛求；但舍饲条件下，须以日粮或饲粮满足畜禽基本的营养需要。随着集约化饲养业的发展，全封闭管理方式的出现，畜禽基本与自然环境隔绝，其所需营养物质完全取之于养殖者提供的饲料，营养供应的数量、比例和质量就成为了突出问题。为此，就是必须配制配合日（饲）粮，以便相对精确地满足畜禽的营养需求，充分发挥其生产性能，提高饲料转化率，获得较高的经济效益。

（三）配合日（饲）粮的原则

在配合日（饲）粮时，从畜禽营养和生产经营的角度出发，通常要遵循"吃饱、吃好、吃便宜"的三原则。三原则具体从以下方面加以体现。

（1）科学性。必须参照畜禽营养需要或饲养标准，再结合畜禽在具体饲养实践中的生理、生产反应，对饲养标准的建议量进行适当调整，提出合理的营养物质供给量，作为配合日粮或饲粮的依据。配合日粮或饲粮时，除考虑供给的营养物质数量外，还必须考虑所配合日（饲）粮的适口性、与其消化道生长发育状态的适应性等，使生产出的饲（日）粮营养完全、饲喂对象又乐意采食，并与畜禽消化道的容积相匹配。

（2）安全性。日粮和饲粮不仅要对畜禽无毒害作用，且某些成分在畜禽产品中的残留量在允许范围，畜禽排泄物对人和环境无毒害作用或不构成潜在威胁。在配合日粮和饲粮时，所选择的饲料原料质量和所用添加剂均应符合国家标准与规定的要求。

（3）经济性。在畜禽饲养中，饲料占饲养成本的70%左右，提高畜牧业的经济效益首先应从降低饲料成本着手。在配合日（饲）粮时，须因地制宜，充分利用当地的饲料资源，合理利用饼粕糟渣等副产品，在保证营养供应的前提下尽量降低饲料成本。

（四）配合日（饲）粮的主要方法

日（饲）粮配方设计，是应用数学方法，将动物营养学与饲料科学理论与最新研究成果融入的过程。过去多用于手工计算，速度较慢，涉及的营养指标较少，对成本的计算也受限制。目前，国内外应用电子计算机优化最佳饲料配方已非常普遍，可以更全面地满足畜禽营养需要，并有效地降低饲料成本。但了解配合饲粮的主要方法的基本原理，仍是配方师、饲养管理人员等从业人员应该掌握的基本知识要点和技能。

1. 试差法

试差法是较普遍采用的方法之一。其具体做法是，先参照畜禽饲养标准（或结合实际设定欲配营养水平），初步定出各种原料的大致比例（可根据经验先确定食盐、预混料、磷酸氢钙及用量受限制饲料，如菜籽粕等的大致比例，再预设玉米、小麦麸、大豆粕等能量饲料与蛋白质饲料的比例，使总配比为100%）；将此比例乘以相应原料各种营养成分的含量（见表7-2中消化能的计算），得到每种原料提供的各营养成分的数量。将各种原料提供的各种营养物质量分别累加，即得到配方的每种营养成分的总量。将所得的结果与饲养标准或结合实际设定的欲配水平进行对比，若有任何一种营养成分超过或不足时，可通过增加或减少相应原料的比例予以调整或重新计量。直到所有的营养指标都基本满足畜禽营养需要时为止。这种方法简单易学，且有利于逐步掌握各种配料技术。缺点是计算量大，盲目性较大，不易筛选出最佳配方，成本也可能较高，可同时满足的营养成分项目也较少。

现以配制体重35～60 kg瘦肉型生长肥育猪的饲粮为例，方法步骤如下：

（1）确定营养供给水平。查中华人民共和国农业行业标准《猪饲养标准》（NY/T 65）得知，35～60 kg瘦肉型生长猪饲粮的消化能浓度应为 13.39 MJ/kg，粗蛋白质 16.45%，赖氨酸 0.82%，蛋氨酸+胱氨酸 0.48%，色氨酸 0.15%，钙 0.55%，总磷 0.48%，非植酸磷 0.20%，钠 0.10%（相当食盐 0.25%，本配方按 0.3% 计算）。以此为欲配水平。

（2）选择饲料原料。查出选用饲料的消化能与各种养分含量（本例查自中国饲料成分及营养价值表 2023 年 33 版中国饲料数据库。实际生产中饲料成分变化大，应尽可能地进行采样测定，用实测值进行计算）。见表 7.1。

表 7.1 所选定的各种饲料原料营养成分含量

饲料	干物质（%）	消化能（MJ/kg）	粗蛋白质（%）	赖氨酸（%）	蛋氨酸+胱氨酸（%）	色氨酸（%）	钙（%）	总磷（%）	非植酸磷（%）
玉米（2级）	86.00	14.27	9.3	0.25	0.4	0.07	0.01	0.33	0.11
小麦麸（2级）	87.00	9.33	14.3	0.56	0.53	0.18	0.1	0.93	0.33
豆油	99.00	36.61	—	—	—	—	—	—	—
豆粕（浸提或预压浸提）GB/T 19541—2017	89.00	14.26	44.3	2.68	1.24	0.57	0.33	0.78	0.18
菜籽粕（浸提 GB/T 23736—2009）2级	88.00	10.59	38.6	1.3	1.5	0.43	0.83	1.28	0.25
L-赖氨酸盐	—	—	96	80	—	—	—	—	—
磷酸氢钙	—	—	—	—	—	—	23.29	18.08	18.08
石粉	—	—	—	—	—	—	35.84	—	—
1% 预混合饲料	—	—	—	—	—	—	—	—	—
氯化钠	—	—	—	—	—	—	—	—	—

（3）确定饲料的比例。应依据原料的易购性、价格、主要营养成分含量，抗营养成分的含量等因素综合选择其种类和比例。例如，通常鱼粉价格较高，不要超过 6%；而高粱中含有单宁，不能超过 10%；未经脱毒处理的棉籽粕的游离棉酚含量较高，不能超过 8%；菜籽粕适口性较差且含粗纤维，不宜超过 8%。

（4）试配。先按消化能和粗蛋白质需要量试配，用含消化能高的玉米和粗蛋白质高的大豆粕进行平衡。若试配结果，消化能偏高，粗蛋白质偏低，可降低能量饲料的比例，相应提高蛋白质饲料的比例；反之也一样。调整后再进行试算，若钙磷不够，可增加富含钙磷矿物质饲料的比例，适当降低某营养成分过高的原料比例；若磷多钙少，可提高石灰石粉的比例，降低骨粉比例。反复计算，直到结果与饲养标准接近为止（相差不超过 ±5%），见表 7.2。

表 7.2 调整至接近欲配水平的饲粮配方

饲料	配比（%）	消化能（MJ/kg）	粗蛋白质（%）	赖氨酸（%）	蛋氨酸+胱氨酸（%）	色氨酸（%）	钙（%）	总磷（%）	非植酸磷（%）
玉米（一级）	68.22	14.27×68.22%=9.73	6.67	0.18	0.29	0.05	0.01	0.24	0.08
麦麸（二级）	6.00	9.33×6.0%=0.56	0.64	0.03	0.02	0.01	0.00	0.04	0.01
豆油	1.69	1.69×36.61%=0.62	—	—	—	—	—	—	—
豆粕（二级）	17.33	14.26×17.33%=2.67	7.33	0.44	0.21	0.09	0.05	0.13	0.03
菜籽粕（二级）	4.00	10.59×4.0%=0.42	1.62	0.05	0.06	0.02	0.03	0.05	0.01
L-赖氨酸盐	0.30	—	—	0.14	0.12	—	—	—	—
磷酸氢钙	0.33	—	—	—	—	—	0.14	0.11	0.11
石粉	1.00	—	—	—	—	—	0.36	—	—
1%预混合饲料	1.00	—	—	—	—	—	—	—	—
氯化钠	0.30	—	—	—	—	—	—	—	—
合计	100.00	13.81	16.55	0.82	0.58	0.17	0.54	0.53	0.204
欲配水平	—	13.39	16.45	0.82	0.48	0.15	0.55	0.48	0.20
相差	—	+0.42	+0.10	0.01	+0.10	+0.02	-0.01	+0.05	+0.00

2. 联立方程式法

利用数学上的联立方程式求解法来计算饲料配方。优点是条理清晰，方法简单；缺点是饲料种类多时，计算较复杂。

例如，某猪场要配制含15%粗蛋白质的配合饲料，现有含粗蛋白质8%的能量饲料（其中玉米占80%，大麦占20%）和粗蛋白质35%的蛋白质补充料，其方法步骤如下：

第一步，设配合饲料中能量饲料百分比为X%，蛋白质补充料为Y%，则：

$$X+Y=100 \quad (7-1)$$

第二步，能量混合料的粗蛋白质含量为8%，蛋白质补充饲料含粗蛋白质为35%，要求配合饲料含粗蛋白质为15%，则：

$$0.08X+0.35Y=15 \quad (7-2)$$

第三步，列联立方程式：

$$\begin{cases} X+Y=100 \\ 0.08X+0.35Y=15 \end{cases}$$

解上述方程式得出：$Y=25.93$（蛋白质补充料百分比）

$$X=74.07（能量饲料百分比）$$

第四步，求能量饲料中玉米、大麦在配合饲料中所占的比例：

玉米所占比例 =74.07×80%≈59.26%
大麦所占比例 =74.07×20%≈14.81%

3. 对角线法

又称四角法、方形法、交叉法。在饲料种类不多及拟计算营养指标少的情况下，采用此法较为简单。采用多种饲料及考虑多种营养指标时，须反复进行两两组合，比较麻烦，而且不能使配合饲粮同时满足多项营养指标。

（1）两种饲料配合。例如，以玉米、大豆饼为主，给体重 35～60 kg 的生长肥育猪配制配合饲料。步骤如下：

第一步，从"生长猪饲养标准"查得，35～60 kg 生长肥育猪配合饲料的粗蛋白质水平说应为 14%。由"饲料营养成分表"查出，玉米含粗蛋白质 9%，豆饼含粗蛋白质为 40%。

第二步，作对角线交叉图，把混合饲料达到的粗蛋白质含量 14% 放在对角线交叉处，玉米和大豆饼的粗蛋白质含量分别放在左上角和左下角；然后以左方上、下角为出发点，各通过中心向对角交叉，以大数减小数，并将得数分别记在右上角和右下角。

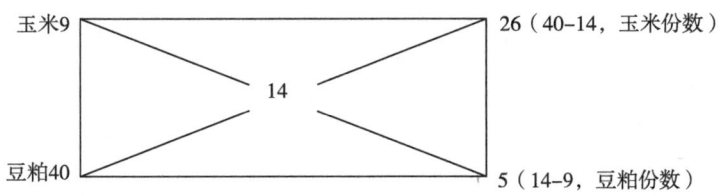

第三步，将上面所计算的各个差数，分别除以这两个差数之和，就可得出这两种饲料在混合料中的百分比：

$$玉米应占比例（\%）=\frac{26}{26+5}\times 100\approx 83.9$$

$$豆粕应占比例（\%）=\frac{5}{26+5}\times 100\approx 16.1$$

（2）两种以上饲料组分的配合。如欲用玉米、高粱、小麦麸、豆粕、棉籽粕、菜籽粕和矿物质饲料，为体重 35～60 kg 生长肥育猪配成含粗蛋白质 14% 的配合饲料。须先根据经验和各种饲料的蛋白质含量，把以上饲料组成三组比例确定的饲料，即混合能量饲料、蛋白质饲料和矿物质饲料。然后，把能量饲料和蛋白质饲料当作两种饲料做交叉配合。具体方法步骤如下：

第一步，分别算出能量和蛋白质饲料组的粗蛋白质平均含量：

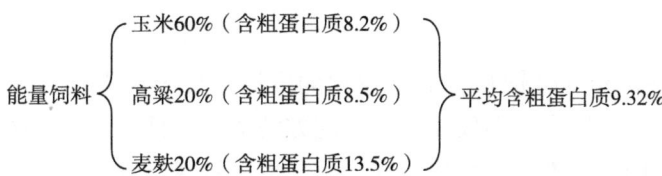

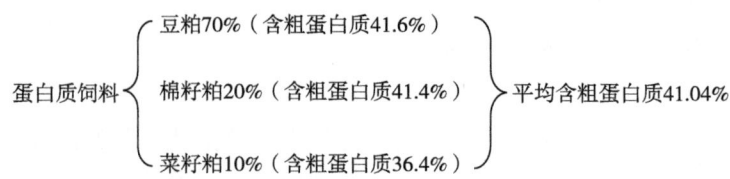

矿物质饲料占混合饲料的2%，其成分为骨粉和食盐。按饲养标准食盐宜占混合饲料的0.3%，则食盐在矿物质饲料中应占15%（0.3÷2×100），骨粉则占85%。

第二步，算出添加剂矿物质饲料前混合料中粗蛋白质应有含量。

混合料的总量为100%-2%=98%

加矿物质前混合料的粗蛋白质含量应为：14÷98%≈14.3%

第三步，将混合能量饲料和混合蛋白质饲料当作两种料，做交叉。

即：

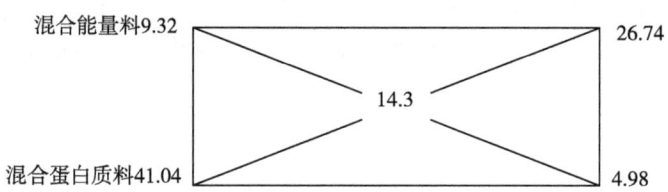

$$混合能量料应占比例（\%）= \frac{26.74}{26.74+4.98} \times 100 \approx 84.30$$

$$混合蛋白质料应占比例（\%）= \frac{4.98}{26.74+4.98} \times 100 \approx 15.70$$

第四步，计算出配方中各种饲料应占的比例（%），即：

玉米　　60×0.843×0.98≈49.6

高粱　　20×0.843×0.98≈16.5

麦麸　　20×0.843×0.98≈16.5

豆粕　　70×0.157×0.98≈10.8

棉籽粕　20×0.157×0.98≈3.1

菜籽粕　10×0.157×0.98≈1.5

骨粉　　1.7

食盐　　0.3

合计　　100.0

4. 线性规划法

随着养殖业集约化和配合饲料工业产业化的发展，要求配方设计采用多种饲料原料，需要计算的营养指标增多，不仅要求单个配方的成本最低，而且期望同批次生产饲料的总体成本最低，用手工方法已无法实现，故须借助计算机进行配方优化。用计算机进行配方设计，需要利用一定的数学模式，并编制相应的计算程序。国内外配方计算应用的数学方法有线性规划法、多目标规划法、参数规划法等。线性规划法应用最广泛，解法成熟、规范，通用性好，是其他规划方法的基础。此处仅对线性规划法作概括介绍，详细了解可参考有关饲料配合方面的专著。国内外在应用计算机配制饲料配方方面均不断发展，并开发出许多配方软件，可供使用者选购。

线性规划法（L.P）研究的对象，实际上就是优化总量，即为求某一线性目标函数，在一定约束条件下求最小值（或最大值）的问题，运用于饲料配方计算，则是在一定约束条件下，计算出的结果须满足畜禽营养需要；对数学公式的问题进行题解，求得未知数；对求得的题解进行分析，做出具体的规划。

在进行线性规划法计算时，必须满足以下前提条件：

其一，不管使用量多少，原料单价必须是固定的；

其二，原料在指定的范围内，用量多少都可以；

其三，由一种原料而来的营养素含量，与其用量成正比；

其四，配合两种或两种以上的原料时，营养素的含量是各种原料营养素含量的总和。

可将制作线性规划数学公式的方法简述如下：

设使用原料的种类为 n，m 种营养素的含量分别是 b_1，b_2，$\cdots$，bm，n 种原料的 m 种营养素的含量分别为 a_{11}，a_{12}，$\cdots$，a_1m；a_{21}，a_{22}，$\cdots$，a_2m；a_{n1}，a_{n2}，$\cdots$，a_nm，$\cdots$；各种原料的价格为 c_1，c_2，$\cdots$，c_n。目的是使产品的价格 Y 最小，求出其各原料的配合率 X_1，X_2，$\cdots$，X_n。以上述假定条件的方程式为：

限制条件：合计 $X_1+X_2+\cdots+X_n=100$

$a_{11}X_1+a_{21}X_2+\cdots+an_1X_n \geq b_1$

$a_{12}X_1+a_{22}X_2+\cdots+an_2X_n \geq b_2$

……

$a_1mX_1+a_2mX_2+\cdots+anmX_n \geq bm$

$X_1 \geq 0$，$X_2 \geq 0$，$\cdots$，$X_n \geq 0$

目标函数：

$$Y=c_1X_1+c_2X_2+\cdots+c_nX_n \quad 最小值$$

可将以上饲料配方问题的线性规划数学模型的表达式归结为：

决策变量为 $X_i \geq 0$（$i=1, 2, 3, \cdots, m$）

约束条件的线性方程组成不等式组为：

$$\sum_{i=1}^{n} \sum_{j=1}^{m} a_{ij}X_j \leq, =, \geq b_i \ (i=1,2,3,\cdots,n)$$

目标函数为 $f(x) = \sum_{j=1}^{n} c_j X \longrightarrow \min$

在线性规划的运算中，约束条件的数学模型需要转化成标准型，即将约束条件中的不等式全转化为等式才能进行。这就要在约束条件中所有不等式的关系符号左侧增加一项非负变量 X_{m+i}（$i=1$，2，3，…，n）。由此，以上约束条件变为：

$a_{11}X_1+a_{21}X_2+\cdots+an_1Xn+Xm_{+1}=b_1$

$a_{12}X_1+a_{22}X_2+\cdots+an_2Xn+Xm_{+2}=b_2$

……

$a_1mX_1+a_2mX_2+\cdots+a_nmXn+X_{m+n}=bm$

约束条件：

$$a_{ij}X_i = b_j - X_{i+j} = Y_i$$

线性规划数学模型转化为标准型后，可通过图解法、单纯型法、改进单纯型法来求解。

5. 常用饲料配制软件

近年来，随着计算机软、硬件技术突飞猛进的发展，在众多公司和科技人员的努力下，通过配方软件优化饲料配方已非常普遍，如 brill（百瑞尔）配方软件、CPM-Dairy、AMTS 营养模型软件，均是在计算机技术的支持下，将最新的动物营养研究成果应用于畜禽饲料配方优化，极大地提高了配方的优化效率，降低了饲料成本，减少了配方技术人员的工作量，得到了业界的普遍认可。同时，各配方软件供应商都有强大的技术支持团队，感兴趣的读者可以根据自己工作的主要方向选择适合自己工作要求的配方软件。以下以百瑞尔饲料配方软件为例做一简要介绍。

百瑞尔（Brill）饲料配方软件是由 Robert J. Brill 先生所创办的美国百瑞尔公司，在 20 世纪 70 年代开发研制的最低成本方案饲料配方软件。迄今，已有近 50 年的应用历史，并持续处于更新完善之中。百瑞尔配方软件支持畜禽、水产、反刍动物、宠物等配方的制作，包括全价料、浓缩料和预混料。百瑞尔配方软件有高效的管理功能和强大的分析功能，同时百瑞尔配方软件也更容易和其他系统兼容对接。百瑞尔软件不仅适用于饲料生产企业、养殖场，同时也有助于预混料、饲料添加剂等企业为客户提供技术有效的饲料配方解决方案。随着软件的不断升级和完善，目前已被世界各地的饲料企业、养殖场广泛使用。

百瑞尔软件采用模块化设计，功能强大，性能稳定，运行速度快。百瑞尔软件在我国各地推广的是汉化的中文版本，支持各种版本的 Windows 系统，可以让用户操作更为简单、直观。百瑞尔饲料配方软件主要由基础配方模块、配方参数分析模块、批次优化模块、饲料厂管理报表模块、数据输入/输出模块、配方比较与组合、自动预混料更新、原料最小用量、原料组合、原料关联与保存的配方关联功能、厂家自动拷贝等功能模块组成。

百瑞尔软件的单配方系统可以保证饲料配方在满足各种营养指标和原料配置要求的

前提下，根据原料市场价格变化情况获得最低成本方案。百瑞尔多配方系统是为了适应饲料工业企业集约化经营规模不断扩大、产品种类日益增多、原料种类、来源和价格不断变化，以及市场竞争日趋激烈的发展需要而研制的系统，运行在原料资源受到限制的情况下，实现原料在所有配方中的优化配置，为企业带来更为可观的经济效益。

基于百瑞尔配方软件的强大功能，其国内代理公司进一步开发了生猪动态精准营养与效益分析模型，通过构建并整合生猪动态生长模型、动态营养需要模型和动态饲料原料营养价值数据库，实现生猪各体重阶段营养精准供给方案的计算。同时，分析生猪生长规律及饲料中营养物质在各体重阶段的分配比例变化特点，设计了比较评估不同用料方案可能生产性能的计算模型，可计算出不同用料方案的阶段料比、阶段日增重、全程料比和全程平均日增重。再结合各阶段饲料成本、仔猪投入成本、药物成本、养殖人工成本和生猪行情等参数，可计算出阶段造肉成本、全程造肉成本、头均收益等经济效益指标。该模型通过用料方案及各阶段料的营养水平事前、事中预估方案的可能养殖效益，可以极大节省方案验证的时间成本和资金投入，为饲料企业和养殖企业设计科学经济的用料方案和营养方案提供科学的决策参考。

三、影响饲料质量的因素

影响配合饲料质量的因素很多，涉及配合饲料生产的各个环节，其中原料质量、饲料配方、加工工艺、原料检测的影响最为突出。

（一）饲料原料

来自同一原产地的同一种饲料原料也会出现变异。概括起来，影响饲料原料的因素如下。

1. 自然变异

饲料原料养分含量的自然变异系数平均为 ±10%，一般变异在 10% ~ 15% 范围是正常的。因为，农场与农场、年份与年份不一致；采样、品质、土壤肥力、气候、收割时成熟程度也不一样；谷类及其副产品的养分含量较之蛋白质补充饲料，尤其是鱼粉似乎要稳定一些，豆粕是一种养分含量变异小的蛋白质补充饲料。

2. 加工

很多饲料原料是农产品的加工副产品，因而农产品加工技术不同，生产出的产品或副产品就会有差异，高标准成套碾米机所生产的米糠主要含的是胚芽和米粒种皮外层。而低标准碾米机则生产出混杂有相当一部分稻壳的低质量米糠。在溶剂浸出过程中，热处理温度过低或过高所生产的豆粕质量都会比热处理工艺稳定适当所产的豆粕质量差。

3. 原料品质

没有合格的原料就不能生产出合格的产品。在原料进厂时，一定要对原料鉴定。通常外观鉴定时，要求色泽与形态正常，无霉变、虫蛀、结块、异味等。同时主要检测水分、粗蛋白质、粗纤维、粗灰分、粗脂肪等营养成分。对某些饲料原料及产品，还须根据其特殊性和要求进行相应的检测。对于易掺假的饲料原料，还要进行针对性的掺假检测。所用各种原料均须达到国家标准的要求。

（1）大豆及其制品。必须测定尿素酶的活性，以判断其中抗营养物质（抗胰蛋白酶）的破坏程度。

（2）鱼粉。对鱼粉及配合饲料，除常规营养成分外，还应检测其食盐含量。

（3）饼（粕）类、木薯粉等。在配合饲料中使用这些原料时，必须测定其中有毒有害物质的含量，如异硫氰酸酯、恶唑烷硫酮、游离棉酚、氰化物、黄曲霉素 B_1、亚硝酸盐等。

（4）有毒有害元素及微生物。应进行检测的有毒有害元素有砷、铅、汞、镉、铬、氟等。对饲料原料中的沙门菌、霉菌及细菌也应依照国家标准进行检测。

此外，还应根据需要对原料中杂质、霉变等定性、定量检测。

4. 掺假

颗粒细小的饲料原料易于掺假，即以一种或多种可能有或者可能没有营养价值的廉价细粒物料进行故意掺杂。一般讲，掺假不仅改变被掺假饲料原料的化学成分，而且降低其营养价值。鱼粉可能会用经过细粉碎的贝壳、羽毛粉、肉骨粉、皮革粉以及非蛋白氮物质（如尿素、尿素的相关衍生物）掺假。米糠可能会用稻壳掺假。经过细粉碎的石灰石有用作磷酸二钙掺杂物。可见饲料掺假有以下一些情况，如"以次充好""以假乱真""过失性混进杂质""漏加贵重成分"，以及"故意增减某些成分"等。因此，在采购颗粒微细的饲料原料时必须经过质量检测。

5. 损坏和变质

在不当的运输装卸、贮藏和加工过程中饲料原料会因损坏和变质失去其原有的质量，高水分玉米收获后在不适当的运输装卸情况下非常容易被真菌污染而损坏。高水分米糠和预防在袋装贮藏条件下会发热或者会很快发生酸败，酸败作用还促使其脂溶性维生素尤其是维生素 A 的损失。饲料谷物在不适当的贮存条件下通常会被虫蚀损坏。劣质饲料原料不可能生产出优质的配合饲料。所以，选择优质饲料原料并保持其质量是制作优质畜禽饲料至关重要的环节。

（二）饲料配方

饲料配方是否科学、合理、能够保障功能性成分的含量稳定，是决定配合饲料质量、效果和成本的关键，也是饲料工业的核心技术所在。按设计配方制成的配合饲料，饲喂后动物健康安全，生产效果好，经济效益显著，即说明饲料配方合理，配合饲料质量好。

（三）加工工艺

（1）清理。饲料原料在收获、运输等过程中往往会混入一些灰土、石块、泥块、麻布片、麻绳头、金属等杂物。这些杂质的混入，会影响饲料的质量，进而影响畜禽的生长和生产，还会严重损坏饲料加工设备。故必须在加工配合饲料前清理杂质。

（2）粉碎。粉碎直接影响配合饲料的产量、质量、耗电量及成品饲料的成本。粉碎破坏了谷物的外壳，增加谷物的表面积，便于消化酶、消化液与饲料颗粒接触，可提高消化率；饲料原料被粉碎后，可提高配合饲料的均匀度。

饲养试验证明，并不是把饲料粉碎得越细越好。适宜的粉碎粒度因原料和饲养畜禽的种类而有差异。谷实饲料适宜的粉碎粒度为：猪，1 mm；牛，2 mm 左右；马与鸡，2～4 mm。

（3）配料（计量）。配料就是按照设计的饲料配方准确地配给各种组分。有正确的配比成分，才能有良好的饲养效果。如果某种成分配比失误，就会降低整个配合饲料的营养价值。有的添加剂添加不足或过量，会导致畜禽生长发育不良，严重者造成中毒或死亡。因此，要求配料设备具有准确性、稳定性、灵敏性和示值不变性。对加入的药物和微量添加剂更须计量准确，并有详细记录。

（4）混合。就是把已配好的各种饲料组分充分混合，使之成为营养成分均匀的成品。这也是确保配合饲料质量和提高饲料利用率的重要环节。混合不均匀，影响畜禽的生长发育和生产性能，降低饲养效果，严重时可致畜禽死亡。

为了保证饲料的混合均匀度，饲料加工过程中分两步进行混合，即预混合和主流混合。①预混合。就是将畜禽所需要的一些微量元素、维生素、氨基酸、药物等添加剂与载体进行一次预先混合。其目的是使微量组分能逐步扩散，以便能在全价配合饲料中混合均匀。鉴于功能性成分一般都添加量较少，因而预混合对于功能性饲料产品的加工尤为重要，一定要高度重视。②主混合。就是在混合机中，将按配方要求计量的各个组分充分混合均匀。

（四）成品质量检测

为了确保配合饲料的质量，在成品出厂前，须抽样进行检测，各检测项目均须达到国家标准的要求。

四、畜禽饲料加工技术

通常，饲料加工过程由以下四个环节组成：①充足且稳定供应的原料（饲料原料、燃料、动力等投入品）；②与所生产饲料类型相匹配的机械设备（配合饲料生产设备、饲料传送系统、饲料贮存设备、饲料粉碎设备、制粒设备、配合设备、喷涂设备等）；③充足且接受专业知识和技能培训的员工；④工艺流程稳定且各环节配合密切的生产过程。

与之对应，饲料品质控制程序必须综合控制以上各因素，才能生产出高品质的配合饲料，即含有稳定的满足畜禽需要的有效养分、功能性成分，并且含最低量有毒物质的饲料产品。饲料品质控制程序是指各种确保产品符合生产商所定的标准的措施。任何一个良好的饲料品质控制程序都包含原料质量控制、生产过程控制、加工过程饲料品质控制、出厂前饲料品质控制等4个要素。

(一)原料质量控制

通常,饲料的主要原料以其他加工业的副产品为主,所以饲料生产者在饲料原料及其质量控制方面常常处于不利的地位。因此,饲料生产者经常不得不努力从别人的废弃物(下脚料)中生产出质量稳定、效果确定的东西来。饲料原料费用占饲料生产成本的70%~90%,因而随着饲料场规模的增大,饲料生产成本中原料费用的比例不断加大。鉴于配合饲料中各种养分含量的大部分变异来自原料,因而,保证饲料原料的质量,不仅是生产优质配合饲料的前提,而且是饲料厂、养殖场获得好的经济效益的根源。事实上,一个家禽公司可以将其所有的配合饲料中40%~70%的各种养分含量的变异归因于原料。营养成分的变异不仅背离了饲料生产者的初衷,也使生产者付出了产品品质不佳的代价。尽管近红外色谱仪被众多的饲料生产商用来快速分析样本中的水分、脂肪、蛋白质和纤维素等营养成分的含量,但大多数生产商在使用原料前并不进行分析,而是根据供货商的历史记录来操作,因此对原料营养成分的预测就十分重要。在讨论高品质饲料的生产时,首先必须用专门术语来解释和定义原料的质量,这意味着从两个方面定义原料:①分析值描述;②根据原料的物理和/或感官特性描述。前者要让分析化学家能理解,而后者则要让装卸人员或饲料厂员工能够对饲料原料的质量作出判断。

仅限于物理或者感官上的原料品质控制一般不会持续地获得高品质的原料,必须采用更客观的方法来作为评价原料质量的重要依据,这种客观的评定方法就是实验室分析方法。当描述性的方法不客观时,有理由确认实验室分析结果的可靠性就很重要。美国的分析化学家协会(AOAC)和美国油脂化学家协会(AOCS)出版了获批准的饲料分析方法手册,采用未经AOAC和AOCS或类似组织认可的方法,分析出的结果其有效性值得怀疑。AOAC和AOCS都执行对照样本程序。对照样本程序就是为参试的实验室提供相同的样本供测试,测试结果作为评价实验室分析工作的依据。事实上,不参加对照样本程序的实验室分析结果,经常受到一些意外因素的干扰。

一定程度上,饲料生产商接受的饲料原料的质量是由供应商决定的,换言之,接受的原料的质量客观反映了供应商私下认为你需要这样质量的原料。所以,一个良好的饲料品质控制程序首先要设计一个程序或方法,将你对原料质量的要求明确无误地传达给你的供应商。方法千变万化,这里仅列出传递你对质量约定的一种方法。

(1)从自己开始对质量标准予以坚守。如果要得到高质量的饲料原料,你的行为必须反映你对质量标准的坚守,否则你的供应商认为你只不过是说说而已,仍供给你他认为你需要的质量偏低或不稳定的原料。这意味着一定不要仅计较原料的单价,原料的质量、性价比远比单一的价格更重要。

(2)确定你想要什么样的原料,并把标准发布出来。应包括以下几个方面:原料的外形、物流特性(如粒度或容重)、预期的分析值、采样程序、实验室分析方法、原料拒收的标准和补充要求程序。同你的供应商讨论这些规定,确定他们能否按要求提供原料,如果你的供应商愿意满足你对质量的要求,则要求对方给予书面确认。所有协议一旦达成,就将协议的副本交给公司的原料接受人、实验室分析人和原料购买机构,由他们予以彻底的执行。

（3）彻底检验所有收进的原料。保证采样具有代表性特别重要。样本采集后，当场进行检测（如水分、容重、霉菌毒素、酸败作用、掺假等），如果原料不合格，就坚决拒收。拒收不合格原料虽显得有点过分，但却让你的供应商明白你对质量的坚守，才能培养供应商与你在质量控制方面的长期合作。

（4）在具备资格的实验室分析你的原料样本。这些分析数据可供你对供应商的原料质量做出连续的评价，这一步至关重要，因为实验室分析结果是原料质量评价的重要依据。可以自建实验室，也可以与具有检测能力的化验室保持稳定的合作关系。

（5）经常与你的供应商交流原料质量的情况。使你的供应商明白你对他们产品的质量是了解的，这将有助于你的供应商知道你的确希望接受高质量的原料。

（6）根据接受原料的分析值调整饲料配方。如果你没有根据分析值的变化来相应调整配方，你就浪费了在分析上投入的大量时间和金钱，进而有可能影响到你的产品在市场上的表现或者效益的获得。

（7）列明可能的补充要求。填写的这些要求将使你的原料质量控制更加切实可行。经典的观点是戴明（Deming）博士关于公司结构和人员管理中的观点，"不要把盈利只建立在原料价格上，而是通过与一个供应商的合作来最大限度地降低总成本"。单纯建立在价格上的购买不能说明使用产品的所有成本，因为每个产品都有使用成本。生产体系必须与原料的使用性能相适应，否则就要增加生产成本，这种消耗很难估算，因而通常被忽视。就饲料原料品质而言，因为每个供货商都是一个变异来源，这意味着配合饲料中养分含量的变异与供货商的数目可能有关。这些变异将降低配合料的品质，增加成本，所以从一个注重质量的供货商处购得的原料将更加经济。

（二）生产过程控制

在饲料厂内由高质量的原料生产出高品质的饲料，涉及三个要素：员工、机械设备和生产过程。三者缺一不可，只有三者有机结合起来，才能保障生产出高品质的饲料。

1. 员工

一个新的饲料厂员工要求具备以下三种素质：高效性、兴趣或警觉性、协作性。一旦被聘用，就应迅速有效地培训他们，这种培训不应只是训练员工做具体工作，还应该让员工清楚各项工作的必要性，应该从开始就定期地告诉员工，他们的工作多么重要，必须全力以赴。一经培训，如果员工在公司长期工作，将给公司节省大量成本，所以必须激发员工的积极性，使他们安心本职工作。激发员工的积极性是一件既困难又复杂的事情。但是调动员工积极性又是每一位饲料厂管理人员必须认真面对的事情。

2. 机械设备

设备的选择、运转、维修或故障的解决，可能成为一件非常复杂的事情，不可能用简短的篇幅来详细阐述，但遵循以下几点一般性建议，将有助于减少机械设备的故障。①用途：机械设备所做的工作是不是它的设计功能？②安装：设备的安装是否遵循生产厂家的建议？③调试：机械设备的关键性调整是否正确？④运转：机器是否按厂家建议来运转？⑤负载：机器是否在额定的负载范围内运转？⑥润滑：机械设备是否适时地用适量的正确的润滑油润滑？⑦保养：你能否预先知道每件设备何时需要维护修理，是否有维修所需要的配件？

3. 生产过程控制

由于问题重复出现，生产过程中的麻烦一般很容易鉴别，但任何一个解决办法都应包括如下内容：①交流：操作人员理解自己的职责吗？如果有人不得不承担这项工作时，他（她）必须懂得什么？②标识：设备的控制装置是否容易识别？袋装原料的标签是否清楚并按顺序贮存？③示踪性：这个生产过程是否让人很容易查明问题的来源？④核查：是否取样并保存，以便核查问题的根源？⑤记录：是否所有的记录都保存待用？如果有些记录已没用，就不再继续保存，有用的记录应长期保存在干净、安全和易取的地方。

（三）加工过程品质控制

一旦高素质的员工、精良的设备和完善的生产工艺建立起来，加工过程品质控制就可通过落实品质控制环节来保持。品质控制程序包括以下几个环节。

1. 原料存货清单

原料存货清单对于饲料厂很重要。根据存货清单提供的情况，生产者可推算一定时间内原料使用的适当量，以便生产者能够及时纠正错误。一个良好的原料存货清单应具备以下特征：①简单易懂；②包括实地盘存；③准确；④兼顾历史和未来预测性的资料；⑤在生产中使用。

2. 原料仓和配料仓清洁

如果原料仓和配料仓没有定期清扫，原料或配合饲料就残存在料仓的边角，易导致霉菌生长和交叉污染，所以配合饲料和原料的贮货仓应至少一个月检查一次并按需要清扫。这些清洁措施是必要的，但员工的人身安全更重要，所以在进入料仓之前，必须采取以下措施，以保证清扫人员的安全：①证实料仓适于进入（如是否太热？是否有可检测到的化学烟尘？）；②告知其他操作人员你在料仓内；③确保在人员进入料仓期间，外面留有负责任、训练有素的人；④证实照明、起降、安全和换气设备功能正常；⑤证实急救装置功能正常处于待用状态。

3. 设备清洁且处于正常运作状态

应确保设备定期检查维修，关键部位和零配件应更频繁地检查。卸料闸和输送带应每周清扫并检查一次，是否有磨损或漏料情况，检查输送袋头部的滑轮组组装是否正确，如发生移动将导致摩擦产热并造成磨损。移动式喂料机的位置和磨损情况应每星期检查一次，刮料板或者原料清洁装置应每星期检查一次。

4. 粉碎

对于颗粒饲料，所有磨碎饲料都要过筛。粉料通常要求较大颗粒，而对于制粒，粉碎过细，一方面会造成能耗过大，另一方面在饲料贮存时会带来流散性的问题。同时要特别注意锤片式粉碎机在粉碎时的散热，如果粉碎的料没有冷却，热量会引起饲料中水分迁移，导致局部发生霉变。

5. 配混系统的有效性

配混系统的准确性应半年检验一次或者按照管理部门要求的频率检验。配混系统的准确性检验首先要证实配合饲料货仓是清洁的。然后按日常的方式混合一个粉料，记录所配料的重量，将所配料转入清洁的配合料货仓，再将其装入货运卡车的一个分格内，记录卡车和货物的重量，重复这个过程直到货运卡车的四个分格都装上货物。每个批次的重量与扣除卡车重量的货物重误差均应在1%范围内。如果误差超过1%，检查配混系统的下述部位：①配料秤和微量秤的准确性；②传送袋的完整性（是否有遗漏）；③货仓的平整性（是否货仓壁上有小洞）；④移动式喂料机的位置和稳定性（是否一些饲料被投入其他货仓）；⑤混合机和配料秤的刮阀运作是否正常（是否一批料会漏入另一批料中）。

6. 混合

混合大概是饲料生产环节中最关键的步骤。通常，混合机不能充分混匀的原因如下：①混合时间不够；②混合机超负荷混合；③混合机磨损或发生故障。

尽管设备制造商在给客户提供快速、高效、耐久的饲料混合机方面已取得极大进步，但许多情况下混合机和混合机的运作情况被忽视了。批量搅拌机应每星期检查一次，确保轴、皮轮搅拌子或螺旋搅拌子处于良好的运行状态，随时待用。搅拌时间应至少一年检查两次。

7. 制粒和颗粒饲料冷却

在饲料生产中制粒和颗粒冷却可能是最复杂的加工过程。制粒调制机使得调制更简单更准确，但是以下几个颗粒饲料品质的指标应定期检查。

（1）调制温度。制粒过程中调制是最重要的一步，饲料经蒸汽充分处理，颗粒饲料的耐粉碎性才能更好。这是因为冷却器中颗粒饲料周围空气的持水能力随着温度的升高而增加，因此在颗粒饲料冷却过程中，失水率达到最高，同时淀粉的糊化也使得颗粒的耐粉碎性增强。另外，调制温度对于激活霉菌抑制剂也是很重要的，并且能杀死沙门菌等病原体。调制温度应尽可能高，最好高于82.2℃，但也要考虑颗粒饲料中维生素的添加水平，10%～25%的脂溶性维生素活性在制粒中可能丧失。

（2）颗粒饲料冷却温度。颗粒料或破碎料冷却的适宜温度应低于周边空气温度12.2℃以上。颗粒料冷却不足，则水分迁移、霉菌生长、货仓腐蚀等问题有可能接踵而至。颗粒饲料冷却温度一旦变动，就要立即检查。

（3）水分增加量。制粒过程导致的水分增加可以通过比较制粒前粉料的水分含量和颗粒料冷却后的水分含量来计算。水分增加可加速霉菌腐败，无水分增加是个值得追求的目标，但可能实现的目标水分增加低于0.5%。水分增加量应每月检查一次。

（4）破碎料质地。破碎料的质地要严格控制，不合适的破碎料将降低适口性，引起动物生产性能下降。常常使用不同孔径的编织筛组合来测定破碎的粒度。粒度的适宜标准应根据目标家禽的使用期、市场反馈等综合考虑后制定。

（5）颗粒坚实度。制粒对畜禽生长速率和饲料转化率的许多益处归因于饲料的物理形状。所以,颗粒的耐粉碎性对于提高畜禽生产性能有着积极作用。

8. 称量设备

如果混合过程控制很好,配方师拟定的配方能否在生产中得以执行,就在于称量设备的准确性和校准了。每个公司应有并且使用与自己生产能力相符的系列标准砝码,每周校正一次秤,配料秤至少每月清扫并校正一次,微量原料秤应每周清扫并校正一次。

9. 货车的检验和清洁

货车常常是水分、霉菌和药物污染的来源,但这个问题经常被忽视。货车司机应担负起保持货车运转正常并且清洁(里里外外)的任务,更重要的是饲料厂工人在装货前应确定运货车清洁并处于良好的运行状态。并协助司机确认装货完成后,篷布盖遮到位,捆扎牢固。

(四)出厂前饲料品质控制

许多情况下,饲料加工出来后,即被使用,动物采食饲料之前没有进行任何分析测试。这样饲料厂的出厂检验就变得极为重要。因此饲料厂应有详细的产品品质控制记录,记录产品和相关的分析结果。分析样品的采样频率和数量应由每批次加工的配合饲料的数量、混合机的单批混合量、原料的更换情况、配方的更换情况、饲料的感官变异情况等因素综合决定。但应控制出厂配合饲料的质量符合其标准规定的要求,这是配合饲料品质控制的核心所在。

在配合饲料品质控制过程中,发现问题时,应立即着手解决,下面给出解决配合饲料品质问题的一种方法:

(1)测试是否正确?让实验室重新核查测定结果,继续调查问题;

(2)怎么取样?样本是否具有代表性?如果物料仍在,需要重新取样;

(3)只有一个营养成分还是几个营养成分超出控制标准?这可能是某种原料是否漏加的线索;

(4)该批饲料的加工是否由有经验的员工操作?

(5)检查相关原料的库存量,实际的和预期的库存量是否一致?

(6)检查称量仪器是否正确校正?

(7)检查饲料厂原料和配合料仓,发现并解决问题;

(8)检查混合时间,确定配合料是否混合均匀?

(9)检查原料的分析值,是否接收了不合格的原料?

(10)检查配方模型以确定原料分析值正确无误,该模型反映当前接收原料的状况。

五、小结

饲料是畜禽赖以生存进一步为人类生产动物性产品的基本原料,配合饲料则是动物健康高产的科学配餐。通常,配合饲料生产者在调研了饲料市场(原料和加工产品)、畜产品市场与特定动物群体自身及其赖以生存的环境条件之后,首先要解决的问题就是确定配合饲料的营养水平或称配合饲料的营养浓度,然后选定配合饲料用大宗原料、营养性与非营养性添加剂、饲料生产设施设备和生产工艺,进而设计饲料配方,并最终加工制作各种类型的配合饲料产品。

人们在确定配合饲料营养水平时,首先要查询载有这类参数的资料,我们一般称为饲养标准、营养需要量、营养供给量等,这是确定配合饲料营养水平的基础参数。上述三个术语的基本含义在不同国家有着不同的解释,即使在同一个国家,随着科学技术的发展,其概念亦是不断变化的。当前,就我国学者的观点而言,总体上认为,饲养标准就是营养需要量,它们是动物在正常管理条件下,健康生产的最低营养需要量。对此,中、美、英、法、日、澳等国家,或称饲养标准,或称营养需要,称谓不同,表达方式不一,但论其实质,大抵属于同一类型的资料。它们都是以大量的科学试验数据为依据,经反复验证、调整、归纳、总结而成的,对设计饲料配方极具参考价值。这里,还应特别指出的是,上述三个术语的基本概念都不同于饲料标准,饲料标准是作为商品必须遵从的饲料原料、饲料加工产品(各种类型的特定的或通用的配合饲料)的质量保证标准。

饲养标准或营养需要所列参数的基本依据是科学试验,这就决定了参数本身的局限性。它是以给定条件为前提的,这些条件包括动物、抑或饲料,都是以群体均值为对象的,畜禽所处条件为适中温度区,管理方式为圈养、笼养,甚至饲料的生物学利用率、饲料的采食量以至衡量需要量的标志等都是特定的。总之,每一项参数都不过是动物群体对众多给定条件反应的平均值,即所谓群体在众多"理想"条件下的平均需要量。据估计,仅就群体内个体差异这一因素,现行营养需要量参数加、减两个标准差才能包含95%的个体。倘若将上述营养参数一成不变地搬用于千变万化的生产实践中,其可靠性是十分有限的。生产实践中,人们对上述营养参数的理解深度以及对现实种种特定条件的了解程度往往是衡量配方师水平高低的尺度,这一尺度的波动范围是十分巨大的。科学家们为了弥补这一变异的影响,使需要量(标准)更贴近于实际,于是又提出了营养供给量这一概念。可以这样理解营养供给量的含义:如果把需要量看作是动物群体对某一营养成分的平均需要量,那么供给量则是大于这种需要量的参数,它主要考虑了动物个体、饲料原料以及千变万化的应激源造成的影响,在营养需要(标准)的基础上,对各种参数追加了大小不等的安全裕量或称保险系数。即使这种赋予保险系数的供给量(标准),亦只是配方设计的指南,应用上仍需依据生产的实际情况、前期畜禽饲料的生产表现、畜产品的品质、市场反馈等加以持续的优化。

第二节　畜禽环境卫生与生物安全防控技术

建立良好的环境卫生和生物安全防控体系是生产优质畜禽产品的基础保障,本节结合畜禽养殖生产实际,对相关环节的技术要点进行阐述。

一、环境卫生控制

"环境"是指大气、水源和土壤这三个要素构成的自然整体。对于畜禽而言,还包括畜禽场址、畜禽舍间相互关系,以及饲养管理与利用方式等。因此可以说,与畜禽生产、生存相关的一切外部条件都属于环境范畴。

畜禽环境卫生与动物防疫关系密切,特别是对于现代化集约型畜禽养殖场更为突出。有益的环境是畜禽赖以生存的条件,畜禽将不断地与外界环境进行物质和能量交换,进而生长、繁殖和生产各种产品。有害的环境,不但影响动物生长繁殖,甚至导致机能失调,引起疾病和死亡。因此,控制、改善畜禽环境卫生条件,是维护畜禽健康、提高畜禽生产能力的重要环节。

(一)养殖场建设与防疫

选择合适场地,科学合理地进行规划和布局,可以为畜禽生长提供良好的环境,并使高效组织生产和开展动物防疫具备良好基础。

场址选择,在考虑水源、土质、气候、风向等条件的同时,以不与周围环境相互影响、造成污染为基本原则。一般建于居民点下风向 500 m 以上,并远离屠宰场、畜禽产品加工厂、垃圾和污水处理厂 2 km 以上,与主要公路的距离一般不少于 200 m。

养殖场内一般分为生产区、管理区和病畜禽管理区等三个功能区。其划分和位置安排,要考虑地势和主风向,这样有利于人和畜禽的卫生保健,以获得最佳的生产联系和卫生防疫条件。

(二)畜禽舍内部环境与防疫

按照动物防疫的一般原则,养殖场内应有良好的消毒、粪便及污物处理设施,有效控制鼠害、蚊蝇,避免野生动物进入。

须设置门卫消毒室、脚踏消毒池和车辆消毒池。人员进入畜禽舍要洗手、洗澡、消毒、更换衣服和鞋帽。场内应有自备车辆,如场外车辆必须进入生产区时,必须进行全车洗消。

须设置与养殖规模相适应的粪污排放处理设施,所有排泄物须进行无害化处理。此外,搞好内部清洁卫生,清除杂草及污水塘,采取综合措施杀虫灭鼠,对于预防疫病均有重要意义。

(三)饲养管理与防疫

一是实行"全进全出"饲养方式,即在畜禽舍内环境一致的条件下合理饲养,既有利于群体生产性能的提高,从而实现标准化和工厂化生产,也有利于有效预防畜禽疫病的发生。二是科学饲喂,定时定量保质,不使用霉变、污染饲料,保证饮水清洁安全。三是及时清除粪便污物,并作无害化处理。保持舍内光照、通风良好,温度、湿度适宜，保证舍内良好的小气候条件。四是保持合理的饲养密度和安静环境，减少不良应激反应。五是合理用药，动态做好药物预防工作。

二、人流与物流管理

（一）设立生物安全通道

生物安全通道包括两方面含义，一是进出养殖场必须经由生物安全通道，二是通过生物安全通道进出养殖场可以保证生物安全。因此，养殖场应尽可能少设置出入通道，最好场区、生产区和动物舍只保留一个经常出入的通道；生物安全通道须设专人把守，限制人员和车辆进出，并监督人员和车辆执行各项生物安全制度；设置必要的生物安全设施，场门、生产区入口处设长大于 4.5 m、深大于 20 cm 的消毒池，畜禽舍入口处设长大于 1.5 m、深大于 20 cm 的消毒槽以及淋浴室和装有紫外线灯的更衣室。有条件的养殖场，应当建立车辆洗消中心，制订并执行严格的洗消制度。

（二）加强人流与物流的安全管理

养殖场应根据生物安全要求的不同，划分生产区、管理区等不同区域，各区之间以围墙进行隔离，同时应严格限制外来人员、车辆等进出场区和生产区。必须进入时，须进行严格消毒，并登记访问日期、访问者姓名和职业、访问目的等信息；养殖场工作人员禁止随意离开场区，必须离场时，要进行严格消毒，并进行登记记录；生产区内使用的车辆禁止离开生产区使用，饲料、动物运输车辆应定期消毒；场内不得饲养其他畜禽。

三、饲料与饮水安全

（一）饲料安全

饲料安全与动物源食品安全和环境生态安全均密切相关。为此，我国国家标准《饲料工业术语》(GB/T 10647) 中，明确"饲料中所含有的直接或间接影响动物机体健康、动物产品质量、危害人体健康及污染环境的物质"为"有毒有害物质"，并对饲料的"卫生指标"作了定义，即"为保证动物健康和动物产品对人的安全性及避免环境污染，对饲料中有毒、有害物质及病原微生物等规定的允许量"。

在畜禽养殖中应高度关注饲料安全问题。首先，要选择正规的饲料厂家，购买符合标准的饲料。其次，饲料存放要注意湿度、温度及卫生条件，避免吸潮变质或受到污染。最后，要及时查验饲料质量问题，严格按照相关标准执行。

(二)饮水安全

畜禽养殖应保证安全稳定的饮水供给,一是使用清洁水源,避免水源污染;二是保障供水安全,避免二次污染。

1. 造成饮水污染的原因

(1)水源污染。养殖场的水源一般来自场内的地下水,深层地下水虽然水质稳定,但是存在硬度偏大,部分矿物质含量超标等问题,而且养殖场自身的污水很容易渗入地下,对深井水造成再污染,甚至出现病原微生物检出超标的情况,这也严重威胁了畜禽的健康。

(2)水线污染。畜禽养殖中水线的污染极易被忽视,其中一是水塔和室外水线,很容易滋生青苔,并会有昆虫等进入造成污染;二是室内饮水管道,由于饮水中经常添加维生素、保健剂等营养性物质,水管内部极易生成生物膜,并滋生大量的病原微生物,从而造成污染。

2. 饮水污染控制方案

(1)化学控制方案。使用化学消毒剂对饮水进行消毒,目前常用的化学消毒剂包括氯制剂、二氧化氯、配方消毒剂、酸化剂等。氯制剂优点是成本较低、效果可靠、使用方便,缺点是与水中有机物反应会产生多种有害物质,并且其消毒效果易受多种因素影响。二氧化氯消毒剂是目前最为理想的饮水消毒剂,有安全、高效、广谱、无残留、无污染等特点。配方消毒剂是近些年来出现的新型消毒剂,其中代表性产品卫可(Vikon$^®$ S)是国际公认的可用于饮水消毒的理想消毒剂。饮水酸化剂如赛可新(Selko-pH)等采用酸化原理降低饮水 pH 值,有效抑制病原菌的繁殖和生长,清除藻类等污染物,净化水线。

(2)物理控制方案。目前多采用机械过滤控制的方法,包括滤膜和滤芯两种,滤膜是以纳米孔过滤为主要功能,滤芯是以吸附加过滤复合功效为主,使用中需要进行定期检查和清洗,防止有害物沉积造成二次污染。

四、粪污安全处理

近年来,解决畜禽场粪便污染问题越来越受到重视,发展畜禽养殖业必须要在提高生产效益、经济效益的同时,保证畜禽场周边养殖环境的干净、卫生,走高质量可持续发展道路。结合实际情况,国家大力推广以下几种畜禽粪污处理和利用技术模式。

(一)种养结合

1. 粪污全量还田模式

对养殖场产生的粪便、粪水和污水集中收集,全部进入氧化塘贮存,氧化塘分为敞开式和覆膜式两类,粪污通过氧化塘贮存进行无害化处理,在施肥季节进行农田利用。适用于猪场水泡粪工艺或奶牛场的自动刮粪回冲工艺,粪污的总固体含量小于 15%;

需要与粪污养分量相配套的农田。

2. 粪便堆肥利用模式

以规模养殖场的固体粪便为主，经好氧堆肥无害化处理后，就地还田利用或生产有机肥。适用于只有固体粪便、无污水产生的家禽养殖场或羊场等。

3. 粪水肥料化利用模式

养殖场产生的粪水经氧化塘处理储存后，在农田需肥和灌溉期间，将无害化处理的粪水与灌溉用水按照一定的比例混合，进行水肥一体化施用。适用于周围配套有一定面积农田的畜禽养殖场，在农田作物灌溉施肥期间进行水肥一体化施用。

4. 粪污能源化利用模式

依托专门的畜禽粪污处理企业专业生产可再生能源，收集周边养殖场粪便和粪水，投资建设大型沼气工程，进行厌氧发酵，沼气发电上网或提纯生物天然气，沼渣生产有机肥农田利用，沼液农田利用或深度处理达标排放。适用于大型规模养殖场或养殖密集区，具备沼气发电上网或生物天然气进入管网条件，需要地方政府配套政策予以保障。

（二）清洁回用

1. 粪便基质化利用模式

以畜禽粪污、菌渣及农作物秸秆等为原料，进行堆肥发酵，生产基质盘和基质土应用于栽培果蔬。该模式既适用大中型生态农业企业，又适合农村小型家庭生态农场，同时适合农村小型家庭农场分工、联合经营。

2. 粪便垫料化利用模式

基于奶牛粪便纤维素含量高、质地松软的特点，将奶牛粪污固液分离后，固体粪便进行好氧发酵无害化处理后回用作为牛床垫料，污水贮存后作为肥料进行农田利用。适用于规模化奶牛场。

3. 粪便饲料化利用模式

畜禽养殖过程中的干清粪与蚯蚓、蝇蛆及黑水虻等动物蛋白进行堆肥发酵，生产有机肥用于农业种植，发酵后的蚯蚓、蝇蛆及黑水虻等动物蛋白用于制作饲料等。适用于远离城镇，养殖场有闲置地，周边有农田，农副产品较丰富的中、大规模养殖场。

4. 粪便燃料化利用模式

畜禽粪便经过搅拌后脱水加工，进行挤压造粒，生产生物质燃料棒。适用于城市和工业燃煤需求量较大的地区。

（三）达标排放

粪水达标排放模式。养殖场产生的粪水进行厌氧发酵+好氧处理等组合工艺进行深度处理，粪水达到《畜禽养殖业污染物排放标准》(GB 18596，其中 COD 低于 400 mg/L，NH_3-N 低于 80 mg/L，TP 低于 8 mg/L) 或地方标准后直接排放，固体粪便进行堆肥发酵就近肥料化利用或委托他人进行集中处理。适用于养殖场周围没有配套农田的规模化猪场或奶牛场。

五、除虫灭鼠

（一）除虫

虻、蝇、蚊、蜱等节肢动物是畜禽疫病的重要传播媒介，控制这些媒介昆虫，对预防和扑灭畜禽疫病具有重要意义。

1. 物理杀虫法

利用机械法以及光、声、电等物理方法，捕杀、诱杀或驱逐蚊蝇，一般使用光诱器或超声波电子驱蚊器等效果良好。

2. 生物杀虫法

是以昆虫的天敌或病菌及雄虫绝育技术杀灭昆虫的方法。如养柳条鱼或草鱼等灭蚊、利用雄虫绝育控制昆虫繁殖、利用病原微生物感染昆虫使其死亡等。

3. 药物杀虫法

主要是应用化学杀虫剂来杀虫，以不同的剂型通过不同途径毒杀或驱逐昆虫，具有使用方便、见效快等优点。需要注意的是，不同杀虫剂有不同的杀虫谱，要有目的地选择高效、长效、速杀、广谱、低毒无害、低残留和廉价的杀虫剂。

（二）灭鼠

鼠类是很多种人畜共患传染病的传播媒介和传染源，灭鼠不仅对于畜禽生产非常重要，而且对维护公共卫生安全有着重要意义。灭鼠工作应从两方面进行：一是从畜舍建筑和卫生措施着手，预防鼠类的滋生和活动，断绝鼠类生存所需的食物和藏身的条件；二是采取各种方法直接杀灭鼠类。

1. 器械灭鼠

器械灭鼠方法简单易行，效果可靠，对人、畜无害。灭鼠器械种类繁多，主要有夹、关、压、卡、翻、扣、淹、粘、电等。近年来还研究和采用电灭鼠和超声波灭鼠等方法，方法简便易行、效果确实、费用低、安全。

2. 熏蒸灭鼠

某些药物在常温下易气化为有毒气体或通过化学反应产生有毒气体，这类药剂通称熏蒸剂。使鼠吸入有毒气体中毒致死的灭鼠方法称熏蒸灭鼠。这一方法具有局限性，主要用于仓库及其他密闭场所的灭鼠，也可以灭杀洞内鼠类。目前使用的熏蒸剂有两类：化学熏蒸剂如磷化铝等，以及灭鼠烟剂。

3. 毒饵灭鼠（化学灭鼠）

将化学药物加入饵料或水中，使鼠致死的方法称为毒饵灭鼠。毒饵灭鼠效率高、使用方便、成本低、见效快，缺点是能引起人、畜中毒，有些鼠对药剂有选择性、拒食性和耐药性。实际使用中可以采用商品化毒饵站进行灭鼠，效果较好。

六、消毒

病原体是畜禽养殖的大敌,要清除和杀灭病原体,就必须搞好卫生消毒。

(一)消毒的概念及分类

消毒是指杀灭动物体内及生存环境中的各种病原体的过程。病原体主要包括病毒、细菌、霉菌、寄生虫等。

1. 生物消毒法

根据生态学的原理,利用微生物间的拮抗作用或用杀菌植物进行消毒;一般用于对粪便、污水、垫料及其他废弃物的无害化处理消毒。

例如应用生物发酵的方法来消灭粪便、污水中的非芽孢菌、寄生虫幼虫及虫卵等。在粪便、污水等处理过程中,利用粪便、土壤的嗜热微生物发酵产热,可使温度升高到 $65\sim80$℃,经过 $3\sim6$ 周,可以杀灭病毒及各种非芽孢细菌、寄生虫幼虫和虫卵。

2. 物理消毒法

主要通过清扫、清洗、紫外线、焚烧、火焰、煮沸及高压蒸汽等方法进行消毒。

(1)机械消毒。主要靠清扫、冲洗等方法,以减少病原体繁殖和传播的机会。机械清除不能杀灭病原体,必须与化学药物消毒相配合,即先进行机械清除,然后用药物消毒。

(2)日光消毒。利用太阳光中的紫外线进行消毒。在强烈日光直射下,一些非芽孢菌和病毒,在几分钟到几小时可被杀死。此法经济方便,常用于工具、环境及物品的消毒。日光消毒效果取决于季节、时间、纬度以及照射的角度等多种因素,实际中须灵活使用。

(3)焚烧消毒。是消灭病原体的最有效的方法,通常用于流行快、危害广、损失大的传染病,以及病原体抵抗力很强、烈性传染病带病动物和尸体。污染的垫草、粪便、残剩的草料等也适用焚烧消毒。污染的笼具、大栏、耐火用具、泥墙、水泥地面等,可用火焰消毒器进行焚烧消毒。

(4)干热消毒。主要在实验室应用,此处不作赘述。

(5)湿热消毒。分为煮沸及蒸汽消毒。细菌一般在沸水中经数小时即可被杀死,煮沸 $1\sim2\,h$ 可杀死大多数病原体。煮沸时如在水中加入 $2\%\sim5\%$ 石炭酸,则可在 $10\sim15\,min$ 杀死芽孢菌;加入 $1\%\sim2\%$ 碳酸氢钠或碳酸钠,可提高沸点,增强杀菌作用并可防止金属器械生锈。一般用于金属器械、玻璃器皿、工作衣帽等消毒。

(6)蒸汽消毒。一般使用高压蒸汽消毒器进行消毒,是实验室、兽医室、屠宰场广泛使用的消毒方法,当消毒器内压力为 $6.804\,kg/cm^2$ 时,温度可达到 121.3℃,维持 $20\sim30\,min$,可杀死所有细菌的繁殖体和芽孢。

3. 化学消毒法

采用化学物质使病原微生物的生长繁殖发生障碍或引起死亡,从而达到杀灭病原体的目的。一般可用浸泡、喷雾、熏蒸、饮水等消毒方法。由于化学品用量和消毒效果较易控制且使用高效，因此在兽医卫生与屠宰场所中被普遍采用。其消毒效果与药液的浓度、数量、作用时间、消毒环境中有机物的存在与否及病原微生物对药物的敏感性等有关。

化学消毒药品按用途可分为以下3种：①预防消毒。对场所、圈舍、用具、饮水等进行定期消毒，目的是预防病原体侵入。②紧急消毒。在传染病发生流行期间对场所、圈舍、用具、粪便及被污染物进行及时消毒，以防止疾病的扩散蔓延。③终末消毒。在疫情后期，疫区即将解除封锁前进行消毒，以全面彻底消灭疫区可能残留的病原体。

（二）饲养场常用消毒方法

1. 浸泡消毒

消毒对象主要为饲槽、饮水器、蛋盘、粪板等一些小的设备、器具。一般需将消毒对象在新配制的消毒液中浸泡数小时（最少30 min以上），以提高消毒效果。

2. 喷洒消毒

多用于家禽生产。将消毒药配制成一定浓度的溶液，用喷雾器对消毒对象表面进行喷洒。一般按1 000 mL/m^2的量使用。消毒时按照从上至下，从里至外的顺序进行。

3. 熏蒸消毒

（1）福尔马林加高锰酸钾熏蒸法。每立方米舍内空间需用福尔马林30～40 mL、高锰酸钾15～20 g、水15～20 mL。操作时先将水倒入耐腐蚀的陶瓷或搪瓷容器内，然后加入高锰酸钾搅拌均匀，之后再加入福尔马林，人即离开，密闭畜禽舍。

（2）福尔马林加热熏蒸法。每立方米空间用福尔马林40 mL，加等量水置于耐腐蚀的陶瓷或搪瓷容器内，用猛火加热使甲醛挥发。

（3）过氧乙酸加热熏蒸法。5%过氧乙酸溶液按2～3 g/m^3空间置于耐腐蚀的陶瓷或搪瓷容器内，加热使过氧乙酸挥发，消毒时空气湿度要求60%～80%，作用1～2 h。

4. 火焰喷射

主要用于金属笼具、水泥地面、墙壁的消毒。具有方便、快速、高效的特点。

5. 发酵消毒

利用堆积发酵等杀灭病原，适用于污染的粪便、饲料及污水、污染场地的消毒净化。

（三）主要通道口和场区的消毒

主要通道口设置消毒池，长度为进出车辆车轮2个周长以上。消毒池上方最好建有顶棚，防止日晒雨淋。消毒液常采用2%～4%氢氧化钠溶液，每周更换3次。冬季寒冷地区可加盐防冻或用石灰粉代替消毒液。大型养禽场应设喷淋装置。场区要经常清扫，保持清洁，每月进行1次彻底消毒。出禽舍应换穿不同的专用橡胶长靴，将换下的靴子洗净后浸泡在另一消毒槽中，每栋禽舍的门前也要设置脚踏消毒槽并做到每周至少更换2次消毒液。工作人员要进行洗手消毒。舍内应设消毒间，以便进入人员、工作服消毒，工作服不得带出舍外。

（四）圈舍的消毒

圈舍消毒应按一定的顺序进行，即清扫、洗净、干燥、消毒、干燥、再消毒。

（1）清扫。首先清除粪便、垫草等杂物，集中进行堆积发酵，再清扫饮水器、饲槽的残留物，并对风扇、天花板、墙壁等部位的尘土进行清扫，清扫前可事先用清水或消毒液喷洒以防止扬尘。

（2）洗净。清扫完成后，用动力喷雾器或高压水枪进行洗净，注意按照从上至下、从里至外的顺序进行。对较脏的地方，可事先进行人工刮除，要注意对角落、缝隙、设施背面的冲洗，做到不留死角。

（3）消毒。一般要求禽舍消毒使用2～3种不同类型的消毒药进行2～5次消毒，例如第一次使用碱性消毒药，第二次使用表面活性剂类、卤素类、酚类等消毒药，第三次常采用甲醛熏蒸消毒。

（五）患病动物尸体及粪便的消毒

患病动物尸体及粪便的消毒常用的方法有焚烧法、掩埋法、化学消毒法和生物热消毒法等。近年来由于环保严格要求和生态建设工作的推进，一般不提倡自行处理患病动物尸体。对于粪便的处理，应遵循前述粪污安全处理的原则和方法，此处不再赘述。

（六）用具消毒

料车、用具等频繁出入畜禽舍，必须定期严格消毒，塑料或金属用具按照清洗、浸泡、暴晒、干燥、熏蒸顺序进行消毒；纸做蛋箱、蛋托一般只用于运出场外，如在场内周转且无法做到一次性使用，应先清除污物，再行熏蒸消毒。

（七）饮水消毒

其目的主要是杀灭水中的病原体，防止传染病的介水传播，确保畜禽饮用水的安全。饮用水消毒一般采用化学消毒法，目前常用的饮水消毒的药物主要是氯制剂、碘制剂和二氧化氯等。

（八）带畜禽消毒

是指对畜禽舍环境及家畜家禽体表的定期或紧急喷雾消毒。一般鸡、鸭10日龄、鹅8日龄以前不可实施带禽消毒，否则容易引起呼吸道疾病。发生疫情紧急消毒时可每天1次。据研究，喷雾粒子以80～100 μm，喷雾距离1～2 m较为理想。冬季带畜禽消毒，应提高舍温3～4℃，且药液温度以室温为宜。消毒剂应选择无毒、无味、无刺激性、无腐蚀性的药物，药液用量为60～240 mL/m^2，以地面、墙壁、天花板均匀湿润和家畜家禽体表微湿为宜。特别需要指出的是，带畜禽消毒必须避开活苗接种，即在活苗接种的当天、前后各 1 d 不得消毒。

(九) 场地消毒

1. 屠宰加工间的消毒

屠宰加工间的消毒应建立经常性和临时性的卫生制度。

(1) 经常性消毒。应当做到以下卫生要求，每天生产完毕后，仔细彻底清洗地面、墙裙、通道、台桌、各种设备、用具、检验工具等，再用 82℃以上热水洗刷消毒；油污、血污沾染严重的，用热碱水重点洗刷。车间内经常保持清洁卫生，每 15 d 或每月进行 1 次大扫除和大消毒。

(2) 消毒的程序。对地面、墙裙先用含 2%～5% 有效氯的漂白粉溶液或 2%～4% 烧碱溶液进行消毒，喷洒药液后，应保留一定时间后再用清水冲洗干净，并加强通风，以消除残留的特殊气味。对沾染有油脂、血垢的地面、台板等，先用烧碱溶液洗刷，再用清水冲洗。

(3) 临时性消毒。又称突击性消毒：当屠宰加工时发现屠体或其他内脏有传染病或可疑者，尤其是人兽共患传染病，必须采取紧急消毒。要根据疾病性质和疫情来选定相应的消毒药物。

2. 出售肉品、交易牲畜的场所消毒

出售肉品、交易牲畜散集后，要彻底清扫场地，粪便垃圾投入发酵坑；出售肉品的肉案、秤、钩、刀等用 82℃热水或 2% 热碱水刷洗消毒；地面和交易牲畜的场地、栏圈、饲槽等用 3%～5% 克辽林溶液或 2%～4% 热碱水消毒；肉案、秤、饲槽等用药物消毒后再用清水冲洗干净。

(十) 运输工具的消毒

畜禽、畜禽产品在装卸前后，应对运输工具进行消毒。消毒要区分不同情况进行：①健康畜禽及其产品的运输工具。装运过健康畜禽及其产品的运输工具，清扫后用热水洗刷。②装卸过一般传染病畜禽及其产品的运输工具。应彻底清扫，用含 2%～5% 有效氯漂白粉溶液或 2%～4% 氢氧化钠溶液喷洒消毒。清除的粪便、垫草和垃圾，堆积封闭发酵消毒。③装卸过严重污染的运输工具。运载过危害严重的传染病或由形成芽孢的病原体所污染的畜禽及其产品的运输工具，应先用消毒药液喷洒消毒，经一定时间后彻底清扫，再用含 5% 有效氯的漂白粉溶液或 4% 福尔马林、0.5% 过氧乙酸溶液等消毒 1 次，消毒 30 min 后，用热水冲洗，清除的粪便、垫草集中烧毁。

七、免疫接种

(一) 免疫接种的概念和意义

免疫接种是根据特异性免疫的原理，采用人工方法，给动物接种病毒苗、菌苗、虫苗及免疫血清等生物制品，实际上是模仿一个轻度的自然感染，使机体产生对相应病原体的抵抗力，即特异性免疫力，使易感动物转为非易感动物，从而达到保护个体乃至群体预防和控制传染病的目的。在预防传染病的诸多手段中，免疫接种预防是最经济、最方便，最有效的手段，对畜禽以及人类健康均起着积极的重要的作用。

（二）主动免疫与被动免疫

用人工制备的灭活苗、弱毒活苗、亚单位苗、基因工程苗、类毒素等抗原物质接种动物，刺激机体产生特异性免疫力，称为人工自动免疫。这种免疫力的出现较慢，一般要在接种后的1~2周才能产生，但维持时间较长，可达6个月至数年。

如接种含有特异性抗体等免疫物质以及抗毒素、干扰素和转移因子等淋巴因子，使机体迅速获得免疫力则称为人工被动免疫。由于免疫血清中所含球蛋白并非自身产生，免疫作用出现快而维持时间较短（数周），多用作治疗或紧急预防。其中以抗毒素的效果最好，如破伤风抗毒素、白喉抗毒素等在病初症状尚未明显前的疗效最显著。关于抗菌血清，由于抗生素的广泛使用，使血清疗法逐渐被淘汰。抗病毒血清，如抗猪瘟血清、抗小鹅瘟血清等，用于感染群体动物的紧急预防有一定效果。

（三）免疫接种方法

在畜禽生产中，按免疫途径可分为个体免疫（如皮下注射、肌内注射、滴鼻、点眼、刺种、涂擦）和群体免疫（如气雾、饮水、拌饲等）；按用途可分为常规免疫和紧急接种（病初或受威胁动物群的免疫）。应结合生产实际合理选择免疫方法。另外，每种疫苗都有各自的最佳免疫接种方法，使用时应按说明书进行，不可轻易更改。

（四）疫苗的选择

应根据畜禽日龄、接种目的、接种方式来选择所需的疫苗种类、类型。为确保免疫效果，必须选择正规兽药企业生产的有批准文号的疫苗。优质的疫苗应具备以下条件：①毒（菌）株或血清型对应。疫苗制造所用病原必须与本地流行毒（菌）株或血清型一致，否则不能提供有效保护。如传染性支气管炎有呼吸型、肾型、腺胃型；大肠杆菌有多种血清型。②安全性高。使用后没有或很少出现不良反应。③保护率高。能产生坚强的免疫力，保护率在80%以上。④免疫期长。所产生的有效抗体维持时间长。⑤没有其他病原污染。⑥性质稳定，易于保存、运输。⑦使用简便。

（五）免疫程序

免疫程序是指事先计划好的各种疫苗具体的可行性使用顺序。它包括疫苗种类、接种对象、接种时间、方法、剂量、次数等。由于各地畜禽种类、规模、饲养方式、技术条件、疫病流行情况各不相同，不可能有一个通用的免疫程序，并且在实施过程中还需要根据免疫效果和突发情况等进行修改和补充。因此，免疫程序必须根据本地、本场实际而制定。在制定使用疫苗的种类和接种时间时，应具体考虑如下因素：

（1）本场病史及当地禽病的流行情况。全面考虑当地、周边畜禽场疫病流行情况、特点及引种场、本场病史，以决定接种疫苗的种类。一般而言，对于未经证实本地、本场已受到严重威胁的某种传染病，最好不要进行接种预防。

（2）畜禽母源抗体水平。由于母源抗体会干扰首次免疫的效果，并且母源抗体有一定消长规律，因此需等待母源抗体水平降至一定程度时，方可进行免疫接种，否则会事倍功半，达不到预期的免疫效果，因此必须确定最佳的首免时间。

（3）考虑前次同种免疫后的现有抗体水平。过早接种，可能影响免疫效果；过迟接种，则会在接种后产生有效抗体前面临一段危险期，更易遭受疫病侵袭。

（4）畜禽健康状况。免疫应答是在中枢神经调节下由免疫器官所产生，健康的体质和发育成熟的免疫器官，可产生良好的免疫应答。不健康的畜禽接种疫苗后，不但不能产生理想的免疫抗体，还容易引发应激性死亡。

（5）疫苗的协同及干扰。要注意各种疫（菌）苗的配合，疫（菌）苗是生物制品，各自的特异性不同，只能保护相应疾病。为了节省人力、物力和时间，可以使用联苗，但不得随意将几种单苗盲目混合，任意使用。否则，不但不能收到好的免疫效果，还会影响畜禽健康。

（6）其他。制定免疫程序时还应考虑畜禽品种、用途、饲养期限、季节等诸多因素。

（六）免疫监测

为了检查疫苗接种的效果，可以通过定期检测抗体水平，进行免疫监测。所谓免疫监测，就是利用血清学方法，对某些疫（菌）苗免疫后畜禽抗体水平进行跟踪监测。通过免疫监测，既能检查疫苗接种后的免疫效果，又可为确定下一次接种时间、调整免疫程序提供科学依据，同时还能及时发现疫情，以便尽快采取扑灭措施。因此，应建立定期免疫监测制度，随机采集畜禽血清进行实验室化验，采样数量一般控制在2%～5%，小群多采，大群少采。

（七）免疫失败的原因

造成免疫失败的原因非常复杂，应根据现场调查情况进行具体分析。一般如下：

（1）疫苗质量。同一种疫病有多种疫苗，其在性能和质量方面可能存在较大差异。疫苗抗原类型与本地或本场不符，疫苗毒力过强，疫苗效价低或过期失效或受到污染等，都可造成免疫失败。

（2）病原。特别在某些疫病严重流行的地区，畜禽舍环境中出现超强毒株、变异株或野毒含量过高，在一定条件下，病原突破免疫群体的免疫保护，使畜禽感染发病。

（3）免疫抑制。畜禽感染免疫抑制性疾病IBD、MD或霉菌毒素、细菌毒素、药物中毒等，都可使机体正常的免疫反应受到抑制。

（4）接种技术。免疫过程中无菌观念不强；基础免疫选择疫苗不当；接种剂量不足或过大（剂量过大产生免疫耐受）或稀释液使用不当；随意更改接种途径和部位；多种疫苗随意混合使用；接种的同时或前后进行消毒；饮水免疫时，水中含有消毒剂或容器不当或阳光直射或稀释后疫苗放置过久（超过2 h基本失效）。

（5）健康水平。畜禽发育不良（特别是免疫器官先天性发育不全），营养缺乏，特别是氨基酸、维生素和微量元素缺乏；感染霉形体病、大肠杆菌病、沙门菌病等慢性传染病或寄生虫，机体抵抗力下降，产生的免疫水平不高或不整齐，从而造成免疫失败。

（6）原有抗体干扰。免疫程序制定不合理，接种时间过早、过迟或前后2次免疫间隔时间不当，母源抗体或原有抗体过高或参差不齐，均影响免疫效果。

（7）环境。畜禽的免疫功能受体内神经、内分泌系统的调节，当遭遇应激（如高热、高密度、有害气体特别是氨气、噪声等）时，免疫应答水平下降甚至出现免疫抑制。

（八）接种时注意事项

（1）接种前进行健康检查。在进行预防接种前，首先要根据预防注射条件对畜禽进行健康检查，对于患病、瘦弱、妊娠末期（某些疫苗对妊娠家畜不能注射）的畜禽暂不能注射。

（2）做好人员、器械、术部消毒。预防接种开始前，要检查所用器械，确保符合无菌条件。工作人员做好自身卫生和消毒，在注射中应随时用酒精（或0.1%新洁尔灭溶液）棉擦手。家畜的注射部位须先剪毛，并在注射前后各用5%碘酊消毒1次。注射时要求一针一畜。

（3）注射部位。牛、马等的皮下注射，应在颈部的上1/3处；猪、羊的皮下注射，在腋下或股内；猪的肌内注射应在股内（小猪）耳后或肩胛前缘（大猪）肌肉丰满处；家禽刺种在翅下无毛处，肌内注射在胸肌或股肌，皮下注射在颈背部（颈下1/3处）。

（4）免疫后的检查。在接种完成后（一般在24 h后），要及时进行检查，遇有出现严重反应的家畜（禽）应立刻根据情况给予治疗，如遇动物死亡，要按要求做好无害化处理工作。

第三节　畜禽健康养殖技术

畜禽产品生产需要健康养殖技术做支撑。健康养殖是以畜禽处于洁净无疫源、饲料营养安全、粪污沼气无害化、圈舍规范、饲养者无病等友好环境下，健康养殖的过程，是一套相对完善的配套技术，洁净无疫源、饲料营养与安全是健康养殖过程中的关键环节。

一、健康养殖的概念

健康养殖这一概念最初于 20 世纪 90 年代中后期在我国海水养殖领域问世,其原意是指依据养殖对象的生物学特性,运用生态学和营养学原理来指导养殖生产。之后,人们对健康养殖的概念达成了较为统一的认识。健康养殖是指在无污染的养殖环境下,采用科学、先进和合理的养殖技术和手段,从而获得质量好、产量高的产品,且环境无污染,生态无破坏,达到动物与自然和谐共生,在经济、社会、生态上产生综合效益,并能保持稳定、可持续发展的一种养殖方式。其概念涵盖两大核心要素:一是保障养殖过程中动物本身的健康,二是确保动物产品对人体健康带来积极影响,同时避免潜在危害。这一养殖模式以维护动物及人类健康、确保生产出安全且营养丰富的畜产品为目标,最终实现绿色畜牧业的全面发展。

首先,健康养殖所生产的产品应确保质量安全、绿色,同时具备可靠品质,这更容易获得消费者认可。其次,这一生产模式具有较高的经济效益。最后,健康养殖在资源开发与利用方面应秉持可持续发展原则,对环境影响降至最低,实现现代畜牧业经济、社会及生态效益的有机统一。

健康养殖的生态管理原则包括:养殖环境的有效管理、组合因子的综合管理、加强对诱发养殖动物"应激反应"的生态因子的监控、合理规划养殖密度、保持营养平衡、运用科学管理方法以及实施高效的疫病防控策略。

二、健康养殖的内涵

健康养殖的内涵可分为 7 个方面:一是合理利用资源(包括水、土地、种畜禽、饲料等);二是人为调控养殖环境,以确保养殖设施最大限度地满足养殖生物的生长、发育、繁殖及生产需求;三是各种养殖模式及防疫措施有助于确保养殖对象保持正常生理活动,同时充分利用其自身免疫系统,以抵抗病原体侵袭和环境突变;四是饲料务必全面满足养殖生物的营养需求,同时投喂技术须科学且合理;五是有效防止疾病发生,秉持预防为主、防治结合的原则,力求最大限度降低疾病风险及危害;六是养殖产品具备无污染、无药物残留、安全及优质的特点;七是养殖环境保持纯净,废弃物得到妥善处理与高效利用。

三、健康养殖的主要环节

(一)建立生物安全体系

生物安全是指为保证畜禽等动物健康安全实施的一系列疫病综合防控策略,这是一种经济且有效的疫病管控方式,亦是动物疫病预防进程中关键的环节。

生物安全措施包括以下方面。

（1）实行"全进全出"，以便对畜禽舍进行彻底的清洗消毒，降低细菌或病毒污染引发的疫病传播风险。

（2）严格控制人员、动物和运输工具的流动与入场，防止交叉感染。

（3）杜绝鼠、猫、狗、野兽、猛禽等动物进入养殖场或尽可能杜绝其出现在养殖区域。

（4）对新引进的畜禽进行严谨的健康检查和隔离观察，杜绝患有疾病或隐性感染的畜禽入场。

（5）对发病和死亡的畜禽实施严格的消毒处理，以防疫病蔓延。

（6）定期开展疫病检测和日常消毒工作。大中型养殖企业应设立疾病诊断实验室，以便实时掌握畜禽疫情动态。

（7）监测饲养环境质量，主要包括病原微生物污染和有害气体监测。

（二）畜禽品种选育及抗病、抗逆性强品种的培育

种质是动物健康养殖的物质基础，是基本的生产资料。选育和推广动物良种养殖，无须增加劳动力、饲料和生产设备，便可实现增产和提高品质。因此，在倡导科学养殖的同时，应积极开展良种引进、选育、自繁和提纯复壮工作，为畜牧养殖打下坚实基础。畜禽疫病控制的基本途径包括：满足养殖环境条件以符合动物生理生态要求，以及培育和选择适应高密度集约式或特定养殖条件的品种。因此，应选育和改良适应各种养殖方式的养殖品种，实现养殖品种与养殖方式的配套。具备较强抗病害及抵御不良环境能力的养殖品种，不仅能降低病害发生的风险，提高养殖效益，还可减轻用药对环境和人类健康的影响。培育抗病、抗逆的养殖品种对养殖业的可持续发展具有重要意义。

（三）健康养殖模式的构建

养殖模式是影响养殖效果和环境生态效益的关键技术。养殖模式涵盖品种选择、饲养密度、投入产出水平以及畜牧养殖与其他生产方式的结合等方面。许多现行养殖模式追求产量和经济效益，品种搭配不合理，养殖方式单一，导致养殖环境恶化，进而影响产量和经济效益，并对自然环境产生不良影响。可持续的健康养殖模式应具备合理品种选择、适中投入产出水平、种植业、养殖业和加工业有机结合的特点，通过废弃物循环利用，实现资源最佳利用，降低废弃物产生，达到理想的养殖效果和经济效益，同时实现环境生态效益最大化。为实现可持续发展，必须改造现有养殖设施结构，新型设施具备提供动物生长空间、基本防疫功能以及环境调控和净化功能。重点研究多元养殖、生态养殖、低耗高产的健康养殖技术工艺，开发环境清洁技术、生物降解技术等。

（四）安全高效饲料的开发与科学饲养

饲料是畜牧养殖的重要投入品。饲料质量和投喂技术的合理性是影响养殖效果和环

境生态效益的关键因素。饲料质量不仅决定饲料本身的转化效率,还影响养殖环境。饲料质量低劣既影响动物正常生长,还在养殖过程中产生大量废弃物,恶化养殖环境,增加病害发生机会。应加强动物采食行为学研究,应用采食生态、采食行为特点,提高饲喂科学性。大力研究和推广先进饲料投喂技术,如计算机控制的饲料投喂技术,确保动物生长需求,减少饲料浪费和养殖环境污染。

(五)畜禽粪便和废弃物的无害化处理

逐步发展工业化养殖,采用高效节能技术,实现温度和光线控制,采用配合饲料喂养,粪便和废弃物无害化处理,达到国家排放标准。

(六)健康管理和病害控制

畜牧养殖病害问题已成为制约我国畜牧养殖发展的重要因素。原因在于,健康管理和病害控制技术研究滞后于生产发展,加之生态环境恶化,导致养殖环境恶化、病害增多、用药量增加、药效降低、用药量再加大之恶性循环。这不仅增加养殖成本,降低效益,还影响生态环境,对动物健康、畜产品安全及人类健康构成威胁。因此,健康管理和病害控制是健康养殖的关键。

四、畜禽健康养殖技术要点

(一)建立生物安全体系

生物安全体系是预防疫病侵入的体系,是畜禽养殖的基本保健准则,目的是预防细菌、病毒侵入,切断传染源及传播途径,保证畜禽健康生长,减少环境污染,提供健康安全的产品。改善养殖场环境,科学选址,远离居民住宅区、商业区等人口聚集区域,减少对周边环境的污染,做好养殖污物处理规划。制定防疫制度,培训养殖人员,减少人员流动,禁止外界人员参观访问,定期进行健康检查。改善畜禽的养殖环境,保持常年干燥,时常通风,控制温度和湿度,做好外来生物入侵的防范工作,建立密闭性好的畜禽舍,采用混凝土结构减少鼠类、昆虫对畜禽的疾病传播。做好粪便处理工作,利用畜禽粪便生产沼气、肥料、饲料等。

(二)规范饲养畜禽

(1)选育优良品种,科学规模饲养。畜禽养殖的品种优劣直接影响培育和繁殖。好的品种是高效养殖的基础,可为企业创造更高价值。因此,要挑选优质品种,加强自繁自育能力,避免先天性疾病。企业要引进人才,进行科学研究,及时解决养殖问题。健康养殖要求满足动物生理对生态环境的需求,避免环境问题引发疾病。优质品种培育和合理规模养殖是健康养殖的前提。

(2)完善档案资料。养殖档案资料要健全,记录畜禽的品种、来源、繁殖、医疗等信息。详细的档案资料能为疾病防治和救治工作提供有力支持。记录药品名称、来源、用量,以及畜禽发病原因、救治经过、死亡原因和无害化处理过程,为类似情况提供经验。

(3)实行科学技术管理。养殖场要建立科学、规范的饲养管理章程,招聘高水平兽医技术人员,开展知识讲座提高其专业水平。在药物使用方面严格要求,选取国家批准合格的药物,按照说明使用药物。及时检查畜禽饲料生产日期和有效期,遵循正常养殖周期,推动畜禽健康养殖发展。

(三)完善防疫措施

(1)定期接种疫苗,建立生物安全体系。畜禽养殖部门要根据疫病流行情况和养殖场实际情况,制定免疫程序,保证畜禽群处在免疫安全状态。接种疫苗可抑制病毒增殖,降低传染病发生。不同疫苗成分和作用方式不同,可分为直接和间接两种方式。直接抑制病毒指阻断病毒繁殖过程,防止感染;间接抑制病毒指通过寄生病毒细胞、抑制病毒繁殖等方式阻隔病毒。同时可用中药辅助,提升畜禽自身防御机能。

(2)合理使用药品,切断传染源。畜禽养殖过程中可使用审批合格的药品,严格把控药品用量,严禁使用危害人体健康的添加剂等。疫病流行初期应及时在饲料、饮水中添加安全有效的药品,采取对感染组织进行隔离等措施。血清诊断有血清中和试验与补体结合试验。养殖场要确保同一养殖场的基因缺失苗是同一种,避免与不同弱毒株结合后产生传染性较强的变异毒株。

(3)增强防疫检测能力,严格消毒。企业要建立完善相关防疫制度,在畜禽养殖区要每日消毒和定期检查,建立"一进一出"制度,对养殖人员的进出进行管理与监测。定期对管理人员和养殖人员进行体检,降低出现人畜之间交叉感染的可能性。建立完善的消毒制度、免疫制度、监督制度等,还可以设置匿名的监督反馈平台,鼓励员工对周围人员的工作标准及质量进行监督。

第四节 畜禽产品屠宰加工和储存包装技术

近年来,我国畜禽产品初加工机械化发展取得长足进步,但存在不平衡不充分的现象,一些地区、产业和环节不同程度存在装备总量不足、技术水平不高、设施设备不配套和加工服务能力不强等问题。

规范化、规模化屠宰加工是我国畜禽屠宰加工行业的发展方向,产业运行状况影响养殖端发展质量和市场端肉类消费质量。下一步,应围绕畜禽产品脱毛、屠宰、去皮、分离、清理、分级、分割、包装、贮(冷)藏保鲜等初加工需求,分品种、分环节明确机械化发展重点,突出减损保供、菜篮子产品提质增效。

一、畜禽屠宰的新技术发展

（一）待宰动物检疫的新技术的进展

对于不同种类的畜禽屠宰，检疫方法也是存在差异性，针对家禽屠宰检疫规程，应该根据所要检疫的对象进行分类，通常情况下，需要检疫的动物中肉鸽、鹌鹑和鸡、鸭、鹅是比较常见的禽类，检疫的具体工作是查看以上禽类是否存在结核病、白血病，以及流行性流感等。家禽进入屠宰场后，应针对家禽的组织器官进行严格检验，包括对内脏的检验和体表的检查。内脏是针对家禽的心脏、肝脏、肠道、口腔、气管等部位进行严格检查。而家禽的体表检查包括肛门和眼睛以及爪子等。在家禽检疫过程中，一定要严格按照流程进行，注意法氏囊和体腔的检查要严格认真，保证体内各部分完整的情况下，做好清洁度检查，首先需要考核家禽体内是否存在寄生虫、胆汁污染、血块粪便等，还要查看家禽上囊是否存在出血和肿大的状况。

针对牛羊屠宰产品，要针对分割的皮毛骨头、内脏、蹄子等不同部位，严格按照规范要求进行检验。在屠宰检疫过程中，一旦发现牛羊存在创伤性包皮炎、脂肪坏死、白血病等现象，则应判断此类肉质不符合规定，肉质不合格无法进行销售。与此同时，还要针对牛羊的组织器官是否存在病变进行判断，主要包括皮肤发炎、病理性萎缩、浮肿以及严重出血或者体内存在寄生虫等，一旦发现以上疾病则应暂停屠杀，不能销售，否则将会对人体健康造成严重的威胁。在牛羊肉检疫过程中，需要针对实际情况，做好肉制品的处理和检疫工作，当发现具有创伤性皮炎时，要针对病变部分进行销毁处理，或者直接暂停销售不能使用。神经纤维瘤则要将病变的组织进行切除处理，神经粗大需要切剪，进行销毁。

生猪屠宰产品的检疫工作，首先对于生猪的检疫需要卸车后逐头观察生猪的情况，按照实际情况进行分圈编号进行识别，精神状态好的健康猪到宰场圈休息，疑似病猪进行隔离圈进行观察，而对一些病猪或者伤残猪则要进行处理。保证疑似病猪经过饮水和充分休息，恢复正常后，赶入屠宰场，症状得不到缓解的应该进行处理。建议工作人员每隔1 h到待宰圈巡视1次，保证生猪12~24 h内完全休息，充分饮水停食。并根据猪的行为进行监督和管理，发现病猪则要立即隔离。对于死因不明确的牲畜，要进行无害化处理并盖章，还要进行检验工作，也就是在生猪处置之前，要进行一次全方位的立体检查，并进行处理记录的填写工作。

（二）畜禽屠宰致晕的新技术

目前致晕的方式主要有电击致晕、机械致晕、气体致晕和电磁力致晕。在禽类致晕方面较多采用水浴式电击致晕，该致晕方式是将家禽倒挂在有动力驱动的链条的金属挂钩上，待其行进至水浴式电击位置时，头部浸入电击晕机的正极水槽中（挂钩带负极电）而被击晕，但这种致晕方式会使家禽胸部肌肉中出现针状出血点，且烹调时会变黑，影响肉质。冰岛 Marel 公司的水浴电击晕机可实现交流电压的无级调速，并且可根据活禽尺寸调整击晕机高度，适合所有类型的家禽；其中 Puresine 型水浴击晕机采用纯正正弦波电信号，击晕过程较为顺畅，并可在 50～1 500 Hz 无级变频，实现击晕效率和肉质的平衡；Marel 公司在畜类致晕方面主要采用电击致晕和 CO_2 致晕系统，每小时可致晕 400～1 600 头猪不等。德国 BANSS 公司用于猪致晕的设备 SOMNIA 型 CO_2 致晕系统综合了欧盟现行的动物福利标准和对肉质的要求，在模块化设计中采用灵活的系统配置，且处理系统能够对不同大小的群体进行致晕，每小时可致晕 1 200 头猪。丹麦 Frontmatec 公司的 20509920 型致晕箱由配有液压控制的后门、推杆、地板升降器、头部固定装置和侧门组成，液压控制的升降门确保一次只能有一头（只）动物进入致晕箱，头部固定机构可根据动物大小进行调节，用来牢固地固定头部和颈部，动物进入致晕箱后被推杆和头部固定机构固定动物进行致晕，致晕后推杆后移，头部固定装置解除固定，侧门打开，地板倾斜，动物自动出箱，该致晕箱每小时可致晕 100 头小牛或 80 头牛；Frontmatec 公司 CO_2 致晕系统配备全自动赶猪通道，赶猪区域噪声低，提高了动物福利，猪肉品质更高，目前国内外在致晕方面的研究集中在提高动物福利和减少肉质影响两个方面。在屠宰过程中快速诱导昏迷和死亡，同时避免压力和疼痛，是动物保护的两个主要目标；Gerritzen 等对肉鸡进行了多阶段致晕试验，发现与将肉鸡直接置于高浓度 CO_2 中致晕相比，浓度从 40% 左右分阶段逐步增加到高浓度的致晕方式会减少肉鸡的痛苦，提高动物福利；张欣等研究了屠宰前不同 CO_2 浓度的混合气体致晕对肉鹅肝脏品质的影响，发现 40% CO_2 混合气体（40% CO_2 + 21% O_2 + 39% N_2）致晕的肝脏品质较好。

（三）生猪屠宰中影响品质的关键环节

（1）减少应激，屠宰时猪应激反应相对较小的击晕方法，是屠宰过程中提高肉品质必须考虑的主要问题。要避免粗暴驱赶或电棒辅助驱赶，否则会对动物产生非常强烈的应激，并使体温升高而产生 PSE 肉。

（2）刺杀放血环节，建议采用装配采血机的生产线，这种采血机在运转时由真空泵抽为负压，生猪随输送带进入采血机中，进行戳刀操作，为空心刀，在负压状态下刀口自然封闭，刺入猪体后，血液顺空心刀管路吸入缓冲管，同时抗凝剂自动进入输血管路与血液一起进入缓冲管；放血完成后，当转盘转动半圈，生猪再进入生产轨道，空心刀自动脱落，缓冲管的血液在负压情况下进入贮血罐，然后进行分离。这种工艺放血完全，不容易形成瘀血，成品猪肉色泽鲜红。

（3）浸烫脱毛环节，在国内，一般是在漂烫池内进行浸烫，这样易造成胴体之间的污染。而国外推荐冷凝式蒸汽烫洗法。其优点是能有效降低猪体表面的微生物数量，消除交叉污染，这种设备与刮毛设备连在一起，可以连续生产，但此设备费用高，且要求屠宰猪种基本相似。

(四)肉牛屠宰中的关键技术与品质要求

我国肉牛屠宰的劈半通常采用带式劈半锯、往复式劈半锯和圆盘式劈半锯。带式劈半锯作业平稳,生产效率高,操作工人劳动强度小,且锯缝窄,带肉量低。但是带式劈半锯制造精度要高于往复式劈半锯和圆盘式劈半锯,尤其是锯条,要薄、犀利、耐磨。国内带式劈半锯尚未过关,关键是缺少专用锯条。另外,对于大型牛屠宰加工生产线,荷兰的斯托克公司和德国的伴斯公司都能提供全自动牛体劈半机。冷却(排酸)胴体在屠宰后如果尽快地冷却,就可以得到质量好的肉,同时还可以减少损耗。冷却间温度一般为 $2\sim4$ ℃,相对湿度 75%~84%,冷却后的胴体中心温度不高于 7 ℃。羊一般冷却 24 h,牛 $48\sim72$ h。牛肉具有明显的冷收缩现象,因此对于高档鲜销牛肉,国外采取在 15 ℃的环境下,进行排酸(熟化)7 d。温度升高,防止细菌繁殖和杀菌技术要先进可靠,国内目前此项技术尚属空白。

根据市场需求,牛肉肉色差、嫩度低和渗水多仍是困扰行业的三大突出品质问题。首先,在嫩度方面,大部分企业对胴体成熟的最佳工艺参数(成熟时间、成熟间温度和宰后 pH 值的控制等)不明确,电刺激参数需要优化。在肉色方面,普遍需要提高原切牛排、冷鲜肉的肉色提升技术以及小包装产品肉色稳定控制技术。在牛肉保水方面,市场反馈生鲜肉渗水问题突出,冷却过程中干耗大,成熟损耗为 3.5%~4%,亟须渗水控制技术和冷却干耗控制技术。

(五)家禽屠宰技术和品质要求

随着科技的进步,我国家禽屠宰加工技术与装备取得了较大的突破,从自动化禽笼、致昏、脱羽、掏膛、预冷,到分割、剔骨、分级分选、追溯、包装、输送物流系统等均有显著的提升,具体如下:

主要包括禽笼卸载、输送、清洗消毒三大环节,主要技术装备包括传统的"台上卸载"和"同平卸载"系统、多级禽笼清洗设备、输送设备、消毒设备等。

(1)目前致晕的方式主要有电击致晕、机械致晕、气体致晕和电磁力致晕。其中禽类致晕方面较多采用水浴式电击晕,其自动化致昏主要包括禽体输送、致晕、清洗等主要环节,以及水浴电击晕系统/CO_2 击晕系统/电击晕系统、输送设备和清洗设备等主要装备。

(2)烫毛设备的烫道有"U"形和"N"形两种,通过空气搅动控制热烫温度均匀性是提高烫透率、减少大胸烫白率、减轻脱毛过程对鸡体损伤的关键。脱羽设备主要有卧式、厢式和"A"形脱羽机等,其中"A"形脱羽机是主导产品。

(3)自动掏膛技术,技术比较成熟,居世界领先水平。我国近几年才开始研究自动掏膛技术,但也取得了一些成果,目前国内设备的家禽自动掏膛工序顺序为:切肛、开膛、掏膛、吸肺、绞嗉囊、清洗,工序之间高度关联,一环扣一环,主要包括的设备有切爪机、开肛机、掏膛机等。

(4)主要有风冷和水冷,其中水冷成为目前禽类冷却的主流,又分为喷淋冷和浸渍冷。自动化预冷装备主要包括浸入式预冷机、螺旋预冷机等，后者又称红水冷却系统，是产业中常用技术手段。通过机械或人工将禽胴体投入预冷机中，鸡胴体依次通过每一台预冷机，使其温度逐步下降到规定数值。

（5）主要采用机器视觉、图像信息、激光扫描等技术，协同特定的分割机构或分割机器人。自动化分割装备主要包括切翅机、切腿机、切脖机、切半胴体机和切尾机等。

（6）自动化剔骨采用图像识别、触觉传感、运动控制等技术，协同机械手完成抓取、移动、剔除等动作。自动化剔骨装备主要包括高速转挂机、上腿肉剔骨机、全腿剔骨机和胸肉剔骨机等。

二、畜禽产品的分级技术的进展

国外的畜禽胴体分割分级技术使用较早，主要是利用近红外高光谱成像、计算机视觉、拉曼光谱、计算机断层扫描和超声波检测等，这些技术都可以进行肉质检测、分类或分级，但是部分技术会对肉品造成一定程度的损坏，或者无法在准确率和成本之间达到平衡。我国的肉质分级（分类）技术在近几十年也得到了飞速发展，虽然不及国外的技术和设备先进，但也有较大的进步，目前主要是利用机器视觉技术和红外光谱等技术对肉类进行质量检测、分类和分级等，部分新技术也在研究中，但是也仅限于试验研究，并没有将研究技术应用到实际生产中。整体来看，未来关于肉质检测、分类或分级的研究可以将多种技术融合，取长补短，尽可能在无损肉质和保证成本的基础上，提高准确性及速度，并将研究成果转化为实际装备投入生产使用。

国外在畜禽分级技术方面的研究较为深入，研究方法比较多样化，Barbin 等对猪肉样品进行近红外高光谱图像采集，从猪腰眼区域提取光谱信息，采用数学预处理方法，研究光谱变化对猪肉品质性状预测的影响，并提出了一种基于主成分分析待测样本分数图像生成待测样本分类图的算法，结果表明高光谱成像技术可以快速评价猪肉品质，在对不同等级猪肉进行无损分类方面具有较大潜力；Elmasry 等利用近红外区高光谱成像系统非接触测量新鲜牛肉表面颜色、pH 值和嫩度，结果表明用高光谱成像技术来代替传统的色度计标准电极和 pH 值通用试验机分别测量颜色、pH 值和嫩度是可行的；Andersen 等应用拉曼光谱、近红外光谱和荧光光谱预测猪腰长肌肉质，研究证实拉曼光谱提供的信息适用于分析复杂的生物系统；Kipper 等对双能 X 射线吸收（DXA）设备进行不同的软件设置，以评估猪胴体及其粗切割的解剖组织成分，试验表明 DXA 是一种有效的胴体评估工具；Taheri 等总结了计算机视觉在鱼类、畜类和禽类的肉质评价方面的研究进展，发现机器视觉凭借计算机技术和高速处理算法，未来会成为食品质量检测的必要手段，并且在手机上使用；Brethour 研究发现在饲养牛期间，利用超声检测技术估计背膘厚和大理石纹进行胴体品质预测是可行的。

中国在畜禽分级方面的研究主要集中在计算机视觉、近红外光谱等技术。韩宏宇结合采集的生产线环境下的猪胴体图片，构建了二进制格式的猪胴体图像数据集，设计了基于 Alexnet 的猪胴体图像分级模型 CNN-P，对猪胴体图像等级的识别效果可以达到

92.7%；吴贵茹通过工业摄像机采集牛胴体眼肌切面图像，利用色差法对有效眼肌区域进行分割和信息提取，建立了预测胴体产肉量的回归模型，在胴体四分体时就可预测出胴体产肉量并对胴体产肉量等级进行评定；伍学千等构建了猪品质等级的计算机视觉检测硬件系统和肉品质等级评定软件系统，并提出了一种改进的分水岭算法用来去除背最长肌与周围肌肉组织之间的粘连；李明静建立了一套牛肉胴体等级的计算机视觉检测系统，利用机器视觉技术检测牛肉大理石花纹来评判牛胴体质量等级，准确率为84.9%；刘晓晔用便携式红外光谱仪进行普通公牛肉与淘汰母牛肉的鉴别、牛肉品质参数定量以及嫩度在线分级的研究，建立了相应的数学模型，结果表明近红外光谱技术能够进行肉质鉴别；谢新月基于光谱特性提出了通过小波变换与人工神经网络相结合的方法识别肉品种类及新鲜度，并验证了方法的有效性；陈丽利用近红外光谱分析进行羊胴体分级，建立了羊胴体分级评定方法，通过试验建立了肌肉颜色标准板、脂肪颜色标准板和大理石花纹标准板，并在此基础上建立了羊肉质量分级图示。赵杰文等利用嗅觉可视化技术对猪肉的新鲜度进行了检测和等级评判，为猪肉新鲜度无损检测提供了一种新方法；NAssy等利用X射线断层扫描技术，检测胴体瘦肉、肥肉和骨3个主要组分，用来虚拟分割胴体以进行分级，进一步提高了猪肉品质评估的精度。

三、畜禽产品储藏和包装技术进展

（一）包装技术的分类和进展

（1）真空包装。真空包装（Vacuum Packaging，VP）极大地降低了肉品周围的空气密度，延缓了蛋白质和脂肪的氧化，再辅以高阻隔性材料包装，最大限度地抑制了好氧性微生物的生长。目前，可将冷鲜肉的真空包装分为3种类型：真空收缩包装、真空热成型包装和真空贴体包装。真空收缩包装在冷鲜肉中应用得最多，通常需要将真空密封好的肉品放入热水或热通道中完成收缩过程，使包装紧贴于肉品表面。此类包装常采用多层共挤PVDC材质，具有良好的阻隔性能、热封性及韧性等。真空热成型包装借助适当模具制成所需的薄膜形状，膜材质轻，使用便捷，适用于多种肉类产品，此类包装常采用PP、PET、PVC、PS等材质。真空贴体包装是在加热与抽真空的共同作用下将盖膜紧贴于产品，并与基板托盘一同封合，此类包装具有良好的阻隔性能和较高的强度。托盘常采用PVC或PET高阻隔复合材料，盖膜通常采用多层共挤复合材料，内层一般为乙烯—醋酸乙烯酯共聚物（EVA）树脂。研究对比了真空热缩包装、真空贴体包装和气调包装对(0±2)℃下贮藏的冷鲜鹿肉品质的影响。以TVB-N值、pH值、菌落总数和出水率为评价指标，结果表明，真空热缩包装鹿肉的保质期可达70 d，气调包装鹿肉的保质期只有7 d，但产品的色泽更好。Pennacchia等在4 ℃空气下或真空包装中保存9种不同的牛肉样品，并测定贮藏0 d、7 d、20 d后样品的菌落数。结果表明，真空包装降低假单胞菌和肠杆菌科细菌的活菌数量，但对乳酸菌（lactic acid bacteria，LAB）的生长无影响；采用真空包装贮藏主要影响肉的活菌数量，不一定影响肉中微生物种群的多样性；在空气或真空包装牛肉样品中普遍存在发光细菌，表明这种微生物可能在肉类的腐败过程中起着重要作用。总体来讲，真空包装可使鲜肉具有较长的货架期，在包装内压力的影响下可能出现肉品变形和汁液流失加重等问题。

（2）气调包装。气调包装（Modified Atmosphere Packaging，MAP），指采用具有良好阻隔性能的包装材料，并填充单一或混合气体（O_2、CO_2、N_2等），以置换出包装内的空气，破坏微生物的生长环境，减缓氧化反应速率，从而达到抑菌、防腐、延长货架期的目的。将气调包装应用于冷鲜肉保鲜，首先解决的问题就是找到最佳的气体配比，在延长肉类货架期的同时，可较好地保持肉品的感官性状。尤其对于猪、牛羊等新鲜红肉，理论上应通过适当降低包装内的氧气含量，以尽可能抑制好氧菌的生长繁殖，或填充极低含量的一氧化碳，以维持肉品的色泽。气调包装保鲜技术在国内外已有较多的文献报道，主要包括通过测定理化、微生物、感官指标来表征肉品的品质变化和货架期，并研究气调包装结合低温、辐照、超高压、紫外、臭氧、天然保鲜剂等处理方法，以联合更多栅栏因子，达到最佳的保鲜效果。如郭依萍等利用气调包装联合低温等离子体处理狮子头，探究其品质及货架期的变化。在气调包装保鲜中，O_2与肌红蛋白结合，并形成氧合肌红蛋白，使得肉呈现鲜红色，适当的O_2含量可抑制厌氧菌的生长，同时赋予猪肉更佳的视觉新鲜度，但过高浓度的O_2会造成肉品嫩度的下降。CO_2无毒、无味、成本低，且对霉菌和多数需氧微生物具有较强的抑制作用，但CO_2会部分溶解于水和油脂中，可能造成包装萎缩或肉品发酸等问题。N_2主要作为惰性填充气体，CO可作为气调包装气体的组分，可与肌红蛋白结合，形成碳氧肌红蛋白（MbCO），可使肉呈现鲜亮的樱桃红色，从而改善肉色，同时还具有一定的抑菌效果。由于CO具有潜在毒性，因此多数国家禁止在肉类包装中使用CO。挪威肉类专家对气调包装肉品中使用的CO气体的毒性进行了检测，结果表明，含体积分数为0.5%～1.0%的CO的混合气体对消费者无任何危害。国际上有关气调包装保鲜的应用较广泛，包括果蔬、水产品和畜禽肉品等。目前，欧洲多数超市冷鲜肉的流通均采用高氧气调保藏技术。国内对生鲜肉气调包装的应用始于20世纪80年代，从最初的单一气体保鲜逐步发展到多种气体混合保鲜，取得了较多的研究成果。总体来看，主要侧重于肉类保鲜效果、气调比例优化，以及通过气调包装联合其他物理生物化学保鲜手段达到协同增效作用等方面。

（3）智能包装。智能包装是在传统包装基础上，融合生物、电子、传感器和物联网等先进技术，能够实现多元智能功能（如检测、传感、记录、跟踪、沟通等）的包装系统。

通过智能功能控制包装内部环境，延长肉品保质期，为肉品的安全性和质量提供保障。智能功能主要包括检测、传感、通信等。

（4）冷链包装。生鲜冷链蓄冷包装技术及产品主要涉及两种，一是高效、高质的蓄冷剂，二是新型的包材。

当前用于肉品的包装材料多为传统塑料的多层复合，大都不具备生物可降解性，对环境造成了极大的污染。为了尽可能降低白色污染，倡导环保理念，实现包装的可持续发展，开发安全、高效、可降解的环保材料具有重要的现实意义和社会价值。目前，尚缺乏专门适用于畜禽肉品的包装材料（尤其针对猪、牛、羊等新鲜红肉），来维持其良好的视觉新鲜度，尽可能减少肉品的贮藏损失，提升肉品包装的质量。未来可进一步研究 EHA/PE 材料、有机蒙脱土/超支化 PA6 纳米复合材料及 PA11/PVA/OMMT 高阻隔膜材料，并结合气调包装技术用于畜禽新鲜红肉的保鲜。对于复配的可食性膜材，由于加入了抗氧化剂、抗菌剂等活性成分，因此可能影响包装肉品的食用安全性，且其成膜方式也会影响产品的感官品质。在纳米复合包装中加入纳米填料，其安全性还处于起步研究阶段。

（5）活性包装。将传统包装的被动保护变为主动保护，从而增加了包装的附加功能。虽然活性包装早在30多年前就被提出，但目前市场上采用活性包装肉类食品相对较少，在实际应用中还面临着诸多问题。例如，活性物质释放后会迁移到肉品表面，其迁移程度和毒性还未得到完全标准化的评估；活性包装膜的破损可能会产生潜在的有害化学反应，从而影响包装肉品的食用安全性；精油类物质的添加会使肉品表面产生不良气味，从而降低产品的感官品质；活性包装的生产成本较高，相关标准、法规也不完善，消费者对其认可度还不高。活性包装不能及时监测并传递食品信息，而智能包装正好弥补了这一缺点，通过与传感、电子通信、互联网、生物等技术的融合，使包装具备更加多元化的功能，实现了消费者与产品的互动。目前，我国智能包装技术尚处于起步研究阶段，其发展还面临以下问题：技术障碍，缺乏科研人才；智能包装设备、材料及先进技术的使用，导致其应用成本过高；对食品品质的监测结果是否可靠有待进一步验证；包装所用材料与食品接触是否会发生毒性迁移，目前还缺少相关的测评方法；国内缺乏权威性立法来确保智能包装的流通，以及检测的安全性。尽管活性包装和智能包装还存在以上问题，但是在人们越来越重视食品质量和安全的形势下，其发展前景依然广阔，未来活性包装必然会朝着安全、高效、健康的方向发展，智能包装也会向着多元化、普及化、信息化方向迈进。

（二）储藏技术的分类和进展

（1）气调储藏。气调储藏及包装是通过改变储藏环境中的气体环境，抑制微生物的生长，延长鲜肉货架期的保鲜方法。

（2）减压储藏。减压储藏是通过减少储藏环境中的空气含量，降低压力，从而达到储藏保鲜的目的，但减压储藏会引起水分损失。

四、畜禽肉的分级要求

2022年我国制定了《畜禽肉质量分级规程》（GB/T 40945），标准规定了分级前的准备、分级评定、标识和记录等操作要求。文件规定了畜禽肉质量分级的术语和定义、分级前的准备、分级评定、标识和记录，适用于猪、牛、羊、鸡、鸭胴体及其分割肉的质量分级。

（一）规范了"胴体外观评价"和"瘦肉率"定义

针对"胴体外观评价"和"瘦肉率"术语定义不规范的问题，该标准进行了重新定义。"胴体外观评价"是指通过视觉和触觉对畜禽胴体表面完整性、饱满度、洁净度、生理成熟度、肉的色泽和大理石花纹等进行判断。"瘦肉率"是指瘦肉质量占胴体质量的百分比。

（二）明确了分级前的准备要求

该标准规定了畜禽肉分级前的人员要求、分级环境要求、分级设备和度量器具的选择及要求。分级员应经过专业培训，能够准确地进行胴体外观评价，正确记录胴体或分割肉质量数据，并对胴体和分割肉等级规格进行正确判定。复核员应经过专业培训，熟悉胴体和分割肉分级方法和标准，对分级员的判定结果进行审核。车间照明灯具不应改变加工物的本色，光线强度不低于 660 lx，车间应卫生、整洁。胴体分级宜在屠宰线上进行，分割肉分级宜在分割后进行。分级和度量器具包括光纤分析仪等设备、胴体质量评价标准卡、轨道电子秤、台秤、尺子等称量器具。

（三）规定了畜禽胴体及分割肉分级方法

不同畜禽肉分级的内容和要求不尽相同，该标准按照不同畜禽种类，规定了相应的分级评定要求。

（1）猪胴体及分割肉分级。从胴体外观、胴体和分割肉质量、背膘厚度、瘦肉率、分割肉断面脂肪最大厚度等指标进行等级判定。依据 NY/T 1759 评定时，猪胴体等级分为"一级"至"四级"四个级别，猪分割肉等级分为"A""B""C"三个等级；依据 NY/T 3380 评定时，猪胴体等级分为 1~6 六个等级，猪分割肉等级分为 1~3 三个等级。

（2）牛胴体及分割肉分级。从胴体外观、胴体和分割肉质量、背膘厚度、大理石花纹等级、生理成熟度、肌肉色泽、脂肪色泽等指标进行等级判定。牛胴体等级分为"特级""优级""良好级""普通级"四个级别；牛里脊、上脑、眼肉、外脊的等级分为"S级""A级""B级""C级"四个级别，其他分割肉的等级分为优质和普通两个级别。

（3）羊胴体分级。从胴体外观、背膘厚度、胴体质量、生理成熟度、大理石花纹、肌肉色泽、脂肪色泽等指标进行等级判定。羊胴体等级分为"特等级""优等级""良好级""可用级"四个级别。

（4）鸡胴体及分割肉分级。主要从胴体完整性、胴体羽毛残留状态、胴体肤色、分割肉形态和肉色等指标来判定等级。鸡胴体和分割肉的等级都分为 1~3 级三个级别。

（5）鸭胴体及分割肉分级。主要从胴体完整性、表皮状态及肤色、羽毛残留状态、胴体及分割产品质量来判断等级。鸭胴体等级分为"LⅠ级""LⅡ级""LⅢ级""MⅠ级""MⅡ级""MⅢ级""SⅠ级""SⅡ级""SⅢ级"九个级别，鸭分割肉分为"L级""M级""S级"三个级别。

该标准的发布和实施，进一步规范了猪、牛、羊、鸡、鸭胴体及其分割肉的质量分级，提高我国畜禽肉分级的准确性，实现优质优价，引导畜牧业生产、屠宰加工由粗放向精准、由低值向高效转变。同时，标准的实施也是推动我国肉类产业高质量发展，增强国际竞争力，实现质量强国的重要保障。

总之，畜禽屠宰和产品初加工是我国现代畜牧业做强产业链、优化供应链、提升价值链的重要基础。特别是提升畜禽产品初加工机械化能力，有利于减少畜禽产品损失、提升畜禽产品品质、增强畜禽产品加工转化能力、提高农业生产经营效益，对于做大做强畜禽产品加工流通业、发展乡村产业、拓宽农民增收致富渠道和巩固拓展脱贫攻坚成果具有重要意义。

第五节　功能性畜禽产品和活性成分检测技术发展

功能性畜禽产品中通常含有特定的活性成分或生物活性物质，可以对人体健康产生积极的影响。功能性畜禽产品的研发和推广得益于高效、实用的活性成分检测技术。因此，检测生物活性成分和营养成分可以极大地帮助发展功能性畜禽产品。本节就生物活性成分和营养价值的主要检测方法进行介绍，主要包括高效液相色谱技术、高效液相色谱与质谱联用技术，以及新兴的功能性畜禽产品活性成分检测技术（微生物组学技术、基于人工智能的数据分析、纳米生物传感技术、快速光谱技术），并就其面临的挑战和未来的发展趋势进行简要的概述。

一、常见功能性畜禽产品活性成分检测方法

（一）高效液相色谱技术

高效液相色谱是一种常用的分离和分析技术，通过合理选择色谱柱、流动相和优化分离条件，能够实现对复杂样品中化合物的高效分离、准确定量和定性分析，主要操作步骤包括：样品制备、色谱柱选择、流动相选择、色谱条件设置、分离和检测、数据分析。该方法在许多领域中被广泛应用，如制药、环境、食品和化学等。

李兰英等利用HPLC进行功能食品中羟基柠檬酸（HCA）功效成分分析，同时建立了定量检测减肥功能食品中非法添加的利莫那班和西布曲明的方法。样品经过超声提取，分别以99%的0.1%磷酸水溶液和1%甲醇为流动相，在210 nm检测波长下进行HCA检测；以100%甲醇为流动相，在223 nm波长下进行利莫那班和西布曲明同时检测，有效提高了分析效率和灵敏度，具有操作简单、快速的优点。此方法能够实现HCA类功能食品的主成分分析，且对两种主要违禁添加药物进行检测，符合功能食品质量管理的指导方向。薛丰等建立了同时测定功能食品中去甲

伪麻黄碱、伪麻黄碱、安非拉酮、士的宁、芬氟拉明和西地那非的高效液相色谱—二极管阵列检测法，样品经 2% 甲酸—水超声提取，强阳离子交换固相萃取净化，0.05 mol/L 磷酸二氢钾（pH 值 3.0）—乙腈为流动相，C18 柱分离，色谱峰保留时间结合峰内光谱比较定性，外标标准曲线法定量。此方法简便、灵敏度和检出限符合功能食品中违禁成分检测要求，分析成本低，可用于不同剂型功能食品中 6 种违禁添加成分的测定。

（二）高效液相色谱与质谱联用技术

HPLC–MS/MS 法集中了色谱的分离性能与质谱的分子确证优势，其在检测器阶段利用质量分析器对待测物进行二次选择，将离子丰度转换为可定量计算的峰，同时提供被测物的质量数与分子结构信息，具有稳定性好、灵敏度高、专一性强、再现性好等优点，已经成为检测功能畜禽产品中有效成分的主要方法。

样品前处理是指对目标物进行提取、富集和净化的步骤，以减少杂质干扰，提高检测灵敏度。目前常采用的样品前处理方法有：一步提取法和分散固相萃取法。Yu 等建立了一种快速、灵敏、可靠的同时测定鸡、猪和牛的肌肉和肝脏中 18 种磺酰胺类的方法，样品制备过程包括在高温（70℃）和压力（1 400 psi）下与乙腈进行加压液体萃取，提取液经亲水–亲脂平衡筒清洗后浓缩，最后采用 HPLC 和 LC–MS/MS 分析。其中优化了萃取溶剂、萃取温度、萃取压力、萃取周期等条件，提高了萃取效率，通过实际样品分析，平均测定系数 $R > 0.998\ 0$，线性关系良好，加样回收率为 71.1% ~ 118.3%，相对标准偏差小于 13%，验证了该方法的鲁棒性。刘茜等建立了液相色谱—串联质谱联用法同时检测辐照蛋白类功能食品中邻酪氨酸和间酪氨酸的分析方法，样品在氮气环境下经 6 mol/L 盐酸酸解过夜，酸解液再经氮气吹干，1 mL 水复溶后，用 Phenomenex Kinetex PFP 色谱柱分离，以 5 mmol/L 乙酸铵溶液和甲醇为流动相进行梯度洗脱，质谱采用电喷雾负离子模式电离，多反应监测（MRM）模式检测，基质匹配标准溶液外标法定量，酪氨酸同分异构体与基质干扰峰得到良好的分离，在 0.005 ~ 1.0 mg/L 浓度范围内，其峰面积与浓度呈良好的线性关系，线性系数不低于 0.999，该方法对蛋白类功能食品是否经过辐照给予定性鉴定，从而为辐照蛋白类功能食品中辐照标志物的检测方法研究提供理论依据。

蛋黄是叶酸的良好来源，但分析蛋黄中天然叶酸的方法既复杂又耗时。研究人员开发了一种简化的预处理方法，后采用经过验证的 HPLC–MS/MS 来测定经不同叶酸量处理的蛋鸡鸡蛋中的天然叶酸。改进的方法在去除脂质、减少处理步骤和节省时间方面表现出良好的性能。

硒 (Se) 是人类和动物必需的微量营养素。它是合成 25 种硒蛋白所需的关键成分，这些硒蛋白在氧化还原稳态、免疫、生殖和甲状腺激素代谢中具有多种生物学功能。对猪肉样品中硒形态的研究很少，测定困难且缺乏合适的分析方法。此外，考虑到不同动物物种中硒的代谢复杂性，猪肌肉中硒的形态和不同物种的百分比可能会受到不同硒来源和水平的影响。研究人员开发了一种使用 HPLC–ICP–MS 快速同步分析 7 种硒的方法，并在猪的肌肉中检测到了4种硒，这些硒在猪肌肉中的分布受到日粮补硒来源和应用水平的显著影响。

(三) 酶联免疫技术 (ELISA)

ELISA是利用抗原和抗体的特异结合反应，在合适载体上使酶标抗原或抗体与待测物结合反应，再加入酶的底物进行显色，由显色物质含量反映待测物含量的定性或定量方法。目前快速检测动物性食品中有效成分的ELISA法多为酶联免疫试剂盒等产品，这些试剂盒针对不同功能成分具有不同的检测灵敏度。实验室ELISA法相对于酶联免疫试剂盒类产品，在定量检测方面具有更高的准确度。

Naghmouchi等建立了一种快速、特异性的酶联免疫分析法来检测和定量食品基质中的pediocin PA-1，Pediocin是一种由乳酸片球菌（*Pediococcus acilacactii*）产生的细菌素，被认为是一种很有希望用于食品工业的细菌素，是对革兰氏阳性菌具有抗菌活性的蛋白质化合物，可用于食品保存。将Pediocin PA-1与keyhole帽贝血青素偶联，免疫家兔和小鼠制备多克隆(PAb)和单克隆(MAb)抗体，经3次和6次免疫获得的PAb和MAb滴度分别约为4.7和2.9，用于乳酸片球菌素的检测和定量，该实验的低检出限约为0.455 μg/mL，新鲜的牛奶和补充乳清渗透物（SWP）中pediocin的检出限分别为74%和61%。

二、新兴的功能性畜禽产品活性成分检测技术

(一) 微生物组学技术：16S rRNA测序与宏基因组测序

通过对16S rRNA基因的测序，可以获得微生物群落样本中细菌的信息，从而了解微生物群落的组成和多样性。但16S rRNA测序选择性扩增目的基因片段获得的信息较少，即使经过不断优化也只能将细菌鉴定到属水平，无法获得种水平细菌的具体信息。而宏基因组测序技术的出现解决了这一难题，与16S rRNA测序相比，宏基因组测序是一种对样品中全部基因组进行测序分析的技术，能获取微生物更精细的分类学信息和更详细的基因序列信息，不仅能将细菌精确到菌种，甚至菌株水平，还能通过与功能数据库比对获取样品中微生物的功能信息。

因此，上述技术对于监测功能性食品中的益生菌成分具有重要意义，益生菌是一种活的微生物，通过恢复肠道微生物平衡和改善免疫系统，对宿主的健康有益，主要是为人类健康服务。除人类健康外，利用芽孢杆菌、乳酸杆菌、链球菌和酵母菌等益生菌促进动物健康和生长性能也越来越受到关注，因为它可以减轻畜牧业对抗生素的使用需求。关于用作饲料添加剂或生产生物的微生物特性的指南要求提供有关益生菌的具体信息，包括分类信息、抗菌药物敏感性和生产，以及菌株的毒性和致病性。益生菌产品标签上还需要提供数量、益处和使用日期的说明，由于已知微生物的安全性和益处是菌株必需的，因此准确的识别标签对于确保益生菌产品的安全性和有效性以及获得消费者的

第七章 功能性畜禽产品生产配套技术

信任至关重要。

Kruasuwan 等根据微生物组学技术设计了一个有效的工作流程，以确保商业益生菌饲料补充剂的安全性和质量，16S 扩增子（16S）或宏基因组（Meta）数据的两个工作流程的实施使动物益生菌产品的质量和安全得到保证。通过对两种动物益生菌产品（一种为液体形式，另一种为固体形式）的分析发现，16S 和 Meta 数据均显示产品标签不一致，并特别关注抗生素耐药基因的存在。此外，宏基因组数据可用于更深入的产品质量/一致性/功效分析，如细菌素和其他次生代谢物的产生。研究结果为选择适宜的动物益生菌产品安全性评价方法提供了指导。此外，结合开发的工作流程，使用纳米孔技术是一种很有前途的技术，可以作为一种有效的工具来监测和确保益生菌产品的质量和安全，无论是对生产者还是监管机构。

（二）基于人工智能的数据分析

机器学习可以应用于功能性成分活性相关性分析，帮助预测和理解化合物的生物活性。深度学习是一种复杂的机器学习技术，通过构建深度神经网络学习化合物的特征，并与生物活性之间的关系进行建模。深度学习在化学计算领域中的应用越来越广泛。例如，可以使用卷积神经网络（CNN）或循环神经网络（RNN）来处理化合物的结构信息，然后将其与生物活性进行相关性分析。另外，在进行功能性成分活性相关性分析时，数据的预处理和交叉验证对于建立可靠的模型至关重要，数据预处理包括缺失值处理、异常值检测、数据标准化等。交叉验证可以评估模型的性能，并帮助选择合适的模型参数。

利用智能手机进行食品快速检测的理论和技术基础是在取样前对样品进行处理。例如，液液微萃取后，用手机摄像头对样品进行拍照或记录，形成图像。在识别出颜色强度和质地特征，或接收到微型仪器传输的数据信号后，通过特定的算法计算，如线性判别分析、主成分分析和层次聚类分析，可以定性和定量地确定各种待测食品成分的质量、新鲜度或含量。通过机器学习技术，系统可以利用收集的数据不断提高测定的准确性和精密度。钙在人体骨骼的发育和保护中起着重要作用，研究人员研究了一种基于智能手机的液液微萃取比色法，用于快速定量分析水和食物中的钙含量。液液微萃取采用氯仿和 1,2- 二氯甲烷作为混合溶剂，在存在十四烷基二甲基苄基氯化铵化合物（Zephiramine）、钙和乙二醛络合物的情况下进行。通过智能手机摄像头采集图像的 RGB 值，并将 G 值作为分析信号，建立色彩强度与钙含量之间的关系，该检测方法的检出限为 0.017 μg/mL，定量限为 0.056 μg/mL，线性范围为 0.06～1.5 μg/mL。

（三）纳米生物传感技术

纳米酶具有强大的催化活性、优异的稳定性、较低的生产和储存成本的特点，是解决天然酶和人工酶的不足而开发出来的，在传感、环境保护、疾病诊断和癌症治疗等方面得到了广泛应用。到目前为止，已经开发出多种纳米酶，包括过氧化物酶、氧化酶、过氧化氢酶、超氧化物歧化酶和谷胱甘肽过氧化物酶等。到目前为止，关于双金属纳米材料的报道很多，由于其独特的结构特性，这些双金属纳米材料比单原子纳米材料表现出更优异的类酶活性。例如，Zhu等开发了一种双金属纳米酶材料（Pt50Sn50），由于在Pt50Sn50双金属纳米团簇表面产生带有氧空位的SnO_{2-x}，从而增强了双酶活性，并且Pt50Sn50比Pt纳米材料具有更高的过氧化氢酶样活性。

Han等创新地设计了一种灵敏的比色传感器，用于功能性产品中总抗氧化能力（TAC）的检测，该传感器利用了2D Fe–Mn双金属纳米酶（Dex-FeMnzyme）的高氧化酶活性，与过氧化物酶不同，氧化酶可以催化特定的底物，而不需要外源过氧化氢，这可以有效地避免过氧化氢不稳定、高毒性、挥发性和自分解的几个缺点。此外，双金属Dex-FeMnzyme可以加速电子转移，并能有效地将底物O_2转化为强氧化性O_2，然后催化无色的3,3,5,5-四甲基联苯胺（TMB）生成可见的蓝色氧化TMB（oxTMB）。Dex-FeMnzyme/TMB体系中添加的抗氧化剂具有还原氧化TMB的能力，在此基础上，提出了用于TAC测定的简易定量比色传感器，并通过与DPPH自由基测定法的比较，验证了该方法用于TAC测定的准确性。最后，在最佳条件下，验证比色传感器的检出限为1.17 mol/L，线性浓度范围为1～30 mol/L，分析结果证明了此方法在食品中实际应用的可行性。

食品中的叶酸除采用微生物学方法、高效液相色谱（HPLC）和液相色谱—质谱（LC–MS）方法等进行检测外，科研人员开发了一种新型改进的电化学传感系统（AuNFs–CNPs/CP），用于测定蛋黄中的5-甲基四氢叶酸的水平，具有高灵敏度和选择性。普通鸡蛋和富含叶酸鸡蛋在内的样品的可靠回收率和合理的相对标准偏差表明了该传感系统的实用性。传感器上的AuNF大大增强了其在5-甲基四氢叶酸氧化和检测方面的电催化性能。

（四）快速光谱技术

1. 近红外光谱技术

近红外光谱在检测掺假方面的优势是显著的，因为该技术具有许多优点，例如，常规分析快速；易于样品前处理；操作使用简单；无须试剂，无环境污染；这是一种无损且经济的技术；也允许同时进行多组分分析。一般来说，当光照射样品时，入射光可能涉及的光反射模式有：散射、漫反射、透射和相互作用，反射率或相互作用通常用于测量固体，而透射率通常发生在液体样品以及薄或透明样品上，最终的光谱结果还取决于功能食品样品的性质，包括化学成分和物理结构，近红外光谱对于研究少量或无需样品制备的散装材料非常有用，通常用于功能性食品的定性和定量分析。

然而，近红外并不适合对所有的分子进行研究，因为该区域的大部分吸收带对应于C–H，O–H和N–H化学官能团的泛音和基本振动的组合。Bosco在会议报告中提到，近红外光谱的起源是非调和性，拉伸键比压缩键更容易，这种非调和性允许分子吸收近红外范围内的光子，从而产生"泛音"。泛音波段出现在780～2 000 nm，这取决于泛音的顺序和化学键的性质，它比基频和强度的泛音波段弱得多，近红外结合带出现在1 900～2 500 nm，不同分子中原子之间的相互作用改变了振动能态，从而通过晶体结构的差异产生了一种新的吸收带,表明光谱中包含的化学信息和物理信息。因此,这是一种可靠的技术,以确定化合物的存在,为了进一步提高灵敏度和快速检测,Walton 在 1968 年提出了衰减全反射法,该方法结合了快速衰减场(衰减波)和 SP(表面等离子体激元)。研究人员利用红外光谱与衰减全反射相结合的方法,对 9 种特定植物(五种调节植物和四种常见植物用于草药补充剂)的制剂进行筛选。因此,功能食品的化学和物理信息可以快速、无损、方便、非接触地监测。

2. 傅里叶变换红外光谱技术

傅里叶变换红外光谱(fourier transform infrared spectroscopy,FTIR)主要是应用电磁光谱的 MIR 区(2 500~25 000 cm^{-1}),通过监测分子的基本振动和旋转伸展,得到样品的化学谱图。Siddiqui 等利用深入的 FTIR 光谱分析,通过对纯净和掺假样品进行分类,结合训练多类支持向量机(M-SVM)分析牛肉、羊肉和鸡肉混合物中掺假的猪油,提高猪油掺假检测的准确性。通过 FTIR 光谱与多元支持向量机和 M-SVM 方法相结合,形成一种高效、快速的猪油和其他肉类样品鉴别技术,展示了从牛肉、鸡肉和羊肉的脂肪混合物中猪油的识别和区分。FTIR 光谱分析与主成分分析 (PCA) 和 M-SVM 表明,纯猪油脂肪具有独特的峰,可以在波数 1 155 cm^{-1}、1 467 cm^{-1}、1 750 cm^{-1} 和 2 921 cm^{-1} 上区分猪肉、牛肉、鸡肉和羊肉,吸光度值表明猪油和其他物种之间有直接的相关性。主成分分析结果表明,鸡肉掺假与猪肉掺假呈正相关,羊肉掺假与猪油掺假呈负相关,SVM 模型对纯净样本的总体预测准确率为 81.25%,对掺假样本的总体预测准确率为 72.2%,利用灵敏度和精度值计算总体精度。由于样品数量较少,光谱吸光度值差异极小,该模型对纯样品的分类精度优于掺假样品。因此,这项研究有可能建立一种快速的肉品认证方法,并可能彻底改变肉类行业的在线质量控制。对于未来的研究工作,可以增加纯样品和掺假样品的 FTIR 谱,并且可以应用深度学习来检测掺假量小于 10% 的样品。

3. 荧光光谱技术

当荧光基团(荧光结构或荧光分子)吸收紫外线、可见光和红外光后发射的光称为荧光。当荧光基团吸收特定波长的能量时,分子就会释放出更高波长的能量。荧光光谱作为一种无损、高灵敏度、特异性强和经济高效的分析技术,已应用于功能性畜禽产品的检测。由于荧光光谱法只有在没有或很低背景荧光成分存在的情况下才能进行鉴定,然而多种畜禽产品含有多种荧光成分,因此该方法对真菌毒素的测定较困难。为了能够检测样品中真菌毒素的微弱荧光,激光诱导荧光光谱(laser induced fluorescence spectroscopy,LIFS)技术得到了发展应用。这是由于 LIFS 在特定波长和较窄的带宽强光作用下,可以显著增强荧光信号。

Li 等建立了注射器内膜固相萃取 (MSPE) 装置,用于食品样品中磺胺甲恶唑 (SMX) 的现场采样,并进行固相荧光光谱分析,将样品和荧光胺 (FA) 加入注射器中进行衍生。然后,在注射器固相萃取装置中用膜提取 SMX 衍生物。随后,立即测量膜上的衍生物,不需要额外的洗脱程序。该方法可用于血浆、牛奶和鸡蛋样品中痕量 SMX 的检测,回收率为 98%~102%,相对标准偏差为 1%~6%。与液相色谱法相比,直接检测浓缩物显著提高了灵敏度，此外，通过对相关实验条件的优化，不需要从干扰中分离 SMX，可以获得高稳定的荧光信号，成功应用于生物和食品样品的分析。与相关工作相比，该方法设计简单、反应速度快、精密度可靠、分析通量高、检出限低、选择性好，可满足食品样品现场取样的要求。

4. 拉曼光谱技术

拉曼光谱技术是基于化学键的极化率，与其他技术相比，对分子非极性基团中共价键的对称振动更为敏感，其操作简单、无损、快速、便携、重复性好，灵敏度高、不受水分子等干扰、很少有重叠带，可以为定性和定量检测功能性畜禽产品的化学官能团提供更多有价值的信息。虽然红外光谱和拉曼光谱都是振动光谱，但与红外吸收不同，拉曼光谱是基于光子与分子的能量交换。当分子从基态跃迁至激发态，然后回到激发振动态时，就会产生拉曼散射。增强拉曼效应的技术包括受激拉曼散射、相干反斯托克斯拉曼散射、共振拉曼光谱和表面增强拉曼光谱（surface enhanced raman spectroscopy，SERS）。其中 SERS 技术应用较为广泛，它结合了拉曼光谱和纳米技术，通过使用金属纳米材料来提高传统拉曼光谱的灵敏度和容量。

表面增强拉曼光谱用于快速、灵敏地检测食品中痕量化学污染物已经得到了深入的研究，缺乏对食品基质中目标分子的选择性和光谱再现性很差仍然是 SERS 实际应用的主要挑战。Feng 等将分子印迹聚合物 (MIPs) 与金纳米颗粒杂交作为功能性 SERS 底物，用于选择性分离和检测食品基质中的 2,4- 二氯苯氧乙酸，通过在 AuNPs 表面包裹一层超薄的 MIPs 壳层，精心定制了核壳 AuNPs@MIPs 纳米颗粒，可以选择性地将 2,4- 二氯苯氧乙酸分离并富集到 AuNPs 的近表面，并保证了分析物拉曼散射信号的增强，在 AuNPs@MIPs 内嵌入内标 (4- 氨基噻吩) 进行 SERS 光谱校准，提高了 2,4- 二氯苯氧乙酸的定量精度。利用 SERS 光谱建立的化学计量学模型对不同污染水平的牛奶中 2,4- 二氯苯氧乙酸的鉴别和定量结果准确，检出限 (LOD) 为 0.011 μg/mL。

三、结论与展望

综上所述，功能性畜禽产品活性成分检测技术在近年来取得了一定的发展，并逐渐应用于实际的生产和监管中。本节针对常见的传统功能性畜禽产品活性成分检测方法与新兴的检测技术两个方面分别进行了综述。功能性畜禽产品活性成分检测技术的发展为监管机构、食品生产企业以及消费者提供了更可靠的手段来保证产品的质量和安全性，通过科学准确地检测和评估功能性成分的含量和活性，可以确保畜禽产品的功能性效果，并指导产品的合理使用和开发，这些技术的不断进步和应用将为功能性畜禽产品的研发和市场推广提供有力的支持。未来功能性畜禽产品活性成分检测技术将继续向以下方向发展，以提升检测效率、准确性和多样性，拓展应用范围，并满足市场需求。

（1）新兴检测技术的应用：随着科学技术的不断进步，新型检测技术将被引入功能性畜禽产品活性成分检测中。例如，质谱成像技术（MSI）可以在畜禽产品中实现分子级别的成分分布图像,为活性成分的空间分布研究提供了更详细的信息。

(2)快速便携式检测设备的发展:随着便携式技术的不断改进,功能性畜禽产品活性成分检测设备将变得更加小型化、便携化和智能化。这将使生产企业、监管机构和消费者能够实时、实地进行检测,提高产品的监管和品质控制水平。

(3)多元化检测方法的整合:未来的功能性畜禽产品活性成分检测中,可能会整合多种检测方法和技术,如光谱学、电化学、生物传感等。这样可以同时获得更全面、多角度的活性成分信息,提高检测的准确性和可靠性。

(4)数据分析和人工智能的应用:数据分析和人工智能技术将在功能性畜禽产品活性成分检测中发挥越来越重要的作用。通过大数据的积累和分析,可以构建更精准的模型和算法,实现对复杂样品中活性成分的准确鉴定和定量。同时,人工智能还可以帮助优化实验设计、加速数据处理,并辅助解读检测结果。

(5)综合评估和安全性评价:除了对功能性畜禽产品中的活性成分进行检测外,还将关注对其综合效果和安全性的评估。包括综合功效和毒理学评价等方面的研究,以更好地了解产品对人体健康的影响,并保证产品的安全性。

第六节　功能性畜禽产品品质评价技术

功能性畜禽产品可为人体补充维生素、矿物质等特定成分,供特定人群选择性食用,其主要作用是对机体的功能进行积极调节,并且功能性食品无疾病治疗的功效,不会危害人体健康,也就是不具急性、亚急性、慢性危害性、具有可靠的安全性。在欧美国家,功能性食品盛行,其对这类食品的称谓是健康食品,而在日本,这类食品主要是功能食品,受到广泛的认可。功能性食品不能治疗疾病,主要是进行各种营养成分的补充,诸如人体需要的维生素、矿物质等。同时功能性食品可调节人体生理功能,进而减少疾病和并发症等的发生,促进人体健康,很多人群都可以食用。20世纪80年代,我国开始发展功能性食品,目前对其的研究主要涉及两方面,一方面是通过人体、动物试验证明产品可以发挥出某些生理调节的重要功效,另一方面是明确掌握其保健功能因子的结构、含量、作用机理等内容。

功能性畜禽产品品质评价,对于畜禽产品的生产、健康、销售和畜禽产品食用的安全健康、科学有效具有重要意义。功能性食品的评价主要包括安全性毒理学评价、功能学评价(包括动物试验和/或人体试食试验、功效成分或标志性成分检测、卫生学评价、稳定性试验)等。另外,对于个别有特殊功能声称的产品还需要进行兴奋剂、违禁成分检测。其中,安全性毒理学评价、卫生学评价是功能性食品开发的前提,功能学评价是功能性食品的核心。

一、畜禽产品常规品质评价

（一）猪肉评价

猪肉评价主要包括颜色、嫩度、肌内脂肪、pH 值和滴水损失等指标，肉质特征通常受到转化过程中发生的生理、生化和代谢变化的影响，这些变化主要是指 pH 值降低、肌原纤维降解、蛋白质和脂质氧化等。

（1）肉色。肉色取决于生猪屠宰后肌肉的生化变化，肌红蛋白是影响肉色的主要物质，它是一种水溶性肌浆蛋白。肉色是指屠宰后规定时间内，肌肉横断面的颜色。测定方法为仪器法，测定时间要求在屠宰后 45～60 min 内完成测定，用肉色 1 表示；肉色 1 测定后，0～4℃保存至宰后 24 h±15 min 测定，用肉色 2 表示。肉色值 ≥ 60，对应肉色评分值 1 分，白肌肉（PSE）；肉色值为 53～59，对应肉色评分值 2 分，趋近于 PSE 肉；肉色值为 37～52，对应肉色评分值 3～4 分，正常肉色；肉色值为 31～36，对应肉色评分值 5 分，趋近于黑切肉（DFD）；肉色值 ≤ 30，对应肉色评分值 6 分，DFD 肉。

（2）嫩度。按照 NY/T 1180 的规定执行。

（3）肌内脂肪。肌肉组织内的脂肪含量测定方法为索氏浸提法或快速测定法。

（4）pH 值。采用肉块测定法测定或采用肉糜测定法测定。屠宰后规定时间内，肌肉酸碱度的测定值。测定结果 pH_1 为 5.9～6.5 或 pH_{24} 为 5.6～6.0，正常肉 pH 值；$pH_1<5.9$ 或 $pH_{24}<5.6$，PSE 肉 pH 值；$pH_1>6.5$ 或 $pH_{24}>6.0$，DFD 肉 pH 值。

（5）系水力。在特定外力作用下，肌肉在规定时间内保持其内含水的能力。采用压力仪测定，应按仪器使用要求进行操作。

（6）滴水损失。在无外力作用下，肌肉在特定条件和规定时间内流失或渗出液体的量。滴水损失 1.5%～5.0%，为正常肉；滴水损失 >5.0%，PSE 肉；滴水损失 <1.5%，DFD 肉。

（7）大理石纹。肌肉横截面可见脂肪与结缔组织的分布情况。评定时间在宰后 24 h 后。评定结果几乎看不见大理石纹，1 分，肌内脂肪含量约为 1.0%；可见少量的大理石纹，2 分，肌内脂肪含量约为 2.0%；大理石纹分布稀疏，3 分，肌内脂肪含量约为 3.0%；大理石纹分布较明显，4 分，肌内脂肪含量约为 4.0%；大理石纹分布明显，5 分，肌内脂肪含量约为 5.0%；大理石纹分布明显且浓密，6 分，肌内脂肪含量约在 6.0% 以上。

（二）鸡蛋评价

（1）鸡蛋新鲜度。新鲜度高则会提高消费者的购买体验，在新鲜度检测方面，常以哈氏单位、蛋白高度及 pH 值进行评价。哈夫单位在 7～15℃条件下，采用高光谱成像技术结合化学统计学算法，对鸡蛋哈氏单位进行无损检测，哈氏单位越高，表示蛋白黏稠度越好，蛋白品质越高，鸡蛋越新鲜，新鲜鸡蛋哈夫单位通常在 70～82，新鲜度 AA 级鸡蛋是指认证养殖基地生产 48 h 内，哈夫单位在 72 以上的鸡蛋。

（2）pH 值。刚产出的鸡蛋，蛋清 pH 值在 7.6～8.5。在贮存过程中，蛋清 pH 值随温度变化而增加，最高能达到约 9.7。蛋清 pH 值测量用均质机将鸡蛋均质处理，搅拌均匀，用 pH 酸度计测量。内在蛋品质量下降是由蛋内的水分和二氧化碳流失，导致鸡蛋的 pH 值发生变化。研究发现，将鸡蛋在 3～35℃ 的环境内进行贮存，21 d 后 pH 值会稳定在 9.4 左右且在此温度范围内不随温度变化而产生显著波动。

（3）蛋黄色度和蛋黄指数。蛋黄色泽是衡量鸡蛋品质的一项重要指标。蛋黄颜色通过罗氏比色伞检测，共分为 0～15 级别，出口鲜蛋的蛋黄色泽要达到 8 级以上。蛋黄指数 = 蛋黄高度（mm）÷ 蛋黄直径 W（mm），指数越高说明鸡蛋越新鲜，随着存储时间的增加，蛋黄高度降低，直径变大。新鲜鸡蛋的蛋黄指数一般为 0.401～0.442，普通鸡蛋为 0.35～0.4，可食用鸡蛋为 0.3～0.35，当蛋黄指数小于 0.25 时，蛋黄膜破裂出现散黄。

（三）生鲜乳评价

牛乳中蛋白和脂肪含量以及体细胞数和菌落总数等是用于评定生鲜乳品质的重要指标。蛋白质是奶中的重要营养组分之一，也是人类膳食蛋白质的重要来源。牛乳中的乳脂率一般含量在 3%～5%，规定从正常饲养的、无传染病和乳房炎的健康母牛乳房内挤出的脂肪含量应该大于或等于 3.10%。生乳感官要求检验方法是取适量试样置于 50 mL 烧杯中，在自然光下观察色泽和组织状态，闻其气味，用温开水漱口，品尝滋味。色泽呈乳白色或微黄色，滋味、气味，具有乳固有的香味，无异味。组织形态呈均匀一致液体，无凝块、无沉淀、无正常视力可见异物。理化指标中蛋白质应 ≥ 2.8 g/100 g，检验方法参考 GB 5009.5，脂肪应 ≥ 3.1 g/100 g，检验方法参考 GB 5413.3，菌落总数应 ≤ 2×10^6 [CFU/g（mL）]，检测方法参考 GB 4789.2。

二、功能学评价

功能学评价包括动物试验和人体试食试验。动物试验，是指检验机构按照国家食品药品监督管理总局公布的或企业提供的保健食品功能学评价程序和检验方法，对受试样品的保健功能进行的功能学动物验证试验；人体试食试验，是指检验机构按照国家食品药品监督管理总局公布的或企业提供的保健食品人体试食试验评价程序和检验方法，对受试样品进行的人体试食试验和安全观察。功能学评价是功能性食品科学研究的核心内容，主要针对功能性食品所宣称的生理功效进行动物学甚至是人体试验。

（一）功能性畜禽产品品质评价动物试验的基本要求

1. 对受试样品的要求

（1）应提供受试样品的原料组成，包括物理、化学、纯度、稳定性等的相关资料。

(2)受试样品必须是规格化的定型产品,即符合既定的配方、生产工艺及质量标准。

(3)提供受试样品的安全性毒理学评价的资料以及卫生学检验报告,受试样品必须是已经经过食品安全性毒理学评价确认安全的畜禽产品。功能性评价的样品与安全性毒理学评价、卫生学检验的样品必须为同一批次。

(4)应提供功效成分或特征成分、营养成分的名称及含量。

(5)如需提供受试样品违禁药物检测报告时,应提交与功能学评价同一批次样品的违禁药物检测报告。

2. 对实验动物的要求

(1)根据各项实验的具体要求,合理选择实验动物,常用大鼠和小鼠,品系不限,推荐使用近交系动物。

(2)动物的性别、年龄依实验需要进行选择,实验动物的数量要求为小鼠每组10~15只(单一性别),大鼠每组8~12只(单一性别)。

(3)动物应符合国家对实验动物的有关规定。

3. 对给受试样品剂量及时间的要求

(1)各种动物实验至少应设3个剂量组,另设阴性对照组,必要时可设阳性对照组或空白对照组。剂量选择应合理,尽可能找出最低有效剂量。在3个剂量组中,其中一个剂量应相当于人体推荐摄入量(折算为每公斤体重的剂量)的5倍(大鼠)或10倍(小鼠),且最高剂量不得超过人体推荐摄入量的30倍(特殊情况除外),受试样品的功能实验剂量必须在毒理学评价确定的安全剂量范围之内。

(2)给受试样品的时间应根据具体实验而定,一般为30 d。当给予受试样品的时间已达30 d而实验结果仍为阴性时,则可终止实验。

4. 对受试样品处理的要求

(1)受试样品推荐量较大,超过实验动物的灌胃量、掺入饲料的承受量等情况时,可适当减少受试样品中非功效成分的剂量。

(2)对于含乙醇的受试样品,原则上应使用其定型的产品进行功能实验,其三个剂量组的乙醇含量与定型产品相同。如受试样品的推荐量较大,超过动物最大灌胃量时,允许将其进行浓缩,但最终的浓缩液体应恢复原乙醇含量。如乙醇含量超过15%,允许将其含量降至15%,调整受试样品乙醇含量应使用原产品的酒基。

(3)液体受试样品需要浓缩时,应尽可能选择不破坏其功效成分的方法。一般可选择60~70℃减压进行浓缩。浓缩的倍数依具体实验要求而定。

(4)对于以一定比例兑水饮用形式的受试样品,可使用该受试样品的水提取物进行功能试验,提取的方式应与产品推荐饮用的方式相同。如产品无特殊推荐饮用方式,则采用下述提取的条件:常压,温度80~90℃,时间30~60 min,水量为受试样品体积的10倍以上,提取2次,将其合并浓缩至所需浓度。

5. 对给予受试样品方式的要求

必须经口给予受试样品,首选灌胃。如无法灌胃则加入饮水或掺入饲料中,计算受试样品的给予量。

6. 对合理设置对照组的要求

以载体和功效成分（或原料）组成的受试样品，当载体本身可能具有相同功能时，应将该载体作为对照。

三、安全性和毒理性评价

安全性毒理学评价，是指对受试样品进行的以验证其食用安全性为目的的动物试验。对功能性食品的毒理学评价是确保人群食用安全的前提，也是对保健食品进行功能学评价的前提，应严格按照《食品安全性毒理学评价程序和方法》进行，主要评价食品生产、加工、保藏、运输和销售过程中使用的化学和生物物质以及在这些过程中产生和污染的有害物质、食物新资源及其成分和新资源食品。对于功能性食品及功效成分的评价，必须根据《食品安全性毒理学评价程序和方法》中的规定进行第一、二阶段的毒理学试验，并依据评判结果决定是否进行第三、四阶段的毒理学试验。

（一）食品安全性毒理学评价试验的四个阶段与试验原则

1. 试验的四个阶段

第一阶段：急性毒性试验，包括经口急性毒性（LD_{50}）和联合急性毒性试验。第二阶段：遗传毒性试验、传统致畸试验、短期饲喂试验。第三阶段：亚慢性毒性试验（90 d 饲喂试验）、繁殖试验和代谢试验。第四阶段：慢性毒性试验（包括致癌试验）。

2. 试验原则

功能性食品特别是功效成分的毒理学评价可参考下列原则进行。

（1）凡属我国创新的物质一般要求进行四个阶段的试验。特别是对其中化学结构提示有慢性毒性、遗传毒性或致癌性可能者，或产量大、使用范围广、摄入机会多者，必须进行全部四个阶段的毒性试验。

（2）凡属与已知物质（指经过安全性评价并允许使用者）的化学结构基本相同的衍生物或类似物，则根据第一、第二、第三阶段毒性试验结果判断是否需进行第四阶段的毒性试验。

（3）凡属已知的化学物质，WHO 已公布每人每日容许摄入量（ADI），同时又有资料证明我国产品的质量规格与国外产品一致，则可先进行第一、第二阶段毒性试验，若试验结果与国外产品的结果一致，一般不要求进行进一步的毒性试验，否则应进行第三阶段毒性试验。

（4）食品新资源及其食品原则上应进行第一、第二、第三阶段毒性试验，以及必要的人群流行病学调查。必要时应进行第四阶段试验，若根据有关文献资料及成分分析，未发现有或虽有但量甚少，不至于构成健康有害的物质，以及较大数量人群有长期食用历史而未发现有害作用的天然动植物（包括作为调料的天然动植物的粗提制品）可以先进行第一、第二阶段毒性试验。经初步评价后，决定是否需要进行进一步的毒性试验。

（5）凡属毒理学资料比较完整，WHO已公布日许量或不需规定日许量者，要求进行急性毒性试验和一项致突变试验，首选Ames试验或小鼠骨髓微核试验。

（6）凡属有一个国际组织或国家批准使用，但WHO未公布日许量，或资料不完整者，在进行第一、第二阶段毒性试验后作初步评价，以决定是否需进行进一步的毒性试验。

（7）对于由天然植物制取的单一组分，高纯度的添加剂，凡属新产品需先进行第一、第二、第三阶段毒性试验，凡属国外已批准使用的，则进行第一、第二阶段毒性试验。

（8）凡属尚无资料可查、国际组织未允许使用的，先进行第一、第二阶段毒性试验，经初步评价后，决定是否需要进行进一步的试验。

（二）食品毒理学评价的试验内容与试验目的

（1）第一阶段急性毒性试验。急性毒性是指机体1次接触或24 h多次接触化学物后在短期（最长14 h）内所发生的毒性效应，包括一般行为、外观改变、大体形态改变及死亡效应。急性毒性试验是经口一次性给予或24 h内多次给予受试物后，短时间内动物所产生的毒性反应，包括致死的和非致死的指标参数，致死剂量通常用1/2致死剂量LD_{50}来表示，其单位是每千克体质量所摄入受试物质的毫克数，即mg/kg体质量。

（2）第二阶段遗传毒性试验、传统致畸试验、30 d喂养试验。遗传毒性试验的目的是对受试物的遗传毒性以及是否有潜在的致癌作用进行筛选。遗传毒性试验的组合应考虑原核细胞与真核细胞、体内试验与体外试验相结合的原则。从鼠伤寒沙门菌试验或体外哺乳类细胞基因突变试验、骨髓细胞微核试验或哺乳动物骨髓细胞染色体畸变试验、TK基因突变试验或小鼠精子畸形分析或睾丸染色体畸变分析试验中各选一项。致畸试验的目的是了解受试物对胎仔是否具有致畸作用。

（3）第三阶段亚慢性毒性试验（90 d喂养试验）、繁殖试验和代谢试验。

（4）第四阶段慢性毒性试验（包括致癌试验）。慢性毒性是指人或实验动物长期反复抵触低剂量的化学毒物所产生的毒性效应。食品毒理学一般要求受试物接触外来化合物的期限为2年。

最后，进行食品毒理学试验结果的判定。

四、营养学评价

营养学评价包括畜禽产品中营养素的种类及含量。畜禽产品中营养素的品种及含量，越接近人体需要，该产品的营养价值越高。营养素的质量高低。营养素质量优劣能反映食物营养价值的高低。如评价产品中蛋白质的营养价值时，除了测定其含量外，还需要分析其质量即必需氨基酸含量、组成、配比、消化吸收情况等，如评价产品中铁的营养价值，不仅要考虑到产品中铁的含量，还要考虑铁的吸收利用情况等。

五、卫生学评价

卫生学评价是指检验机构按照国家有关部门公布的或企业提供的检验方法,对申请人送检样品的卫生学及其产品质量有关的指标(除功效成分或标志性成分外)进行的检测。食品卫生学试验的目的是检查食品中是否含有被污染或有毒、有害物质,判定其是否符合卫生学标准的要求,从而保证食用的安全性。功能性畜禽产品作为功能性食品的一个种类,按照功能性食品卫生学试验项目的原则,包括以下几点。

一是符合各项卫生指标的要求。《保健功能性食品通用标准》对一般的卫生指标:砷、铅、汞、菌落总数,大肠杆菌、致病菌、霉菌、酵母菌提出了限制性标准,所有功能性食品的检验指标都应符合这个标准。

二是检验功能性食品的食品原料是否符合卫生标准要求。相当一部分功能性食品是在正常食品中(如奶粉、酒类)加入一些特殊成分后构成的,这些正常的食品应符合相应的卫生标准要求。

三是功能性食品的功效成分应对人体不构成危害。功能性食品与普通食品的最大区别在于前者含有特殊功效成分,这些成分往往是外来加入的非正常食用物质,其中含有或可能含有对人体构成危害的有毒、有害物质。如鱼油、磷脂中含有过多的过氧化物、低级羧酸类物质对人体有一定的毒性作用。因此,对它们的含量应有一定的限制。此外,有些功能性食品的功效成分本身具有一定的毒性,如三价铬具有调节血糖的作用,但如被氧化,形成或带有六价铬,则对人体具有毒性。因此,应检测它们的含量,使其控制在安全毒理学评价范围之内。

六、过敏性评价

过敏定义为暴露于某些畜禽产品过敏原时所产生的免疫不良反应,通常表现为皮肤、呼吸道、消化道、心血管和神经系统等组织器官相关的临床疾病症状,严重时可威胁生命安全。在过去的20～30年中,食物过敏的发病率逐渐上升,严重影响了部分人群的健康,已经被FAO/WHO认定为严重的公共卫生问题和全球性的食品安全问题之一。畜禽功能性产品过敏原结构与致敏性包括过敏原鉴别以及致敏性表位的鉴别。过敏原分析检测,包括过敏原蛋白及其抗体的制备,过敏原检测技术等。

一是基于血清的评价方法。过敏原与IgE结合是过敏原发挥生物活性的中心环节,因此测定过敏原特异性IgE在过敏症诊断及过敏原评价中具有重要地位。其中最为常用的方法是酶联免疫吸附试验和免疫印记试验。

二是基于特异性抗体的评价方法。基于抗原抗体的特异性反应原理的过敏原分离鉴定及其检测报道较多,应用ELISA以及免疫印迹法对过敏原进行定性或定量评价的技术体系已经较为成熟,随着对免疫传感器的深入研究,近年来又开发了多种检测技术,包括电化学、光学、压电检测、放射免疫分析法和电化学发光检测法等。

三是基于胃肠液消化的评价方法。畜禽产品的加工方式会影响消化吸收，采用模拟的胃肠液消化体系，可有效评价过敏原蛋白处理前后的消化性，蛋白消化性的提高并不代表过敏原性的降低，因此建议采用多种方式进行评价，互相验证，以提高评价的准确性。

参考文献

蔡玉兰，2022. 基于16S rRNA和宏基因组测序技术分析糖尿病足骨髓炎创面微生物组成及功能[D]. 广州：南方医科大学.

常明雪，2007. 畜禽环境卫生[M]. 北京：中国农业大学出版社.

崔真波，2022. 关于畜禽健康养殖技术要点的探讨[J]. 畜牧兽医科技信息（5）：22-24.

郝正里，2014. 畜禽营养与标准化饲养[M]. 2版. 北京：金盾出版社.

胡新岗，王胜，2021. 畜禽养殖场生物安全简明手册[M]. 北京：中国农业出版社.

科利民饲料技术资料，1999. 饲料配方技术及动物保健指南[M]. 北京：北京科利民饲料技术有限公司.

李兰英，许丽，丁敏，等，2012. HPLC检测功能食品中羟基柠檬酸主成分和两种非法添加药物[J]. 食品安全质量检测学报（1）：10-16.

李敏超，黄明志，刘玉伟，等，2014. 气相色谱—质谱联用选择离子监测方法定量分析低浓度胞内游离氨基酸的^{13}C同位素丰度[J]. 分析化学，42（10）：1408-1413.

林顺治，2005. 国民亚健康状况之分析[J]. 山西师大体育学院学报，20（3）：109-112.

刘茜，张浩，周瑶，等，2014. 液相色谱—串联质谱法检测辐照蛋白类功能食品中酪氨酸同分异构体[J]. 分析测试学报，33（8）：946-950.

萨仁娜等，2016. HACCP及中国畜禽健康养殖标准研究[M]. 北京：中国农业科学技术出版社.

王功民，马世春，2011. 兽医公共卫生[M]. 北京：中国农业出版社.

王伟军，李延华，于俊林，等，2008. 功能性食品的研究现状及发展趋势[J]. 通化师范学院学报，29（10）：37-39.

文杰等，2007. 畜禽健康养殖[M]. 北京：中国农业科学技术出版社。

吴承起，1999. 论药膳在[功能性食品]中的地位与作用[J]. 药膳食疗研究（3）：4.

吴秋珏，2018. 科学养猪技术[M]. 北京：化学工业出版社.

薛丰，李阳，王媛，等，2013 高效液相色谱法同时测定功能食品中6种违禁成分[J]. 四川大学学报：医学版，44（1）：135-138.

杨胜，1993. 饲料分析及饲料质量检测技术[M]. 北京：中国农业大学出版社.

姚四新，等，2015. 鸡场卫生、消毒和防疫手册[M]. 北京：化学工业出版社.

赵朴，等，2015. 牛场卫生、消毒和防疫手册[M]. 北京：化学工业出版社.

ANAL A K, KOIRALA S, KARNA A, et al., 2023. Immunomodulation and Enhancing the Immunity: Unveiling the Potential of Designer Diets[J]. Future Foods: 100246.

ARSÈNE M M J, DAVARES A K L, ANDREEVNA S L, et al., 2021. The use of probiotics in animal feeding for safe production and as potential alternatives to antibiotics [J]. Veterinary World, 14(2): 319.

BHOGOJU S, NAHASHON S, 2022. Recent advances in probiotic application in animal health and nutrition: A review [J]. Agriculture, 12(2): 304.

BLANCO M, VILLARROYA I, 2002. NIR spectroscopy: a rapid-response analytical tool [J]. TrAC Trends in Analytical Chemistry, 21(4): 240-250.

BOSCO G L, JAMES L, 2010. Waters Symposium 2009 on near-infrared spectroscopy [J]. TrAC Trends in Analytical Chemistry, 29(3): 197-208.

BROWN L, CALIGIURI S P B, BROWN D, et al., 2018. Clinical trials using functional foods provide unique challenges [J]. Journal of Functional Foods, 45: 233-238.

CASSIDY Y M, MCSORLEY E M, ALLSOPP P J, 2018. Effect of soluble dietary fibre on postprandial blood glucose response and its potential as a functional food ingredient [J]. Journal of Functional Foods, 46: 423-439.

DECONINCK E, DJIOGO C A S, BOTHY J L, et al., 2017. Detection of regulated herbs and plants in plant food supplements and traditional medicines using infrared spectroscopy [J]. Journal of Pharmaceutical and Biomedical Analysis, 142: 210-217.

DEVOS O, RUCKEBUSCH C, DURAND A, et al., 2009. Support vector machines (SVM) in near infrared (NIR) spectroscopy: Focus on parameters optimization and model interpretation [J]. Chemometrics and Intelligent Laboratory Systems, 96(1): 27-33.

FENG S, HU Y, CHEN L, et al., 2022. Molecularly imprinted core-shell Au nanoparticles for 2, 4-dichlorophenoxyacetic acid detection in milk using surface-enhanced Raman spectroscopy [J]. Analytica Chimica Acta, 1227: 340333.

FU X, YING Y, 2016. Food safety evaluation based on near infrared spectroscopy and imaging: A review [J]. Critical Reviews in Food Science and Nutrition, 56(11): 1913-1924.

FUREDI H, WALTON A G, 1968. Transmission and attenuated total reflection (ATR) infrared spectra of bone and collagen [J]. Applied Spectroscopy, 22(1): 23-26.

GRASSO S, BRUNTON N P, LYNG J G, et al., 2016. Quality of deli-style turkey enriched with plant sterols [J]. Food Science and Technology International, 22(8): 743-751.

HAN X, LIU L, GONG H, et al., 2022. Dextran-stabilized Fe-Mn bimetallic oxidase-like nanozyme for total antioxidant capacity assay of fruit and vegetable food [J]. Food Chemistry, 371: 131115.

HUANG Y, REN J, QU X, 2019. Nanozymes: classification, catalytic mechanisms, activity regulation, and applications [J]. Chemical Reviews, 119(6): 4357-4412.

JACKSON S A, SCHOENI J L, VEGGE C, et al., 2019. Improving end-user trust in the quality of commercial probiotic products [J]. Frontiers in Microbiology: 739.

JIANG C, DAI J, HAN H, et al., 2020. Determination of thirteen acidic phytohormones and their analogues in tea (Camellia sinensis) leaves using ultra high performance liquid chromatography tandem mass spectrometry [J]. Journal of Chromatography B, 1149: 122144.

KRUASUWAN W, JENJAROENPUN P, ARIGUL T, et al., 2023. Nanopore Sequencing discloses compositional quality of commercial probiotic feed supplements [J]. Scientific Reports, 13(1): 4540.

LI L, ZHU Y, ZHANG F, et al., 2020. Rapid detection of sulfamethoxazole in plasma and food samples with in-syringe membrane SPE coupled with solid-phase fluorescence spectrometry [J]. Food Chemistry, 320: 126612.

LOHUMI S, LEE S, LEE H, et al., 2015. A review of vibrational spectroscopic techniques for the detection of food authenticity and adulteration [J]. Trends in Food Science & Technology, 46(1): 85-98.

MA T, WANG H, WEI M, et al., 2022. Application of smart-phone use in rapid food detection, food traceability systems, and personalized diet guidance, making our diet more health [J]. Food Research International, 152: 110918.

MAK K K, TAN J J, MARAPPAN P, et al., 2018. Galangin's potential as a functional food ingredient [J]. Journal of Functional Foods, 46: 490-503.

MARTÍNEZ J M, MARTÍNEZ M I, SUÁREZ A M, et al., 1998. Generation of polyclonal antibodies of predetermined specificity against pediocin PA-1 [J]. Applied and environmental microbiology, 64(11): 4536-4545.

NAGHMOUCHI K, LACROIX C, KHEADR E, et al., 2007. Detection of pediocin PA-1 in food matrices using specific polyclonal antibodies [J]. Journal of Microbiological Methods, 71(2): 175-177.

PAGHALEH S J, ASKARI H R, MARASHI S M B, et al., 2015. A method for the measurement of in line pistachio aflatoxin concentration based on the laser induced fluorescence spectroscopy [J]. Journal of luminescence, 161: 135-141.

PENG B, ZHOU J, XU J, et al., 2019. A smartphone-based colorimetry after dispersive liquid-liquid microextraction for rapid quantification of calcium in water and food samples [J]. Microchemical Journal, 149: 104072.

SANTHI D, KALAIKANNAN A, 2023. Enrichment of chicken meat with dietary fibre sources as functional ingredients [J]. World's Poultry Science Journal, 1-24.

SIDDIQUI M A, KHIR M H H, WITJAKSONO G, et al., 2021. Multivariate analysis coupled with M-SVM classification for lard adulteration detection in meat mixtures of beef, lamb, and chicken using FTIR spectroscopy [J]. Foods, 10(10): 2405.

SMEESTERS L, MEULEBROECK W, RAEYMAEKERS S, et al., 2015. Optical detection of aflatoxins in maize using one-and two-photon induced fluorescence spectroscopy [J]. Food Control, 51: 408-416.

SUN D, JIN Y, ZHAO Q, et al., 2021. Modified EMR-lipid method combined with HPLC-MS/MS to determine folates in egg yolks from laying hens supplemented with different amounts of folic acid [J]. Food Chemistry, 337:127767.

UENO T, NAGANO T, 2011. Fluorescent probes for sensing and imaging [J]. Nature Methods, 8(8): 642-645.

VLAICU P A, UNTEA A E, TURCU R P, et al., 2022. Rosehip (*Rosa canina* L.) Meal as a Natural Antioxidant on Lipid and Protein Quality and Shelf-Life of Polyunsaturated Fatty Acids Enriched Eggs [J].

Antioxidants, 11(10): 1948.

WEI M, LEE J, XIA F, et al., 2021. Chemical design of nanozymes for biomedical applications [J]. Acta Biomaterialia, 126: 15–30.

WU J, WANG X, WANG Q, et al., 2019. Nanomaterials with enzyme-like characteristics (nanozymes): next-generation artificial enzymes (Ⅱ) [J]. Chemical Society Reviews, 48(4): 1004–1076.

WU J, YANG Q, LI Q, et al., 2021. Two-dimensional MnO_2 nanozyme-mediated homogeneous electrochemical detection of organophosphate pesticides without the interference of H_2O_2 and color [J]. Analytical Chemistry, 93(8): 4084–4091.

YANG Y, LIU X, LI W, et al., 2017. Rapid measurement of epimedin A, epimedin B, epimedin C, icariin, and moisture in *Herba Epimedii* using near infrared spectroscopy [J]. Spectrochimica Acta Part A: Molecular and Biomolecular Spectroscopy, 171: 351–360.

YU H, TAO Y, CHEN D, et al., 2011. Development of a high performance liquid chromatography method and a liquid chromatography–tandem mass spectrometry method with the pressurized liquid extraction for the quantification and confirmation of sulfonamides in the foods of animal origin [J]. Journal of Chromatography B, 879(25): 2653–2662.

YU Y, SUN D, LIU Y, et al., 2021. A novel electrochemical paper sensor for low-cost detection of 5-methyltetrahydrofolate in egg yolk [J]. Food Chemistry, 346: 128901.

ZHANG K, GUO X, ZHAO Q, et al., 2020. Development and application of a HPLC-ICP-MS method to determine selenium speciation in muscle of pigs treated with different selenium supplements [J]. Food Chemistry, 302:125371.

ZHU Y, ZHAO R, FENG L, et al., 2023. Dual nanozyme-driven PtSn bimetallic nanoclusters for metal-enhanced tumor photothermal and catalytic therapy [J]. ACS nano, 17(7): 6833–6848.

第八章 功能性畜禽产品市场分析与未来展望

随着人类社会经济发展和人们对健康需求的增长，功能性畜禽产品的需求量将逐渐上升。当前，国外发达国家对于富硒、富不饱和脂肪酸、富叶黄素、富叶酸等肉蛋奶产品消费量较高，我国的市场消费量也呈逐年上升趋势。本章对国内外功能性畜禽产品的市场消费情况和存在问题进行了简要介绍，以供读者参考。

第一节 功能性畜禽产品的国内外市场分析

近几十年来，全球经济持续增长，人类的物质条件得到极大提高，我国经济更是突飞猛进，现已成为世界第二大经济体，国人的物质生活发生了天翻地覆的变化。在食物上，肉蛋奶成了人们的家常便饭。但是，全球经济也正面临着诸多挑战，新冠疫情、地区冲突、保护主义等全球不确定因素导致世界经济发展和人们生活困难重重，全球生产和供应周期不畅，畜牧业产业上下游企业也面临着更大的压力。在此背景下，中国正积极扩大内需，实施高质量发展战略，大力推进供给侧结构性改革，畜牧业正全力推进产业高质量发展。但从长远上看，畜牧业发展的基本面没有改变，人们对于优质肉蛋奶的需求将日益增加。在此背景下，畜禽产品市场消费趋势正在发生变化。

一、国外市场分析

（1）欧美市场需求稳定增长：欧美地区的消费者对于健康、有机和功能性食品的需求一直稳定增长，功能性畜禽产品也受到欢迎。

（2）亚洲市场增长潜力大：亚洲地区的食品市场增长迅速，消费者对于功能性畜禽产品的需求也在增加，特别是在发达国家和地区。

（3）国际标准和贸易壁垒：国际市场对于功能性畜禽产品的质量和安全要求较高，需要符合相应的标准和规定，贸易壁垒也存在一定限制。

二、国内市场分析

（一）市场规模扩大

近年来，随着人们健康意识的提高和生活水平的提升，功能性畜禽产品在国内市场的需求逐渐增长。例如，富含蛋白质、维生素和矿物质的畜禽产品受到了消费者的广泛欢迎。同时，对于具有抗氧化、抗衰老等功效的畜禽产品，市场需求也在不断扩大。根据电商大数据分析平台 Digtial Shelf Analytics 2022 年第三季度的电商季报，叶黄素、蓝莓和越橘是最受欢迎的眼部健康成分之一。仅从这一个功能性需求表现来看，整个功能性产品市场巨大。

（二）消费结构升级

消费者对于食品安全和营养健康的关注度增加，功能性畜禽产品成为一种受欢迎的选择。消费者对功能性畜禽产品的购买行为主要表现在以下几个方面：一是注重产品质量和安全性；二是关注产品的营养价值和功能性；三是重视产品的价格和性价比；四是注重产品的品牌和服务。

（三）市场竞争加剧

随着市场的发展，功能性畜禽产品的品牌和种类不断增多，市场竞争也愈发激烈。功能性畜禽产品市场的竞争格局主要表现在以下几个方面：一是品牌竞争，知名品牌的产品在市场上具有较高的竞争力；二是价格竞争，价格是消费者选择产品的重要因素之一；三是质量竞争，高质量的产品能够获得更多的市场份额；四是营销手段竞争，各企业采取的营销手段对产品的销售有着重要的影响。

（四）发展趋势多样

随着科技的不断进步和消费者需求的变化，功能性畜禽产品行业呈现出了以下几个趋势：一是智能化生产，通过引进智能化设备和技术，提高生产效率和产品质量；二是营养强化，通过添加营养强化剂等手段，提高产品的营养价值；三是绿色环保，注重环保生产和对环境的保护；四是多元化发展，功能性畜禽产品向多元化方向发展，满足不同消费者的需求。

综上所述，功能性畜禽产品在国内外市场都有一定的发展潜力，但也面临着市场竞争和质量标准等挑战。

第二节　功能性畜禽产品消费人群与消费分析

在互联网上，关于与富硒、DHA 相关的畜禽产品的搜索指数全年保持上升状态，保健类产品更是占据搜索排行榜第一的位置，这证明关于保健类、功能类产品是有强烈需求。从搜索的区域来看，经济发达地区需求意愿更高，上海、北京、成都、广州、长春位居前列。功能性畜禽产品的消费人群主要包括注重健康、追求高品质的消费者群体，他们关注产品的功能性、营养价值、安全性和口感体验，尤其是年轻一代消费者更加注重健康食品的选择，对功能性畜禽产品的需求不断增加。

一、功能性畜禽产品的消费人群

功能性畜禽产品的消费人群主要包括 4 类：一是关注健康的消费者。这类消费者注重饮食健康，对功能性畜禽产品有着较高的认知度和需求。他们认为功能性畜禽产品具有改善身体机能、增强免疫力等功效，因此更愿意购买这类产品；二是高收入消费者。这类消费者具有较高的收入水平，对价格不敏感，更注重产品的品质和营养价值。他们认为功能性畜禽产品具有更高的营养价值和更严苛、安全、可控的生产过程，因此更愿意购买这类产品；三是特定消费者。主要包括老年人、孕妇、儿童等。这类消费者对功能性畜禽产品的需求最多，对于特定营养素的需要更高，主要用于特定阶段的营养素补充，预防阶段性营养缺乏症等。同时，老年人多有慢性疾病，对营养补充更为关注。四是注重生活品质的消费者。这类消费者注重生活品质和体验，他们认为功能性畜禽产品具有更好的口感和营养价值，能够提高生活质量。

2022 年，北京市畜牧总站技术人员开展了一项功能性鸡蛋市场消费调研。从购买功能性鸡蛋的用途上看，除了自己家庭日常食用外，为孩子购买，走亲、访友、送礼，为老人和病人购买以及基于自身健康考虑是主要的购买用途，选择率分别有 36%、35%、32%、29%。此外，还有 18% 的人选择了为孕妇或有备孕计划的人购买，这可能旨在补充叶酸和 DHA。

二、功能性畜禽产品的消费分析

（一）消费需求不断增长

随着消费者对健康和营养的关注度不断提高，对功能性畜禽产品的消费需求也在不断增长。特别是在一些发达国家和地区，功能性畜禽产品的消费量逐年上升。以鸡蛋为例，北京市畜牧总站技术人员调研显示，约有 63% 的消费者买过功能性鸡蛋，有 36% 的人没买过，1% 的人经常买，这说明功能性蛋鸡已经进入到消费者的日常生活中。目前市面上存在富硒、富叶黄素、富DHA等功能性鸡蛋，其含有的主要功能因子的主要作用是在健脑益智、延缓衰老、明目护眼等方面。通过食用功能性鸡蛋，来增强或者改善对微量元素缺乏的人群身体健康情况。从购买功能性鸡蛋的种类上看，富硒鸡蛋是人们选择最多的鸡蛋，有63%的消费者购买过富硒鸡蛋，其次是富含不饱和脂肪酸鸡蛋、虫草鸡蛋、叶酸鸡蛋、低胆固醇鸡蛋和叶黄素鸡蛋等也是购买的主要类型，分别有36%、36%、33%、30%、26%的人购买过相关类型的功能性鸡蛋。

国内某大型品牌鸡蛋生产企业提供的销售数据来看，近5年的销量持续上涨趋势。富硒类鸡蛋从2019年的341 t、7 093万元年销售额，到2023年实现销售2 456 t和3.5亿元年销售额，销量翻了6倍，销售额增长了近4倍。叶黄素类鸡蛋2021年上市销售，连续2年翻倍增长，上市第二年实现销量916 t，销售额1.4亿元。以上证明功能类畜禽产品市场前景和需求量是巨大的。

（二）消费群体不断扩大

功能性畜禽产品的消费群体不断扩大，不仅包括关注健康的消费者、高收入消费者、老年消费者和注重生活品质的消费者，还包括一些需要特殊饮食或医疗辅助的消费者，如糖尿病患者、高血压患者等。

（三）消费渠道多样化

功能性畜禽产品的销售渠道多样化，包括超市、专卖店、线上销售和固定客户购买等多种渠道，但是普通农贸市场一般不销售此类产品。随着互联网的普及和电商的发展，越来越多的消费者选择在线上购买具有品牌的功能性畜禽产品。北京市畜牧总站调研显示，超市是鸡蛋购买的最主要渠道（选择率约51.02%），其次是网上商城（京东、天猫）、菜市场、线上线下小区团购，选择率分别为18.37%、17.35%、9.18%。因此，市民主要是从超市购买鸡蛋，品牌蛋是市民消费的主体。

（四）价格接受度较高

相对于普通畜禽产品，功能性畜禽产品的价格较高，消费者的价格接受度也相对较高，但需要合理评估销售价格，切忌盲目夸大销售价格。消费者对功能性畜禽产品较高价格的接受度，是基于产品的品质、营养价值，归根到底是人们对优质畜禽产品和自身健康的需求。但是，价格是一个重要的考虑因素，过高的价格则不利于功能性畜禽产品的销售。因为消费者通常会比较不同品牌和产品的价格，并在价格合理的情况下做出购买决策。此外，品牌声誉和知名度也会影响消费者的选择，他们更倾向于选择知名品牌的功能性畜禽产品。

北京市畜牧总站曾对功能性鸡蛋的价格进行过一项感知调研，调研显示：一是不考虑功能性鸡蛋类型，有48%的消费者认为每枚功能性鸡蛋2元物有所值，41%的人认为有些贵，另外11%认为有些便宜和其他类型。从数据上看，消费者对功能性鸡蛋2元/枚认为物有所值和有些贵的比例接近，2元/枚可以作为功能性鸡蛋价格的参考线；

二是消费者对笼养富硒鸡蛋期望价格占比最高的是 1 元 / 枚,其次为 1.5 元 / 枚、2 元 / 枚,三者分别有 31.63%、26.53%、21.43% 的消费者选择;散养富硒鸡蛋消费者期望价格占比最高的是 2 元 / 枚,其次为 1.5 元 / 枚、1 元 / 枚,三者分别有 34.69%、21.43%、18.37% 的消费者选择;三是消费者对笼养和散养 ω–3 鸡蛋期望价格占比最高的均为 1.5 元 / 枚,但 2.5 元 / 枚的散养 ω–3 鸡蛋期望价格消费者选择人数较之笼养鸡蛋明显增加。无论是富硒鸡蛋还是 ω–3 鸡蛋,他们的销售价格均显著高于普通鸡蛋,这表明消费者愿意为功能性畜禽产品多付钱。

(五)注重宣传和推广

宣传与推广,甚至包括营销也是影响消费者的消费行为的因素之一。消费者对于产品的宣传和推广活动会产生影响,例如广告、促销活动、产品展示等。消费者也会参考他人的评价和意见,通过口碑和社交媒体的分享来获得产品的信息。综上所述,功能性畜禽产品的消费人群主要是关注健康、追求高品质的消费者群体。他们的消费行为受到价格、品牌和营销手段等因素的影响。

综上所述,功能性畜禽产品的市场消费具有一定市场和发展潜力。以北京为例,约有 64% 的消费者购买过功能性畜禽产品,这类产品在服务特定人群中也具有一定市场,除自己食用外,主要集中在走亲、访友、送礼以及老人、儿童、孕妇的消费等方面。调研还显示,消费者对于鸡蛋品牌认证、功能营养、标识标签、养殖方式、质量品质较为重视,反感重宣传轻质量,切忌夸大宣传和虚假宣传。

第三节 功能性畜禽产品市场存在的问题与发展趋势

一、功能性畜禽产品市场存在的问题

目前,功能性畜禽产品市场消费端存在不少问题,这主要表现在消费需求、生产成本、标准标识等方面。

一是市场需求不足。功能性畜禽产品虽然日益受到关注,未来潜力巨大。但是,相较于普通畜禽产品需求相对较小,消费者对产品的认知度和接受度不高。功能性畜禽产品的价格相对较高,同时消费者对产品的功效和安全性存在疑虑。一些消费者对其特性和优点了解不多,需要加强宣传和教育。

二是生产成本高。功能性畜禽产品的生产成本相对较高,主要是因为生产过程中需要添加一些特殊的饲料或添加剂,同时需要采取一些特殊的饲养管理措施。高成本导致产品的价格较高,影响了消费者的购买意愿。

三是供应链管理困难。功能性畜禽产品的生产涉及多个环节,包括畜禽养殖、饲料供应、加工等,供应链管理相对复杂,需要协调各个环节,确保产品的质量和安全。

四是缺乏标准化和规范化。功能性畜禽产品的生产和管理缺乏标准化和规范化，不同生产者的产品质量存在差异。这不仅影响了消费者的购买决策，也影响了产品的市场竞争力。

五是消费者信任度有待提高。功能性畜禽产品的生产和研发仍存在科学依据不足或宣传不到位的现象，一些产品的功效和安全性存在争议。这导致消费者对产品的信任度降低，影响了产品的市场推广。

二、功能性畜禽产品市场发展趋势

（1）市场需求不断增长。随着消费者对健康和营养的关注度不断提高，功能性畜禽产品的市场需求将不断增长。特别是在一些发达国家和地区，消费者对产品的认知度和接受度将不断提高。消费者对于食品的安全性、营养价值和功能性成分的关注将会推动功能性畜禽产品市场的发展。

（2）个性化定制需求增加。随着消费者对个性化需求的不断增加，功能性畜禽产品的市场也会朝向个性化定制的方向发展。消费者更加重视产品的特色和个性化需求，对于有特定功能和效果的畜禽产品的需求将会增加。

（3）技术创新推动发展。功能性畜禽产品的发展需要依托于科学和技术的创新。随着科技的不断进步，新的理论指导、生产技术、加工技术和功能性成分的研发将会推动功能性畜禽产品市场的发展。功能性畜禽产品生产技术的不断发展主要表现在以下几个方面：一是育种技术的改进，通过基因编辑等技术手段，提高动物特殊营养成分的生产效率；二是饲养技术的改进，通过智能化饲养管理系统等手段，提高饲养效率和动物健康水平；三是加工技术的改进，通过新型加工工艺和设备等手段，提高产品的质量和附加值。

（4）规范化管理和标准化生产。功能性畜禽产品的生产和管理将逐步实现规范化和标准化。政府和行业协会将加强监管和制定标准，提高产品质量和安全性，增强消费者的信任度。政府对功能性畜禽产品行业的政策法规主要表现在以下几个方面：一是加强质量监管，保障产品的安全性和质量；二是鼓励科技创新，推动行业的技术进步；三是限制过度竞争，防止市场过度饱和和恶性竞争；四是支持绿色发展，推动环保生产和可持续发展。

（5）联合研发和产学研一体化。功能性畜禽产品的研发将逐步实现联合研发和产学研一体化。政府、企业、科研机构和高校将加强合作，推动科技创新和产品研发，提高产品的科技含量和市场竞争力。

总的来说，随着人们对于身体健康的重视，功能性畜禽产品有着很大的发展潜力。但与此同时，功能性畜禽产品也面临着信任度不足、认知度不高、政策标准欠缺等问题，产品要从"简单的概念营销"向"营养更明确、功能更确切、技术更领先"等方向转变，不断提升功能性畜禽产品的市场接受度和消费者的信任度，并且要将功能性畜禽产品与畜牧业转型升级、健康卫生与康养产业以及休闲农业结合，以更好促进产业的可持续发展，为畜牧业高质量发展、一二三产业融合发展以及健康中国战略做出更大的贡献。

附录1 主要饲料原料营养成分价值表

表1 主要谷物籽实类成分及营养价值表

饲料原料	谷物籽实类							
	普通玉米	高粱	大麦	小麦	黑麦	燕麦	稻谷	糙米
简单描述	成熟 GB 1353—2018，2级	成熟 GB 8231—87	皮大麦，成熟 GB 10367—89，1级	混合小麦，成熟 GB 1351—2008，2级	籽粒，进口	成熟期，带壳，进口	成熟，晒干 NY/T，2级	除去外壳的大米 GB/T 18810—2002，1级
常规营养成分								
干物质，%	86.0	88.0	87.0	88.0	88.0	89.9	86.0	87.0
粗蛋白质，%	8.7	8.7	11.0	13.4	9.5	11.2	7.8	8.8
粗脂肪，%	3.6	3.4	1.7	1.7	1.5	5.4	1.6	2.0
粗灰分，%	1.4	1.8	2.4	1.9	1.8	2.6	4.6	1.0
淀粉，%	65.4	68.0	48.6	54.6	56.5	39.1	63.0	70.3
中性洗涤纤维，%	9.3	17.4	18.4	13.3	12.3	25.3	27.4	0.6
酸性洗涤纤维，%	2.7	8.0	6.8	3.9	4.6	13.7	13.7	—
矿物质								
钙，%	0.02	0.13	0.09	0.17	0.05	0.03	0.03	0.03
磷，%	0.27	0.36	0.33	0.41	0.30	0.19	0.36	0.35
钠，%	0.04	0.03	0.02	0.06	0.02	0.08	0.04	0.04
氯，%	0.05	0.09	0.15	0.07	0.04	0.10	0.07	0.06
钾，%	0.32	0.34	0.56	0.50	0.42	0.42	0.34	0.34
镁，%	0.10	0.15	0.14	0.11	0.12	0.16	0.07	0.14
铁，mg/kg	32.00	87.00	87.00	88.00	117.00	85.00	40.00	78.00
铜，mg/kg	2.00	7.60	5.60	7.90	7.00	6.00	3.50	3.30

附录1 主要饲料原料营养成分价值表

续表

饲料原料	谷物籽实类							
	普通玉米	高粱	大麦	小麦	黑麦	燕麦	稻谷	糙米
简单描述	成熟 GB 1353—2018，2级	成熟 GB 8231—87	皮大麦，成熟 GB 10367—89，1级	混合小麦，成熟 GB 1351—2008，2级	籽粒，进口	成熟期，带壳，进口	成熟，晒干 NY/T，2级	除去外壳的大米 GB/T 18810—2002，1级
矿物质								
锰, mg/kg	8.00	17.10	17.50	45.90	53.00	43.00	20.00	21.00
锌, mg/kg	18.90	20.10	23.60	29.70	35.00	38.00	8.00	10.00
硒, mg/kg	0.10	0.05	0.06	0.05	0.40	0.30	0.04	0.07
维生素								
维生素 A, 1 000 IU/kg	3.83	—	6.83	0.67	—	—	—	—
维生素 E, mg/kg	16.90	13.00	20.00	13.00	15.00	7.80	16.00	13.50
维生素 B_1, mg/kg	4.00	4.60	4.50	4.60	3.60	6.00	3.10	2.80
维生素 B_2, mg/kg	1.40	1.30	1.80	1.30	1.50	1.70	1.20	1.10
泛酸, mg/kg	6.00	11.90	8.00	11.90	8.00	13.00	3.70	11.00
烟酸, mg/kg	20.90	51.00	55.00	51.00	16.00	19.00	34.00	30.00
维生素 B_6, mg/kg	5.00	3.70	4.00	3.70	2.60	2.00	28.00	0.04
生物素, mg/kg	0.06	0.11	0.15	0.11	0.06	0.24	0.08	0.08
叶酸, mg/kg	0.25	0.36	0.07	0.36	0.60	0.30	0.45	0.40
胆碱, mg/kg	531.00	1 040.00	990.00	1 040.00	440.00	0.10	900.00	1 014.00
不饱和脂肪酸								
油酸	26.9%TFA	—	12%TFA	—	18.7%TFA	2.30%	40%TFA	40.2%TFA
亚油酸	56.5%TFA	—	55.4%TFA	—	52.3%TFA	2.57%	37%TFA	35.9%TFA
亚麻酸	1%TFA	—	5.6%TFA	—	6.1%TFA	0.13%	1%TFA	1.5%TFA
≥ C20	—	—	—	—	—	0.03%	2%TFA	0.2%TFA
总脂肪酸/粗脂肪, %	85.0	—	75.0	—	75.0	—	99.8	90.0
其他成分								
叶黄素, mg/kg	23.89	—	—	—	—	—	—	—

表2 主要谷物籽实类加工副产品成分及营养价值表

饲料原料	谷物籽实类加工副产品								
	小麦麸	小麦胚芽	次粉	玉米胚芽饼	米糠	米糠粕	碎米	玉米蛋白粉	DDGS
简单描述	传统制粉工艺 GB 10368—1989,2级	金黄色颗粒状	黑面,黄粉,下面机榨	玉米湿磨后的胚芽 NY/T 211—1992,2级	新鲜,不脱脂 NY/T,2级	浸提或预压浸提 NY/T,1级	加工精米后的副产品 GB/T 5503—2009,1级	去胚芽、淀粉后的面筋部分,NY/T 685—2003,2级	玉米酒精糟及可溶物,脱水
常规营养成分									
干物质,%	87.1	87.4	87.0	90.0	87.0	87.0	87.4	88.0	89.2
粗蛋白质,%	14.8	26.1	13.6	16.7	12.8	15.1	7.7	56.3	27.5
粗脂肪,%	3.4	7.6	2.1	9.6	16.5	2.0	1.2	4.7	10.1
粗灰分,%	5.0	4.2	1.8	6.6	7.5	8.8	0.9	2.3	5.1
淀粉,%	19.8	21.9	36.7	13.5	27.4	25.0	77.1	16.1	4.2
中性洗涤纤维,%	39.6	24.3	31.9	28.5	22.9	23.3	5.2	6.5	38.3
酸性洗涤纤维,%	11.9	7.2	10.5	7.4	13.4	10.9	1.3	8.1	12.5
矿物质									
钙,%	0.14	0.06	0.08	0.04	0.07	0.15	0.05	0.04	0.06
磷,%	0.93	0.90	0.48	1.45	1.43	1.82	0.35	0.42	0.94
钠,%	0.01	—	0.60	0.01	0.07	0.09	—	0.02	0.24
氯,%	0.09	—	0.04	0.12	0.07	0.10	0.04	—	0.17
钾,%	1.23	1.52	0.60	0.30	1.73	1.80	0.31	0.35	0.28
镁,%	0.42	0.20	0.41	0.10	0.90	0.81	0.15	—	0.91
铁,mg/kg	143.00	—	140.00	99.00	304.00	432.00	44.00	332.00	98.00
铜,mg/kg	17.00	—	11.60	12.80	7.10	9.40	1.40	10.00	5.40
锰,mg/kg	112.00	—	94.20	19.00	175.90	228.40	14.00	78.00	15.20
锌,mg/kg	74.00	—	73.00	108.10	50.30	60.90	16.00	49.00	52.30
硒,mg/kg	0.47	0.652	0.07	—	0.09	0.10	0.09	0.84	—
维生素									
维生素A,1 000 IU/kg	0.80	—	—	3.33	—	—	—	—	5.83
维生素E,mg/kg	18.00	23.20	20.00	87.00	60.00	—	2.00	8.00	40.00

附录1 主要饲料原料营养成分价值表

续表

饲料原料	谷物籽实类加工副产品								
	小麦麸	小麦胚芽	次粉	玉米胚芽饼	米糠	米糠粕	碎米	玉米蛋白粉	DDGS
简单描述	传统制粉工艺 GB 10368—1989,2级	金黄色颗粒状	黑面,黄粉,下面 NY/T 211—1992,2级	玉米湿磨后的胚芽机榨	新鲜,不脱脂 NY/T,2级	浸提或预压浸提 NY/T,1级	加工精米后的副产品 GB/T 5503—2009,1级	去胚芽、淀粉后的面筋部分,NY/T 685—2003,2级	玉米酒精糟及可溶物,脱水
维生素									
维生素 B_1, mg/kg	8.00	35.00	16.50	—	22.50	—	1.00	0.37	3.50
维生素 B_2, mg/kg	4.00	7.90	1.80	3.70	2.50	—	0.35	0.72	8.60
泛酸,mg/kg	29.00	—	15.60	3.30	23.00	—	5.00	4.33	11.00
烟酸,mg/kg	192.00	37.00	72.00	42.00	293.00	—	19.00	10.46	75.00
维生素 B_6, mg/kg	10.00	—	9.00	—	14.00	—	14.00	1.93	2.28
生物素,mg/kg	0.33	—	0.33	—	0.42	—	0.05	—	0.30
叶酸,mg/kg	1.40	—	0.76	—	2.20	—	0.24	0.02	0.88
维生素 B_{12}, μg/kg	—	—	—	—	—	—	—	—	10.00
胆碱,mg/kg	736.00	—	1 187.00	1 936.00	1 135.00	—	974.00	600.00	2 637.00
不饱和脂肪酸									
油酸	15.2%TFA	—	15.2%TFA	26.9%TFA	40.2%TFA	40%TFA	40.2%TFA	—	28%TFA
亚油酸	56.4%TFA	—	56.4%TFA	56.5%TFA	35.9%TFA	37%TFA	35.9%TFA	1.43%	55%TFA
亚麻酸	5.9%TFA	—	5.9%TFA	1%TFA	1.5%TFA	1%TFA	1.5%TFA	—	1%TFA
≥C20	1.3%TFA	—	1.3%TFA	—	0.2%TFA	2%TFA	0.2%TFA	—	1%TFA
总脂肪酸/粗脂肪,%	80.0	—	80.0	80.0	80.0	65.0	90.0	—	80.0
其他成分									
叶黄素,mg/kg	—	—	—	—	—	—	—	288.00	—

表3 主要豆类、油料籽实及其加工副产品成分及营养价值表

豆类、油料籽实及其加工副产品

饲料原料	大豆	大豆粕	棉籽粕	菜籽粕	花生仁粕	向日葵仁粕	亚麻籽	亚麻仁饼	亚麻籽粕	芝麻饼	芝麻粕	棕榈仁粕
简单描述	黄大豆，成熟 GB 352—86，2级	浸提或预压浸提 GB/T 19541—2017 2级	浸提预压浸提 GB/T 21264—2007，2级	浸提 GB/T 23736—2009，2级	浸提 GB 10382—1989，2级	壳仁比24:76 扁平状椭圆形，黄色至深棕色，有光泽 GB 10377—89T，2级		机榨 NY/T 216—1992	浸提或预压浸提	机榨	浸提	机械压榨，褐色小颗粒
常规营养成分												
干物质，%	87.0	89.0	90.0	88.0	88.0	88.0	88.0	88.0	87.0	92.0	90.0	91.2
粗蛋白质，%	35.5	44.2	43.5	38.6	47.8	33.6	22.0	32.2	31.0	39.2	49.2	16.7
粗脂肪，%	17.3	1.9	0.5	1.4	1.4	1.0	34.0	7.8	4.5	10.3	2.9	9.2
粗灰分，%	4.2	6.1	6.6	7.3	5.4	5.3	—	6.2	5.4	10.4	11.6	4.7
淀粉，%	2.6	3.5	1.8	6.1	6.7	4.4	—	11.4	3.5	1.8	0.6	—
中性洗涤纤维，%	7.9	13.6	28.4	20.7	15.5	32.8	—	29.7	—	18.0	20.0	73.0
酸性洗涤纤维，%	7.3	9.6	19.4	16.8	11.7	23.5	—	27.1	—	13.2	—	44.8
矿物质												
钙，%	0.27	0.33	0.28	0.65	0.27	0.26	0.25	0.42	0.36	2.24	2.40	0.28
磷，%	0.48	0.62	1.04	1.02	0.56	1.03	0.50	0.95	0.94	1.19	1.34	0.60
钠，%	0.02	0.03	0.04	0.09	0.07	0.20	0.08	0.09	0.08	0.04	0.02	0.02
氯，%	0.03	0.05	0.04	0.11	0.03	0.10	—	0.04	0.06	0.05	0.04	0.16
钾，%	1.70	1.72	1.16	1.40	1.23	1.23	1.50	1.25	1.19	1.39	1.09	0.65
镁，%	0.28	0.28	0.40	0.51	0.31	0.68	0.50	0.58	0.54	0.50	0.80	0.31

附录1 主要饲料原料营养成分价值表

续表

豆类、油料籽实及其加工副产品

饲料原料	大豆	大豆粕	棉籽粕	菜籽粕	花生仁粕	向日葵仁粕	亚麻籽	亚麻仁饼	亚麻籽粕	芝麻饼	芝麻粕	棕榈仁粕
简单描述	黄大豆，成熟 GB 352—86，2级	浸提或预压浸提 GB/T 19541—2017，2级	浸提 GB 21264—2007，2级	浸提 GB/T 23736—2009，2级	浸提 GB 10382—1989，2级	壳仁比24:76 扁平状椭圆形，种皮金黄色至深棕色，有光泽	GB 10377—89T，2级	机榨 NY/T 216—1992，2级	浸提或预压浸提	机榨	浸提	机械压榨，褐色小颗粒
矿物质												
铁，mg/kg	111.00	185.00	263.00	653.00	368.00	310.00	236.00	204.00	—	1780.00	589.00	—
铜，mg/kg	18.20	24.00	14.00	7.10	25.10	35.00	22.00	27.00	17.00	50.40	28.00	—
锰，mg/kg	21.50	28.00	18.70	82.20	38.90	35.00	—	40.30	42.00	32.00	181.00	—
锌，mg/kg	40.70	46.40	55.50	67.50	55.70	80.00	91.00	36.00	52.00	2.40	68.00	—
硒，mg/kg	0.06	0.06	0.15	0.16	0.06	0.08	—	0.18	—	0.21	—	—
维生素												
维生素A，1000 IU/kg	—	0.33	0.33	—	—	—	—	—	—	0.33	—	—
维生素E，mg/kg	40.00	3.10	15.00	54.00	3.00	—	18.90	7.70	—	0.30	—	—
维生素B₁，mg/kg	12.30	4.60	7.00	5.20	5.70	3.00	7.00	2.60	—	2.80	—	—
维生素B₂，mg/kg	2.90	3.00	5.50	3.70	11.00	3.00	4.50	4.10	—	3.60	—	—
泛酸，mg/kg	17.40	16.40	12.00	9.50	53.00	29.90	—	16.50	—	6.00	—	—
烟酸，mg/kg	24.00	30.70	40.00	160.00	173.00	14.00	41.00	37.40	—	30.00	—	—
维生素B₆，mg/kg	12.00	6.10	5.10	7.20	10.00	11.10	—	6.10	—	12.50	—	—
生物素，mg/kg	0.42	0.33	0.30	0.98	0.39	1.40	—	0.36	—	2.40	—	—

续表

豆类、油料籽实及其加工副产品

饲料原料	大豆	大豆粕	棉籽粕	菜籽粕	花生仁粕	向日葵仁粕	亚麻籽	亚麻仁饼	亚麻籽粕	芝麻饼	芝麻粕	棕榈仁粕
简单描述	黄大豆,成熟 GB 352—86, 2级	浸提或预压浸提 GB/T 21264—2017 2级	浸提 GB 19541—2007, 2级	浸提 GB/T 23736—2009, 2级	浸提 GB 10382—1989, 2级	壳仁比24:76 GB 10377—89T, 2级	扁平状椭圆形, 种皮金黄色至深棕色, 有光泽	机榨 NY/T 216—1992	浸提或预压浸提	机榨	浸提	机械压榨, 褐色小颗粒
维生素												
叶酸, mg/kg	2.00	0.81	2.51	0.95	0.39	1.14	—	2.90	—	—	—	—
胆碱, mg/kg	3 200.00	2 858.00	2 933.00	6 700.00	1 854.00	3 100.00	3 150.00	1 672.00	—	1 536.00	—	—
不饱和脂肪酸												
油酸	—	21.7%TFA	19%TFA	56%TFA	47.5%TFA	22%TFA	6.41%	18%TFA	0.55%	42%TFA	1.16%	0.97%
亚油酸	—	53.1%TFA	51%TFA	22%TFA	30%TFA	65%TFA	5.70%	16%TFA	0.49%	43%TFA	1.19%	0.12%
亚麻酸	—	7.4%TFA	0.4%TFA	9%TFA	1%TFA	0.4%TFA	19.22%	54%TFA	1.66%	0.1%TFA	—	0.02%
≥C20	—	—	1%TFA	4%TFA	7%TFA	0.3%TFA	0.04%	0.1%TFA	—	0.1%TFA	—	—
总脂肪酸/粗脂肪, %	—	75.0	65.0	65.0	65.0	65.0	—	75.0	—	75.0	—	—

附录1 主要饲料原料营养成分价值表

表4 主要动物性蛋白饲料、微生物蛋白饲料成分及营养价值表

饲料原料	动物性蛋白饲料			微生物蛋白饲料	
	鱼粉	羽毛粉	肉骨粉	啤酒酵母	螺旋藻
简单描述	沿海产的海鱼粉脱脂	纯净羽毛,水解,国产	屠宰下脚,带骨干燥粉碎	啤酒酵母菌粉 QB/T 1940—94	螺旋藻粉
常规营养成分					
干物质,%	90.0	88.0	93.0	91.7	89.5
粗蛋白质,%	53.5	77.9	50.0	52.4	54.2
粗脂肪,%	10.0	2.2	8.5	0.4	5.9
粗灰分,%	20.8	5.8	31.7	4.7	8.0
淀粉,%	—	—	—	1.0	—
中性洗涤纤维,%	—	—	32.5	6.1	—
酸性洗涤纤维,%	—	—	5.6	1.8	—
矿物质					
钙,%	5.88	0.20	9.20	0.16	—
磷,%	3.20	0.68	4.70	1.02	—
钠,%	1.15	0.31	0.73	0.10	—
氯,%	0.61	0.26	0.75	0.12	—
钾,%	0.94	0.18	1.40	1.70	—
镁,%	0.16	0.20	1.13	0.23	—
铁,mg/kg	292.00	73.00	500.00	248.00	2 100.00
铜,mg/kg	8.00	6.80	1.50	61.00	4.00
锰,mg/kg	9.70	8.80	12.30	22.30	76.00
锌,mg/kg	88.00	53.80	90.00	86.70	20.00
硒,mg/kg	1.94	0.80	0.25	1.00	—
维生素					
维生素 A,1 000 IU/kg	—	—	—	—	11.43
维生素 E,mg/kg	5.60	7.30	0.80	2.20	59.40
维生素 B_1,mg/kg	0.40	0.10	0.20	91.80	35.00
维生素 B_2,mg/kg	8.80	2.00	5.20	37.00	0.43
泛酸,mg/kg	8.80	10.00	4.40	109.00	—
烟酸,mg/kg	65.00	27.00	59.40	448.00	—
维生素 B_6,mg/kg	—	3.00	4.60	42.80	0.26
生物素,mg/kg	—	0.04	0.14	0.63	—

续表

饲料原料	动物性蛋白饲料			微生物蛋白饲料	
	鱼粉	羽毛粉	肉骨粉	啤酒酵母	螺旋藻
简单描述	沿海产的海鱼粉脱脂	纯净羽毛,水解,国产	屠宰下脚,带骨干燥粉碎	啤酒酵母菌粉 QB/T 1940—94	螺旋藻粉
叶酸,mg/kg	—	0.20	0.60	9.90	—
维生素 B_{12},μg/kg	143.00	71.00	100.00	999.90	—
胆碱,mg/kg	3 000.00	880.00	2 000.00	3 984.00	—
不饱和脂肪酸					
油酸	14.8%TFA	30.2%TFA	3.6%TFA	5.1%TFA	—
亚油酸	1%TFA	11%TFA	0.9%TFA	4.1%TFA	—
亚麻酸	1%TFA	0.8%TFA	1.5%TFA	1.3%TFA	396 mg/100 g
≥ C20	44.5%TFA	—	—	—	—
总脂肪酸/粗脂肪,%	79.0	56.0	70.0	—	—

表 5 主要粗饲料、根茎类饲料、非常规饲料成分及营养价值

饲料原料	粗饲料		根茎类饲料	非常规饲料			
	苜蓿草粉	桑叶	木薯干	万寿菊渣	番茄渣	苹果渣	沙棘果渣
简单描述	一茬盛花期烘干 NY/T 140—2002,2 级	中国,干桑叶	木薯干片,晒干 GB 10369—89 合格	万寿菊去除花瓣后的残渣	生产番茄酱(汁)后的废弃物,新疆	新鲜苹果经破碎压榨提汁后的剩余物	沙棘果榨汁后残渣
常规营养成分							
干物质,%	87.0	83.3	87.0	77.0	88.5	87.0	87.9
粗蛋白质,%	17.2	18.7	2.5	9.2	16.9	6.6	12.9
粗脂肪,%	2.6	4.9	0.7	3.7	14.3	6.3	8.2
粗灰分,%	8.3	—	1.9	5.0	3.7	3.5	8.7
淀粉,%	—	—	71.6	—	—	15.5	—
中性洗涤纤维,%	39.0	50.9	8.4	—	46.2	—	40.4
酸性洗涤纤维,%	28.6	18.7	6.4	—	35.5	—	32.2
矿物质							
钙,%	1.52	2.39	0.27	0.75	0.29	0.23	0.47
磷,%	0.22	0.17	0.09	0.16	0.51	0.14	0.25
钠,%	0.17	—	0.03	—	0.03	0.02	—

附录1 主要饲料原料营养成分价值表

续表

饲料原料	粗饲料		根茎类饲料	非常规饲料			
	苜蓿草粉	桑叶	木薯干	万寿菊渣	番茄渣	苹果渣	沙棘果渣
简单描述	一茬盛花期烘干NY/T 140—2002，2级	中国，干桑叶	木薯干片，晒干GB 10369—89合格	万寿菊去除花瓣后的残渣	生产番茄酱（汁）后的废弃物，新疆	新鲜苹果经破碎压榨提汁后的剩余物	沙棘果榨汁后的残渣
矿物质							
氯，%	0.46	—	0.02	—	—	—	—
钾，%	2.40	—	0.11	—	0.72	0.99	—
镁，%	0.36	—	0.78	—	0.20	0.09	—
铁，mg/kg	361.00	—	150.00	—	155.00	196.00	—
铜，mg/kg	9.70	—	4.20	—	7.01	3.05	—
锰，mg/kg	30.70	—	6.00	—	140.36	20.31	—
锌，mg/kg	21.00	—	14.00	—	30.00	15.00	—
硒，mg/kg	0.46	—	0.04	—	—	—	—
维生素							
维生素A，1 000 IU/kg	157.70	—	—	—	112.00	—	—
维生素E，mg/kg	125.00	—	—	—	24.70	—	56～140（果）
维生素B_1，mg/kg	3.40	—	1.70	—	—	—	0.16～0.35（果）
维生素B_2，mg/kg	13.60	—	0.80	—	—	—	0.3～5（果）
泛酸，mg/kg	29.00	—	1.00	—	—	—	—
烟酸，mg/kg	38.00	—	3.00	—	—	—	—
维生素B_6，mg/kg	6.50	—	1.00	—	—	—	—
生物素，mg/kg	0.30	—	0.05	—	—	—	—
叶酸，mg/kg	4.20	—	—	—	—	—	0～7.9（果）
胆碱，mg/kg	1401.00	—	—	—	—	—	—
维生素C，mg/100 g	—	—	—	—	—	—	360～2500（果）

续表

饲料原料	粗饲料		根茎类饲料	非常规饲料			
	苜蓿草粉	桑叶	木薯干	万寿菊渣	番茄渣	苹果渣	沙棘果渣
简单描述	一茬盛花期烘干 NY/T 140—2002，2级	中国，干桑叶	木薯干片，晒干 GB 10369—89 合格	万寿菊去除花瓣后的残渣	生产番茄酱后（汁）的废弃物，新疆	新鲜苹果经破碎压榨提汁后的剩余物	沙棘果榨汁后残渣
不饱和脂肪酸 TFA							
油酸	9.6%TFA	—	2.9%TFA	—	—	—	—
亚油酸	23.9%TFA	—	35.2%TFA	—	—	—	—
亚麻酸	28.7%TFA	—	16.4%TFA	—	—	—	—
≥ C20	1%TFA	—	7.6%TFA	—	—	—	—
总脂肪酸/粗脂肪，%	48.0	—	80.0	—	—	—	—
其他成分							
叶黄素，mg/kg	132.50	—	—	1 324（干花瓣）	—	—	—
类胡萝卜素，mg/100 g	—	—	—	—	—	—	15～185(果)
番茄红素，mg/kg	—	—	—	—	56.48	—	—
多酚类物质，mg/g	—	19.40～38.30	—	—	—	—	9.86～18.79（果）
黄酮类化合物，mg/g	—	14.77～52.27	—	—	—	—	1.5～2.0(果)

表 6　主要液体能量饲料成分及营养价值表

饲料原料	液体能量饲料					
	大豆油	菜籽油	花生油	棕榈油	紫苏籽油	亚麻籽油
常规营养成分						
干物质，%	99.0	99.0	99.0	99.0	99.0	99.0
粗脂肪，%	98.0	98.0	98.0	98.0	98.0	98.0
不饱和脂肪酸						
油酸，%	20.80	52.67	47.24	37.06	15.80	16.98
亚油酸，%	51.04	20.69	33.73	9.88	12.60	15.09
亚麻酸，%	7.56	8.46	—	0.19	63.70	50.94
≥ C20，%	0.38	3.76	—	0.66	—	0.09

备注：表1至表6所有成分及营养价值均为饲喂状态下含量数据。

参考文献

陈福妮，王卫飞，穆利霞，等，2024.6种富含α-亚麻酸食用油脂的主要组成成分及消化特征研究进展［J］.中国油脂，49（1）：60-66.

封雷，2004.玉米、玉米蛋白粉、苜蓿粉及全价料的贮存时间对叶黄素含量的影响［J］.动物科学与动物医学（1）：13-14.

古丽努尔·阿曼别克，2017.发酵番茄渣的功能性成分及其对围产期奶牛抗氧化性能的影响［D］.乌鲁木齐：新疆农业大学.

国家市场监督管理总局，国家标准化管理委员会，2020.猪营养需要量：GB/T 39235—2020［S］.北京：中国标准出版社.

国家市场监督管理总局，国家标准化管理委员会，2021.蛋鸭营养需要量：GB/T 41189—2021［S］.北京：中国标准出版社.

刘宏程，2012.万寿菊中叶黄素的化学性质、定量分析及其制品安全性研究［D］.杭州：浙江大学.

刘月，丑建栋，陈玥璋，等，2022.小麦胚芽的营养功能成分及综合利用研究进展［J］.食品工业科技，43（12）：457-467.

苏婷婷，2023.四种沙棘果实营养与活性成分的比较及中国沙棘酚类物质的体外模拟消化［D］.兰州：甘肃农业大学.

屠焰，郭江鹏，王翀，2021.经济作物副产物养牛新技术［M］.北京：化学工业出版社.

王溯，胡秋林，陈季旺，等，2010.燕麦的脱脂研究及其脂肪酸分析［J］.中国油脂，35（7）：76-79.

王卫卫，2021.菌酶协同处理棕榈仁粕及其对肉鸡生长影响机理研究［D］.北京：中国农业科学院.

王颖，张智锋，任婧楠，等，2024.沙棘活性成分及功能特性的研究进展［J］.现代食品科技：1-10.

许春芳，董喆，郑明明，等，2019.不同产地的紫苏籽油活性成分检测与主成分分析［J］.中国油料作物学报，41（2）：275-282.

许华，潘灿平，2009.气相色谱-质谱法分析螺旋藻中脂肪酸［J］.食品科学，30（22）：280-282.

张莹莹，贾彬彬，吕宏月，等，2024.螺旋藻营养价值评定及其在AA肉鸡上的应用效果研究［J］.饲料工业，45（6）：31-37.

郑玮才，张宏祥，苏锐，等，2019.沙棘果渣营养成分及其肉羊瘤胃降解率的研究［J］.中国畜牧杂志，55（1）：91-96.

中国农业科学院北京畜牧兽医研究所，等，2022.中国饲料成分及营养价值表（2022年第33版）制订说明［J］.中国饲料（23）：109-119.

周小洁，车向荣，于霏，2005.亚麻籽及其饼粕的营养学和毒理学研究进展［J］.饲料工业（19）：46-50.

附录2　中国居民膳食主要营养素参考摄入量

表1　膳食脂肪及脂肪酸参考摄入量

年龄/阶段	总脂肪 AMDR/%E	饱和脂肪酸 AMDR/%E	n-6多不饱和脂肪酸 AMDR/%E	n-3多不饱和脂肪酸 AMDR/%E	亚油酸 AI/%E	亚麻酸 AI/%E	EPA+DHA AMDR/AI/(g/d)
0岁~	48(AI)	—	—	—	8.0(0.15 g^a)	0.90	0.1^b
0.5岁~	40(AI)	—	—	—	6.0	0.67	0.1^b
1岁~	35(AI)	—	—	—	4.0	0.60	0.1^b
3岁~	35(AI)	—	—	—	4.0	0.60	0.2
4岁~	20~30	<8	—	—	4.0	0.60	0.2
6岁~	20~30	<8	—	—	4.0	0.60	0.2
7岁~	20~30	<8	—	—	4.0	0.60	0.2
9岁~	20~30	<8	—	—	4.0	0.60	0.2
11岁~	20~30	<8	—	—	4.0	0.60	0.2
12岁~	20~30	<8	—	—	4.0	0.60	0.25
15岁~	20~30	<8	—	—	4.0	0.60	0.25
18岁~	20~30	<10	2.5~9.0	0.5~2.0	4.0	0.60	0.25~2.00（AMDR）
30岁~	20~30	<10	2.5~9.0	0.5~2.0	4.0	0.60	0.25~2.00（AMDR）
50岁~	20~30	<10	2.5~9.0	0.5~2.0	4.0	0.60	0.25~2.00（AMDR）
65岁~	20~30	<10	2.5~9.0	0.5~2.0	4.0	0.60	0.25~2.00（AMDR）
75岁~	20~30	<10	2.5~9.0	0.5~2.0	4.0	0.60	0.25~2.00（AMDR）
孕早期	20~30	<10	2.5~9.0	0.5~2.0	+0	+0	0.25（0.2^b）
孕中期	20~30	<10	2.5~9.0	0.5~2.0	+0	+0	0.25（0.2^b）
孕晚期	20~30	<10	2.5~9.0	0.5~2.0	+0	+0	0.25（0.2^b）
乳母	20~30	<10	2.5~9.0	0.5~2.0	+0	+0	0.25（0.2^b）

注：1) a 花生四烯酸；b DHA；2)"—"表示未制定，"+"表示在相应年龄阶段的成年女性需要量基础上增加的需要量；3）数据来源于《中国居民膳食营养素参考摄入量（2023版）》。

附录2 中国居民膳食主要营养素参考摄入量

表2 膳食微量营养素平均需要量（EAR）

年龄/阶段	钙/(mg/d)	磷/(mg/d)	镁/(mg/d)	铁/(mg/d) 男	铁/(mg/d) 女	碘/(μg/d)	锌/(mg/d) 男	锌/(mg/d) 女	硒/(μg/d)	铜/(mg/d)	钼/(μg/d)	维生素A/(μgRAE/d) 男	维生素A/(μgRAE/d) 女	维生素D/(μg/d)	维生素B₁/(mg/d) 男	维生素B₁/(mg/d) 女	维生素B₂/(mg/d) 男	维生素B₂/(mg/d) 女	烟酸/(mgNE/d) 男	烟酸/(mgNE/d) 女	维生素B₆/(mg/d)	叶酸/(μgDFE/d)	维生素B₁₂/(μg/d)	维生素C/(mg/d)
0岁~	—	—	—	—	—	—	—	—	—	—	—	—	—	—	—	—	—	—	—	—	—	—	—	—
0.5岁~	—	—	—	7	7	—	—	—	—	—	—	—	—	—	—	—	—	—	—	—	—	—	—	—
1岁~	400	250	110	7	7	65	3.2	3.2	20	0.26	8	250	240	8	0.5	0.5	0.6	0.5	5	4	0.5	130	0.8	35
4岁~	500	290	130	7	7	65	4.6	4.6	25	0.30	10	280	270	8	0.7	0.7	0.7	0.6	6	5	0.6	160	1.0	40
7岁~	650	370	170	9	9	65	5.9	5.9	30	0.38	12	300	280	8	0.8	0.7	0.8	0.7	7	6	0.7	200	1.2	50
9岁~	800	460	210	12	12	65	5.9	5.9	40	0.47	15	400	380	8	0.9	0.8	0.9	0.8	9	8	0.8	240	1.5	65
12岁~	850	580	260	12	14	80	7	6.3	50	0.56	20	560	520	8	1.2	1.0	1.2	1.0	11	10	1.1	310	1.7	80
15岁~	800	600	270	12	14	85	9.7	6.5	50	0.59	20	580	480	8	1.4	1.1	1.3	1.0	13	10	1.2	320	2.1	85
18岁~	650	600	270	9	12	85	10.1	6.9	50	0.62	20	550	470	8	1.2	1.0	1.2	1.0	12	10	1.2	320	2.0	85
30岁~	650	590	270	9	12	85	10.1	6.9	50	0.60	20	550	470	8	1.2	1.0	1.2	1.0	12	10	1.2	320	2.0	85
50岁~	650	590	270	9	8ª/12ᵇ	85	10.1	6.9	50	0.60	20	540	470	8	1.2	1.0	1.2	1.0	12	10	1.3	320	2.0	85
65岁~	650	570	260	9	8	85	10.1	6.9	50	0.58	20	520	460	8	1.2	1.0	1.2	1.0	12	10	1.3	320	2.0	85
75岁~	650	570	250	9	8	85	10.1	6.9	50	0.57	20	500	430	8	1.2	1.0	1.2	1.0	12	10	1.3	320	2.0	85
孕早期	+0	+0	+30	—	+0	+75	—	+1.7	+4	+0.10	+0	—	+0	+0	—	+0	—	+0	—	+0	+0.7	+200	+0.4	+0
孕中期	+0	+0	+30	—	+7	+75	—	+1.7	+4	+0.10	+0	—	+50	+0	—	+0.1	—	+0.1	—	+0	+0.7	+200	+0.4	+10
孕晚期	+0	+0	+30	—	+10	+75	—	+1.7	+4	+0.10	+0	—	+50	+0	—	+0.2	—	+0.2	—	+0	+0.7	+200	+0.4	+10
乳母	+0	+0	+0	—	+6	+85	—	+4.1	+15	+0.50	+4	—	+400	+0	—	+0.2	—	+0.4	—	+3	+0.2	+130	+0.6	+40

注：1）ª无月经，ᵇ有月经；2）"—"表示未制定或未涉及，"+"表示在相应年龄阶段的成年女性需要量基础上增加的需要量；3）数据来源于《中国居民膳食营养素参考摄入量（2023版）》。

表 3 膳食矿物质推荐摄入量（RNI）或适宜摄入量（AI）

年龄/阶段	钙/(mg/d) RNI	磷/(mg/d) RNI	钾/(mg/d) AI	钠/(mg/d) AI	镁/(mg/d) RNI	氯/(mg/d) AI	铁/(mg/d) RNI 男	铁/(mg/d) RNI 女	碘/(μg/d) RNI	锌/(mg/d) RNI 男	锌/(mg/d) RNI 女	硒/(μg/d) RNI	铜/(mg/d) RNI	氟/(mg/d) AI	铬/(μg/d) AI 男	铬/(μg/d) AI 女	锰/(mg/d) AI 男	锰/(mg/d) AI 女	钼/(μg/d) RNI
0 岁~	200(AI)	105(AI)	400	80	20(AI)	120	0.3(AI)	0.3(AI)	85(AI)	1.5(AI)	1.5(AI)	15(AI)	0.3(AI)	0.01	0.2	0.2	0.01	0.01	3(AI)
0.5 岁~	350(AI)	180(AI)	600	180	65(AI)	450	10	10	115(AI)	3.2(AI)	3.2(AI)	20(AI)	0.3(AI)	0.23	15	15	0.7	0.7	6(AI)
1 岁~	500	300	900	500~700ᵃ	140	800~1 100ᵇ	10	10	90	4.0	4.0	25	0.3	0.6	15	15	2.0	1.5	10
4 岁~	600	350	1 100	800	160	1 200	10	10	90	5.5	5.5	30	0.4	0.7	15	15	2.0	2.0	12
7 岁~	800	440	1 300	900	200	1 400	12	12	90	7.0	7.0	40	0.5	0.9	20	20	2.5	2.5	15
9 岁~	1 000	550	1 600	1 100	250	1 700	16	16	90	7.0	7.0	45	0.6	1.1	25	25	3.5	3.0	20
12 岁~	1 000	700	1 800	1 400	320	2 200	16	18	110	8.5	7.5	60	0.7	1.4	33	30	4.5	4.0	25
15 岁~	1 000	720	2 000	600	330	2 500	16	18	120	11.5	8.0	60	0.8	1.5	35	30	5.0	4.0	25
18 岁~	800	720	2 000	1 500	330	2 300	12	18	120	12.0	8.5	60	0.8	1.5	35	30	4.5	4.0	25
30 岁~	800	710	2 000	1 500	320	2 300	12	18	120	12.0	8.5	60	0.8	1.5	35	30	4.5	4.0	25
50 岁~	800	710	2 000	1 500	320	2 300	12	10ᶜ / 18ᵈ	120	12.0	8.5	60	0.8	1.5	30	25	4.5	4.0	25
65 岁~	800	680	2 000	1 400	310	2 200	12	10	120	12.0	8.5	60	0.8	1.5	30	25	4.5	4.0	25
75 岁~	800	680	2 000	1 400	300	2 200	12	10	120	12.0	8.5	60	0.7	1.5	30	25	4.5	4.0	25
孕早期	+0	+0	+0	+0	+40	+0	—	+0	+110	—	+2.0	+5	+0.1	+0	—	+0	—	+0	+0
孕中期	+0	+0	+0	+0	+40	+0	—	+7	+110	—	+2.0	+5	+0.1	+0	—	+3	—	+0	+0
孕晚期	+0	+0	+0	+0	+40	+0	—	+11	+110	—	+2.0	+5	+0.1	+0	—	+5	—	+0	+0
乳母	+0	+0	+400	+0	+0	+0	—	+6	+120	—	+4.5	+18	+0.7	+0	—	+5	—	+0.2	+5

注：（1）ᵃ 1 岁~为 500 mg/d，2 岁~为 600 mg/d，3 岁~为 700 mg/d；ᵇ 1 岁~为 800 mg/d，2 岁~为 900 mg/d，3 岁~为 1 100 mg/d；ᶜ 无月经；ᵈ 有月经；（2）数据来源于《中国居民膳食营养素参考摄入量（2023 版）》。"+"表示在相应年龄阶段的成年女性需要量基础上增加的需要量。"—"表示未涉及；

附录2 中国居民膳食主要营养素参考摄入量

表4 膳食维生素推荐摄入量（RNI）或适宜摄入量（AI）

年龄阶段	维生素A (μgRAE/d) RNI 男	维生素A 女	维生素D (μg/d) RNI	维生素E (mgα-TE/d) AI	维生素K (μg/d) AI	维生素B₁ (mg/d) RNI 男	维生素B₁ 女	维生素B₂ (mg/d) RNI 男	维生素B₂ 女	烟酸 (mgNE/d) RNI 男	烟酸 女	维生素B₆ (mg/d) RNI	叶酸 (μgDFE/d) RNI	维生素B₁₂ (μg/d) RN	泛酸 (mg/d) AI	生物素 (μg/d) AI	胆碱 (mg/d) AI 男	胆碱 女	维生素C (mg/d) RNI
0岁～	300(AI)	300(AI)	10(AI)	3	2	0.1(AI)	0.1(AI)	0.4(AI)	0.4(AI)	1(AI)	1(AI)	0.1(AI)	65(AI)	0.3(AI)	1.7	5	120	120	40(AI)
0.5岁～	350(AI)	350(AI)	10(AI)	4	10	0.3(AI)	0.3(AI)	0.6(AI)	0.6(AI)	2(AI)	2(AI)	0.3(AI)	100(AI)	0.6(AI)	1.9	10	140	140	40(AI)
1岁～	340	330	10	6	30	0.6	0.6	0.7	0.6	6	5	0.6	160	1.0	2.1	17	170	170	40
4岁～	390	380	10	7	40	0.9	0.9	0.9	0.8	7	6	0.7	190	1.2	2.5	20	200	200	50
7岁～	430	390	10	9	50	1.0	0.9	1.0	0.9	9	8	0.8	240	1.4	3.1	25	250	250	60
9岁～	560	540	10	11	60	1.1	1.0	1.1	1.0	10	10	1.0	290	1.8	3.8	30	300	300	75
12岁～	780	730	10	13	70	1.4	1.2	1.4	1.2	13	12	1.3	370	2.0	4.9	35	380	380	95
15岁～	810	670	10	14	75	1.6	1.3	1.6	1.2	15	12	1.4	400	2.5	5.0	40	450	380	100
18岁～	770	660	10	14	80	1.4	1.2	1.4	1.2	15	12	1.4	400	2.4	5.0	40	450	380	100
30岁～	770	660	10	14	80	1.4	1.2	1.4	1.2	15	12	1.4	400	2.4	5.0	40	450	380	100
50岁～	750	660	10	14	80	1.4	1.2	1.4	1.2	15	12	1.6	400	2.4	5.0	40	450	380	100
65岁～	730	640	15	14	80	1.4	1.2	1.4	1.2	15	12	1.6	400	2.4	5.0	40	450	380	100
75岁～	710	600	15	14	80	1.4	1.2	1.4	1.2	15	12	1.6	400	2.4	5.0	40	450	380	100
孕早期	—	+0	+0	+0	+0	—	+0	—	+0	—	+0	+0.8	+200	+0.5	+1.0	+10	—	—	+0
孕中期	—	+70	+0	+0	+0	—	+0.2	—	+0.1	—	+0	+0.8	+200	+0.5	+1.0	+10	—	+80	+15
孕晚期	—	+70	+0	+0	+0	—	+03	—	+0.2	—	+0	+0.8	+200	+0.5	+1.0	+10	—	+80	+15
乳母	—	+600	+0	+3	+5	—	+03	—	+0.5	—	+4	+0.3	+150	+0.8	+2.0	+10	—	+120	+50

注：1）"—"表示未涉及；"+"表示在相应年龄阶段的成年女性需要量基础上增加的需要量；2）数据来源于《中国居民膳食营养素参考摄入量（2023版）》。

附录3 主要畜禽产品营养成分表

类型	项目（含量）	猪肉（肥瘦）	鸡	牛肉（肥瘦）	羊肉（肥瘦）	鸡蛋	鸭蛋	鸭	鸽	牛乳
能量与主要营养成分	食部	100%	66%	99%	90%	88%	87%	68%	42%	100%
	水分	46.8 g	69.0 g	72.8 g	65.7 g	74.1 g	70.3 g	63.9 g	66.6 g	89.8 g
	能量	1634 kJ	698 kJ	528 kJ	845 kJ	599 kJ	748 kJ	996 kJ	835 kJ	227 kJ
	蛋白质	13.2 g	19.3 g	19.9 g	19.0 g	13.3 g	12.6 g	15.5 g	16.5 g	3.0 g
	脂肪	37.0 g	9.4 g	4.2 g	14.1 g	8.8 g	13.0 g	19.7 g	14.2 g	3.2 g
	胆固醇	80 mg	106 mg	84 mg	92 mg	585 mg	565 mg	94 mg	99 mg	15 mg
	灰分	0.6 g	1.0 g	1.1 g	1.2 g	1.0 g	1.0 g	0.7 g	1.0 g	0.6 g
	碳水化合物	2.4 g	1.3 g	2.0 g	Tr	2.8 g	3.1 g	0.2 g	1.7 g	3.4 g
维生素	维生素A	18.0 μg	48.0 μg	7.0 μg	22.0 μg	234.0 μg	261.0 μg	52.0 μg	53.0 μg	24.0 μg
	硫胺素	0.22 mg	0.05 mg	0.04 mg	0.05 mg	0.11 mg	0.17 mg	0.08 mg	0.06 mg	0.03 mg
	核黄素	0.16 mg	0.09 mg	0.14 mg	0.14 mg	0.27 mg	0.35 mg	0.22 mg	0.20 mg	0.14 mg
	烟酸	3.50 mg	5.60 mg	5.60 mg	4.50 mg	0.20 mg	0.20 mg	4.20 mg	6.90 mg	0.10 mg
矿物质	钙 (Ca)	6 mg	9 mg	23 mg	6 mg	56 mg	62 mg	6 mg	30 mg	104 mg
	磷 (P)	162 mg	156 mg	168 mg	146 mg	130 mg	226 mg	122 mg	136 mg	73 mg
	钾 (K)	204 mg	251 mg	216 mg	232 mg	154 mg	135 mg	191 mg	334 mg	109 mg
	钠 (Na)	59.4 mg	63.3 mg	84.2 mg	80.6 mg	131.5 mg	106.0 mg	69.0 mg	63.6 mg	37.2 mg
	镁 (Mg)	16 mg	19 mg	20 mg	20 mg	10 mg	13 mg	14 mg	27 mg	11 mg
	铁 (Fe)	1.6 mg	1.4 mg	3.3 mg	2.3 mg	2.0 mg	2.9 mg	2.2 mg	3.8 mg	0.3 mg
	锌 (Zn)	2.06 mg	1.09 mg	4.73 mg	3.22 mg	1.10 mg	1.67 mg	1.33 mg	0.82 mg	0.42 mg
	硒 (Se)	12.00 μg	11.80 μg	6.40 μg	32.20 μg	14.30 μg	15.70 μg	12.20 μg	11.10 μg	1.90 μg
	铜 (Cu)	0.06 mg	0.07 mg	0.18 mg	0.75 mg	0.15 mg	0.11 mg	0.21 mg	0.24 mg	0.02 mg
	锰 (Mn)	0.03 mg	0.03 mg	0.04 mg	0.02 mg	0.04 mg	0.04 mg	0.06 mg	0.05 mg	0.03 mg

附录3 主要畜禽产品营养成分表

续表

类型	项目（含量）	猪肉（肥瘦）	鸡	牛肉（肥瘦）	羊肉（肥瘦）	鸡蛋	鸭蛋	鸭	鸽	牛乳
脂肪酸	饱和脂肪酸	—	34.20%	51.80%	48.20%	—	34.90%	30.20%	24.90%	53.80%
	单不饱和脂肪酸	—	41.30%	43.10%	38.30%	—	51.70%	50.00%	61.50%	36.30%
	多不饱和脂肪酸	—	23.90%	4.60%	12.30%	—	10.20%	19.50%	13.40%	7.40%
	合计	—	99.40%	99.50%	98.80%	—	97.10%	99.80%	99.80%	97.60%

备注：1）数据单位为每100 g食物所含有的营养成分；2）"—"：未检测；3）食物营养成分数据来源于中国疾病预防控制中心营养与健康所建立的中国食物成分表。